战略性新兴领域“十四五”高等教育系列教材
“十三五”国家重点出版物出版规划项目

智能交互技术与应用

第2版

主　编　马　楠
副主编　徐歆恺　李秀智　姚永强
参　编　张　欢　吴祉璇　韩义恒
　　　　杨雅珏　穆　尧　谢　静
　　　　汪　成

机械工业出版社

智能时代已经到来，大模型、具身智能等新技术不断发展，使得机器与机器、机器与人之间的交互无处不在。本书深入浅出地探讨和解读了人工智能中的智能交互技术：第 1 章主要介绍智能交互技术的基础知识；第 2 章主要讨论感知认知与交互技术的结合；第 3 章讲解交互设计的准则；第 4 章讲解交互系统的原型设计；第 5 章讲解移动终端的交互设计；第 6 章讲解智能语音交互设计；第 7 章介绍智能交互技术的设计与评价方法；第 8 章重点介绍智能交互前沿技术及应用，包括具身交互智能、虚拟数字人、元宇宙等；第 9 章介绍 e 智能车交互设计。书中以自动驾驶作为主要应用场景，各章均配有习题，大部分章节配有翔实的实验指导。

本书可作为普通高校人工智能、计算机科学与技术、软件工程、数字媒体技术、机器人工程、自动化、电子信息工程等专业本科生、研究生的教材，也可作为相关技术人员的参考书。

本书配有教学课件、实验素材、教学视频（配套大学 MOOC“智能交互技术”）、电子教案、教学大纲，请选用本书作为教材的教师登录 www.cmpedu.com 注册后下载相关资料，或发邮件至 jinacmp@163.com 索取相关资料。

图书在版编目（CIP）数据

智能交互技术与应用 / 马楠主编. -- 2 版. -- 北京：机械工业出版社，2024. 12（2025. 9 重印）. -- （战略性新兴领域“十四五”高等教育系列教材）. -- ISBN 978-7-111-77682-6

Ⅰ. TP18

中国国家版本馆 CIP 数据核字第 2024PX7800 号

机械工业出版社（北京市百万庄大街 22 号　邮政编码 100037）

策划编辑：吉　玲　　　　责任编辑：吉　玲　王华庆

责任校对：韩佳欣　张昕妍　　封面设计：张　静

责任印制：张　博

北京华联印刷有限公司印刷

2025 年 9 月第 2 版第 2 次印刷

184mm × 260mm · 16.25 印张 · 388 千字

标准书号：ISBN 978-7-111-77682-6

定价：69.00 元

电话服务　　　　　　　　网络服务

客服电话：010-88361066　机　工　官　网：www.cmpbook.com

　　　　　010-88379833　机　工　官　博：weibo.com/cmp1952

　　　　　010-68326294　金　　书　　网：www.golden-book.com

　机工教育服务网：www.cmpedu.com

序

PREFACE

与许多研究物质和能量的科学（如物理学、化学）相比，人工智能是一门更富挑战性的科学，它使智能机器能够胜任一些通常需要人类的智慧才能完成的复杂工作。当前，新一代人工智能技术正处在快速发展的黄金期，在生活、医疗、教育、金融、安全、制造等诸多领域，人们越来越多地体验到了它带来的便利和高效。在这类机器进行工作时，如何更好地实现人与机器的交流或信息交换，正是智能交互所研究的问题。

人与人的交互，体现了人的智商和情商，智能机器与人的交互、机器人之间的交互、机器人与人的交互亦然。本书以人工智能中的智能交互技术为核心，系统地讲述了智能交互技术的多样性和综合性，以及在各种各样的环节所涉及的技术及应用。作为人工智能最普遍、最典型的应用场景，自动驾驶中的智能交互应用在书中被广泛提及。对于各类智能交互技术，书中设计了大量实验，深入浅出的讲解使读者能够更快地了解并掌握，相信有志于从事智能交互技术研究的读者，通过本书的学习一定会有所收获。

人的智能体现在记忆认知、计算认知和交互认知三大能力上，因此本书仍有进一步提升的空间。如果以交互认知为切入点，勇敢闯入全球人工智能研究的无人区，可望做出更大的贡献！

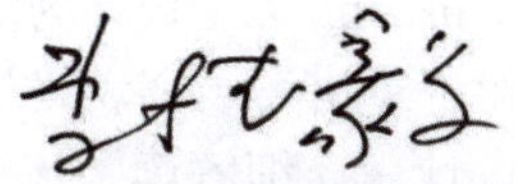

中国工程院院士

国际欧亚科学院院士

中国人工智能学会名誉理事长

前　言
FOREWORD

当今，社会科学技术的进步推动了人工智能的飞速发展，并不断革新我们与机器的互动方式。纵观科学技术发展史，每一次变革都伴随着交互技术的革新：鼠标和键盘打开了计算机时代的大门；触摸屏打开了移动互联时代的大门；语音交互、人脸识别、手势识别等多模态智能交互技术带我们走进全新的 AI 时代。本书深入浅出地探讨和解读了人工智能领域的智能交互技术，包括具身智能、虚拟数字人、元宇宙等智能交互前沿技术、智能交互设计准则、移动终端的交互设计、交互原型系统设计、智能语音交互设计、智能交互技术设计与评价方法和 e 智能车交互设计，充分体现了“智能 + 交互”。

第 1 章主要介绍了智能交互技术的基础知识，包括人机交互的起源与发展、各发展阶段的主要技术特征、智能交互技术研究的内容、机器具身交互智能等。另外，因为智能交互技术涉及多个学科领域，所以第 1 章还介绍了智能交互技术与相关学科的交叉融合。

第 2 章主要讨论了感知认知与交互技术的结合。人工智能是人类智能的体外延伸，研究如何让机器去做那些靠人的智力才能做的工作，模仿人的行为，因此智能交互就要模仿人的基本交互方式，这包括模拟人的感官体验、认知方法、知觉特征、认知过程及交互手段。读者可通过第 2 章较好地理解智能交互技术的研究进展。

第 3 章讲解了交互设计的基本准则：首先从用户体验的角度介绍了各种应用交互设计的流程和原则；其次，介绍了大模型时代的交互设计原则，以桌面系统、移动应用交互为例，介绍各种类型的应用特点、交互设计原则及相关技术；最后，使用思维导图实验，帮助读者尽快理解产品功能的交互设计思路。

第 4 章讲解了交互系统的原型设计，介绍面向智能软件应用的基本交互设计方法，包括交互设计的基本流程和基本方法，生成式人工智能与交互原型设计、各类原型设计工具，并以手机 App 原型设计为实例，以实验的形式指导读者体验此类应用原型设计。

第 5 章讲解了移动终端的交互设计，针对广泛使用的 Android 操作系统进行应用程序交互设计，详细解读了该操作系统的特点与架构、应用开发方法及手段，并通过 App Inventor 工具进行应用开发。通过第 5 章的实验，读者可以了解并掌握移动端网络接口编程及简单的移动端人脸检测开发方法。

第 6 章对智能交互技术中最热门的应用之一——语音交互技术进行了讲解，介绍了大模型时代的智能语音交互特点，通过语音识别和语音合成、对话交互的实验使读者深入掌握智能语音交互技术。

第 7 章介绍了智能交互技术的设计及评价方法。如何从无到有设计一个完整的智能交互产品，在设计中要考虑哪些因素，如何评估各类交互设计的质量以及如何对交互界面设计进行评价都是本章重点讨论的问题。

第 8 章重点介绍了智能交互前沿技术和应用领域。当前人工智能快速发展，智能交互技术已经应用到了各个领域，包括无人驾驶具身交互智能、智能网联汽车、云机器人等。在新技术方面，第 8 章重点介绍了具身智能、虚拟数字人、元宇宙等智能交互前沿技术。

第 9 章讲解了 e 智能车交互设计，以小型智能车为实践载体，并通过移动端智能交互控制、智能语音交互控制、智能手势识别交互控制三个实战加深读者对智能交互技术的理解，同时提升科研实践动手能力。

书中各章均设计了习题，可使读者及时强化新学习的知识点，大部分章节配有翔实的实验指导，使读者通过实验巩固和加深对智能交互技术基础知识的理解。本书可作为人工智能、智能科学与技术、计算机科学与技术、软件工程、数字媒体技术、机器人工程、自动化、电子信息工程、电子科学与技术等专业本科生、研究生的教材，也可作为从事交互设计、用户界面设计、人工智能应用、移动软件开发等相关技术人员的参考书。

北京工业大学信息科学技术学院马楠教授担任本书主编，负责全书的主审、定稿；北京联合大学工科中心徐歆恺副教授、北京工业大学信息科学技术学院李秀智副教授、北京顺程高科技有限公司总经理姚永强担任副主编。第 1 章由马楠负责编写；第 2~4 章由马楠、徐歆恺共同编写；第 5 章由徐歆恺、汪成负责编写；第 6 章由徐歆恺、姚永强、马楠共同编写；第 7 章由张欢、马楠共同编写；第 8 章由马楠、李秀智、韩义恒、吴祉璇、穆尧、谢静共同编写；第 9 章由姚永强、马楠、杨雅珏共同编写。

中国汽车工程研究院股份有限公司智能网联科技有限公司副总经理夏芹教授级高级工程师参与指导了书中与无人驾驶相关的应用内容，吴祉璇、张亦盈、汪成、韩天聪、曹梦鑫负责部分文字整理工作。在本书的编写过程中，编者得到了中国工程院院士、国际欧亚科学院院士、中国人工智能学会名誉理事长李德毅院士，国务院参事、中国工程院院士、清华大学信息科学技术学院院长戴琼海院士，中国人工智能学会智能交互专委会主任、北京航空航天大学计算机学院院长王蕴红教授，中国人工智能学会智能驾驶专委会副主任、北京联合大学原副校长鲍泓教授的悉心指导和帮助，在此表示最衷心的感谢。机械工业出版社提供了大力支持，吉玲主任在本书的编写过程中给予了热情的帮助与指导。

本书部分内容得到国家重点研发计划项目“面向质量信任的多维据数校准关键技术和标准研究”（项目编号：2023YFF0615800）、国家自然科学基金面上项目“面向无人车的跨模态视觉信息获取与处理的理论和技术”（项目批准号：62371013）、北京市自然科学基金——顺义创新联合基金资助项目（重点研究专题项目）：基于智能座舱交互多模态数据的用户行为分析建模与评价研究（项目批准号：L247007）的资助。

感谢为本书辛苦付出的老师和同学们。由于智能交互技术不断发展，书中如有不妥之处，恳请广大读者批评指正。

作者电子邮箱：manan123@bjut.edu.cn。

编 者

本书配套程序和组件下载

目录

CONTENTS

第 1 章　人机交互技术的发展

1.1　人机交互概述

1.1.1　人机交互的定义

人机交互是研究人与机器之间的交互过程，或者可以理解为人与“含有计算机的机器”的交互。系统可以是各种各样的机器，也可以是计算机化的系统和软件。狭义的人机交互主要关注人与计算机之间的界面设计和交互技术，注重用户与计算机系统之间的信息交换和控制。这种交互通常涉及图形用户界面（GUI）、鼠标、键盘等输入设备，以及显示器、打印机等输出设备，其目标是让用户能够方便、高效地与计算机进行交互。在交互过程中，人通过和计算机界面的互动，产生一系列的输入和输出，然后完成具体的任务。人机交互界面的设计要包含用户对系统的理解（即心智模型），实现系统的可用性和用户友好性。而广义的人机交互则将人与机器之间的各种交互形式都纳入其中，不仅仅局限于人与计算机系统之间的直接交互，还包括人与智能设备、智能系统或其他人类之间的交互。除了传统的输入和输出方式外，还涉及语音交互、手势识别、情感交互、社交互动等更自然和多样的交互方式，其目标是创建一个更加智能、人性化的交互环境，提升用户体验和任务完成效率，实现人与技术的融合。美国的 21 世纪信息技术计划中，将软件、人机交互、网络、高性能计算列为四大基础研究内容。

一方面，由大模型驱动的多模态、多场景智能感知与交互是新的研究热点；另一方面，在大模型驱动下，数字空间、物理世界、人类空间的三元空间将更加融合，各行各业产品的交互逻辑迎来了优化重塑的巨大空间。在包括虚拟现实、增强现实、混合现实、空间计算在内的虚实融合的用户体验中，自然用户界面（Natural User Interface，NUI）的交互逻辑、交互方式和界面设计也成为设计领域的新方向和设计对象。

人机交互（Human Computer Interaction，HCI 或 Human Machine Interaction，HMI）是广受关注的交叉学科领域，涉及计算机科学、心理学、社会学、人机工程学等多个研究和应用领域，是对人类使用的交互式计算系统进行设计、评估和实现，并对其所涉及的主要现象进行研究的学科，尤其在智能时代要研究人与机器之间通过视觉、听觉、触觉和嗅觉等实现多模态信息智能交互功能。

1.1.2　人机交互的起源与发展

人机交互始终关注计算机系统提供给人类交互使用的设计、评价和实现方法。这包括人通过输入设备给计算机输入信息，计算机经过运算再通过输出设备给人提供信息反馈等内容。它与很多学科都有密切的关系，在机器方面，侧重于计算机图形学、操作系统、编程语言和开发环境等；在人的方面，需要考虑通信理论、工业设计、语言学、社会科学、认知心理学、社会心理学等因素。

人机交互是一个跨学科的领域，也是用户界面设计过程中需要着重考虑的因素之一。人机交互对于用户界面的发展起着至关重要的推动作用，其发展历程大致可分为如下四个阶段，见图 1-1。

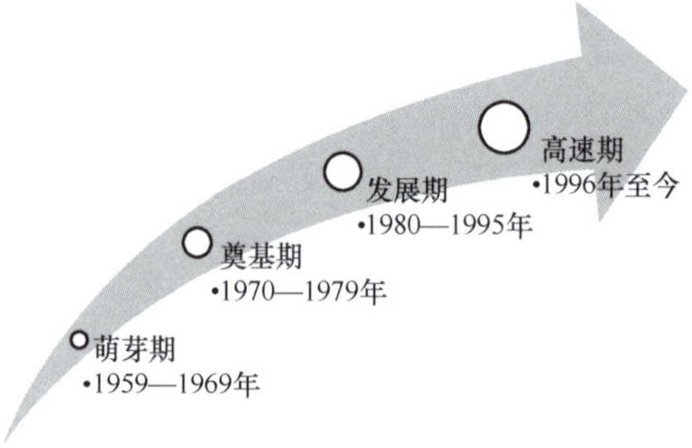

图 1-1　人机交互发展历程

1. 萌芽期（1959—1969 年）

1959 年，美国科学家 Brian Shackel 发表了一篇名为“Skin-Drilling: A Method of Diminishing Galvanic Skin-Potentials”的论文，首次提出如何用人机工程学原理帮助用户减轻操作机器所带来的疲劳感。1960 年，美国心理学家和计算机科学家 J. C. R. Licklider 在论文“Man-Computer Symbiosis”中开创性地提出了人机紧密共栖的概念，被视为人机交互的启蒙观点。1969 年，第一次人机系统国际会议在英国剑桥大学召开，同年第一份专业杂志《国际人机交互杂志》（*International Journal of Human-Computer Interaction*）创刊，这一年可谓是人机交互发展史的里程碑。

2. 奠基期（1970—1979 年）

1970—1979 年，与计算机相关的人机工程学专著陆续出版，为人机交互的发展指明了方向。1970 年，两个 HCI 研究中心成立，一个是英国的拉夫堡大学的 HUSAT 研究中心（Loughborough University HUSAT），另一个是美国施乐帕洛阿尔托研究中心（Xerox PARC），见图 1-2。

图 1-2　美国施乐帕洛阿尔托研究中心

3. 发展期（1980—1995 年）

20 世纪 80 年代初期，学术界相继出版的专著，总结了当时最新的人机交互研究成果，人机交互学科逐渐形成了自己的理论体系和架构。理论体系方面，人机交互从人机工程学中独立出来，更加强调认知心理学、行为学以及社会学等人文科学的理论指导。实践方面，从人机界面（人机接口）延伸开来，强调计算机对人的反馈作用，HCI 中的 I，也由 Interface（接口）变成了 Interaction（交互）。从词语表面的含义来看，界面设计体现的是连接程序和用户之间的接口，它为二者提供消息传递；而交互设计则包含更广义的内容，指的是功能、行为和最终的展示形式。

4. 高速期（1996 年至今）

20 世纪 90 年代中期以来，伴随计算机硬件性能的飞速提升和互联网技术的迅速发展与普及，人机交互研究的重心开始转移到多媒体交互、智能交互、人机协同交互以及增强现实等方面，人机交互技术更侧重以人为研究目标和中心。该项技术的主要特点是基于语音、手写体、姿势、视线跟踪、表情等输入手段的多模态交互，目的是使人能以声音、动作、表情等自然方式进行智能交互操作。此外，大模型技术的发展带来了 Human-in-the-Loop 机制，即在机器学习的过程中引入人的参与，以监督和指导模型的学习，确保结果符合人类的偏好和价值观。Gartner 公司发布的 2023 年中国数据分析和人工智能技术成熟度曲线涉及的部分重要技术是人机交互技术发展的源动力，见图 1-3。

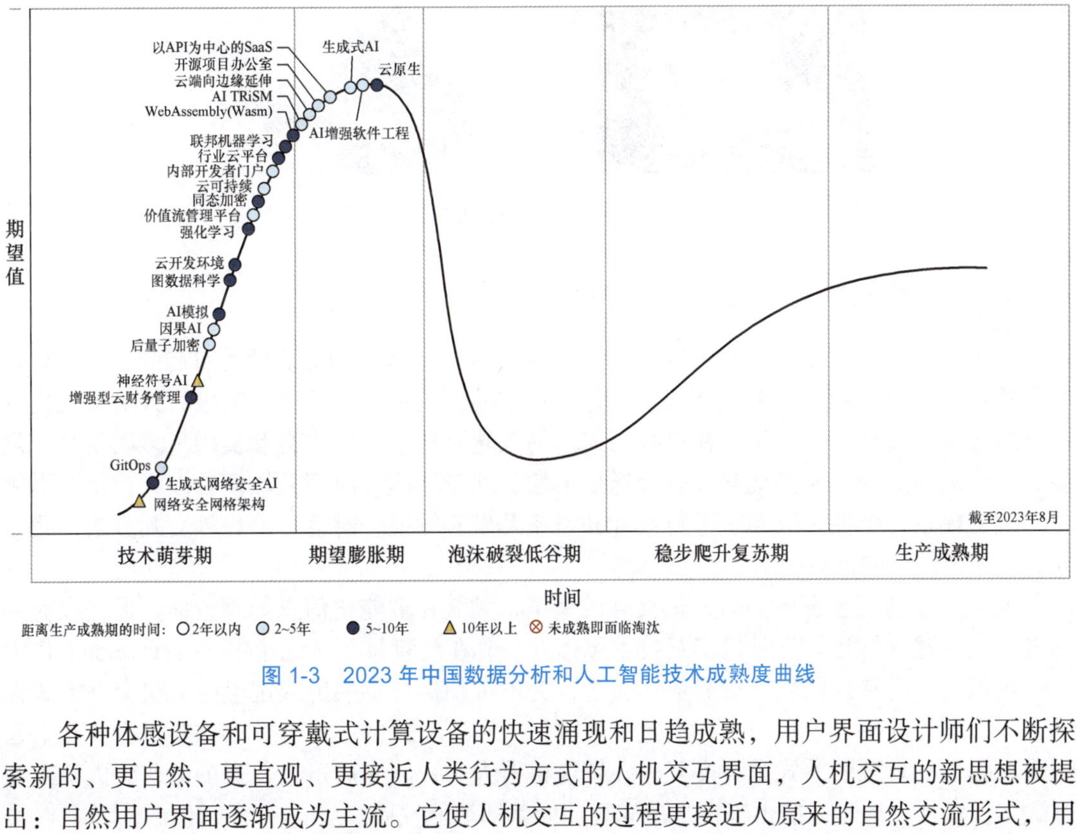

图 1-3　2023 年中国数据分析和人工智能技术成熟度曲线

各种体感设备和可穿戴式计算设备的快速涌现和日趋成熟，用户界面设计师们不断探索新的、更自然、更直观、更接近人类行为方式的人机交互界面，人机交互的新思想被提出：自然用户界面逐渐成为主流。它使人机交互的过程更接近人原来的自然交流形式，用户只需要应用日常的自然技能，无须经过专门的适应与学习便可对机器进行操作，减少了重新学习的认知负荷，提高了交互效率。值得注意的是，随着大模型相关技术的发展与成熟，人机交互界面的设计原则和实践正在不断演进，以适应更加智能化、个性化和自然的交互需求。在大模型的支持下，人机交互界面开始探索情感计算，即计算机系统能够识别和响应用户的情感状态，使得交互更加人性化。大模型使系统能够自适应学习用户的偏好和习惯，从而提供更加个性化和优质的交互体验。

硬件包括：常见的硬件设备包括视觉交互设备、语音交互设备、触觉交互设备、笔式交互设备和虚拟环境中的交互设备，见图 1-4。输入设备有 Kinect、Leap Motion 等，输出设备有 3D 立体显示器、头戴显示器（如 Oculus Rift）等，输入输出设备有 Google Glass 等。

软件包括：界面部分有 3D 立体操作界面，交互方式有肢体动作、表情、语音等；基于大数据可以分析用户所处的环境，用户的爱好、习惯、心理、历史、社会关系，语境等。

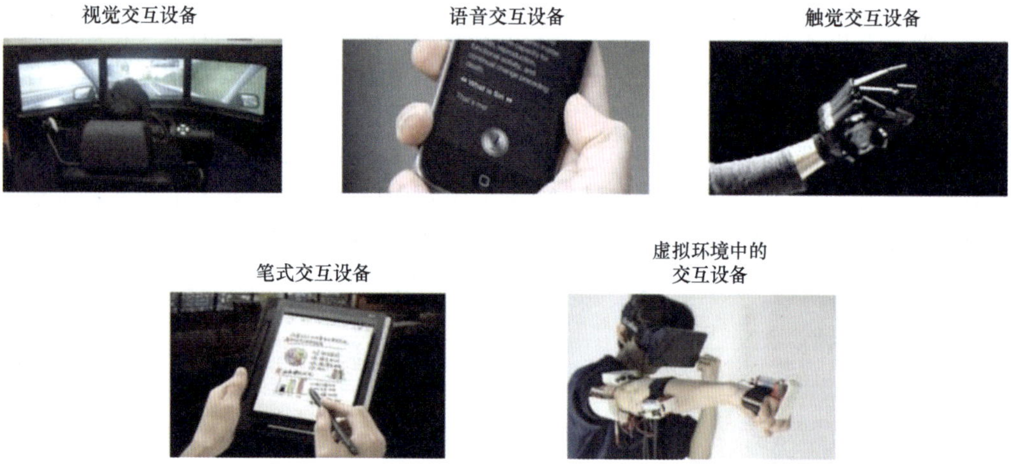

图 1-4　智能交互设备

1.1.3　感知智能在交互技术中的作用

人机交互技术与计算机始终相伴发展，随着 CPU、GPU 的运算能力日趋强大，网络和通信技术的快速发展，人工智能技术被进一步推动，显示技术的重大突破为人机交互提供了新的起点与高度。近几年，在科技与需求的双轮驱动下，人机交互实现了多次革命，发展突飞猛进。如今，人机交互设备市场规模增长前景广阔，应用领域多种多样，市场引领者围绕多模态、个性化的需求进行设计和设备开发。触摸、对话、手势等交互方式为我们开启了一个全新的世界。

人工智能的飞速发展助力人机交互的变革，尤其在智能化信息处理方面，促进没有触摸屏、没有键盘的智能化时代交互技术飞速发展。在此背景下，元宇宙（Metaverse）作为一个虚拟的、沉浸式的数字世界应运而生，为不依赖传统触摸屏或键盘的人机交互方式提供了一个理想的平台，用户可以通过高度沉浸式和互动式的方式与数字内容进行交流，通过更加自然和直观的方式进行交互。在智能机器人、智能家居迅速普及的时代，人机交互方式多种多样，人工智能也正在从感知智能向认知智能发展。

> **感知智能：** 利用图像识别、语音识别或者其他识别技术，把物理信号转化成数字信号，基于这些数字信号进行分析、判断、推理、规划、决策。例如，自动驾驶把感知智能和认知智能结合在一起，通过激光雷达、摄像头、超声波等各种传感器捕捉信号到数字世界，再通过相应的计算机算法根据当前车况路况实时做出规划决策。

语音交互是最自然的交互方式，在智能时代仍然是最重要的人机交互手段之一。基于智能语音的自然交互核心技术，首先要求能够完成语音识别，其次是以语境为基础的语音理解，直至高自然度语言的生成。满足人和设备之间自然交互的技术，应该是一种计算的人机交互框架，不光有字面的含义，还要有物理语境，因为不同的时间、地点、场所说的同样文字代表的含义是不一样的，结合上下文、人类的物理世界，构建出一个以语境为中心的交互形态，才能实现真正的像人和人的自然对话。此外，还需要加入对个性化、一致化、情感化的考虑。

文心一言是智能聊天机器人领域的新兴代表，它集成了先进的自然语言处理技术和深度学习算法，为用户提供了高质量的对话体验。文心一言的结构主要包括问话理解、回复生成、上下文管理以及个性化信息保持等关键部分。它能够准确捕捉用户的意图和需求，通过智能回复和持续跟踪对话历史，确保对话的流畅、准确和连贯。文心一言不仅支持多轮对话和个体化闲聊，还具备基于搜索的回答、多模型对话（包括图像理解）以及信息问答和任务完成的能力。它将搜索引擎的风格转换成聊天的风格，为用户提供了生动有趣的问答体验，并能够通过抽取重要信息和文本匹配来完成不同任务，见图 1-5。总之，文心一言以其先进的技术和全面的功能，成为用户智能生活的重要助手，为用户带来更加便捷、高效和自然的对话体验。

a) 文字聊天界面　　b) 语音聊天界面

图 1-5　文心一言

此外，人机交互离不开深度学习或者语音识别等人工智能核心技术的突破，不仅要做好语音识别，还要实现图像识别技术 [图像搜索、OCR（光学字符识别）、人脸识别]，细粒度图像识别（如菜品识别）、视频分析、AR（增强现实）、医学图像分析等方面的突破。

随着大语言模型（Large Language Model，LLM）的发展，ChatGPT 和 Sora 横空出世，二者是智能交互领域的重要进展。ChatGPT 是由 OpenAI 开发的一种先进的语言生成模型，它基于深度学习和大数据技术，利用大量的文本数据进行训练，以生成自然语言文本，见图 1-6。ChatGPT 的核心优势在于其强大的语言理解能力、高效的多任务处理能力、适应性学习和个性化体验能力，以及情绪识别技术，这些能力和技术共同塑造了一个智能、灵活且具有同理心的 AI 对话系统。Sora 则是 OpenAI 推出的首个视频生成模型，它代表了人工智能在文本到视频转换方面的一大步，见图 1-7。Sora 能够将文本描述转化为视频内容，这不仅在技术上，而且在效果上实现了质的飞跃，为未来 AI 的应用开辟了新的道路。Sora 的技术细节包括了视频数据的切分（Patch 切分）、视频压缩模型的应用，以及扩散变换器（Diffusion Transformers，DiTs）的使用，这些技术的应用使得 Sora 在生成视频时能够更准确地考虑空间信息，处理不同分辨率和宽高比的视频输入。在智能感知和交互技术的应用方面，ChatGPT 和 Sora 都展现了强大的能力。ChatGPT 的情绪识别技术不仅能够通过文字识别用户直接表达的情感，还能洞察到隐藏在复杂语境中的细微情感，从而在聊天过程中更自然地与用户建立情感上的联系，提供更有同理心的交流体验，而 Sora 则通过其视频生成能力，能够根据文本提示生成视频，模拟真实世界的互动和动态环境，展现了 AI 在理解和创造视觉内容方面的巨大潜力。

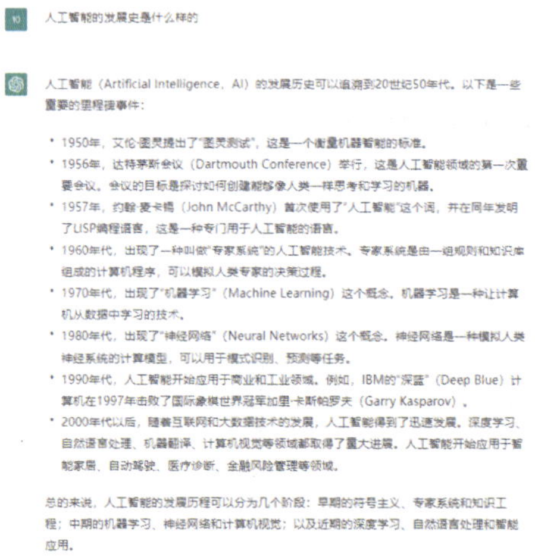

图 1-6　语言生成模型 ChatGPT

图 1-7　视频生成模型 Sora

如今，大语言模型正在引领人机交互技术的革命，它们通过先进的自然语言处理技术，使得机器能够以自然语言的形式与人类进行流畅的交流和互动。这些模型不仅理解用户的查询和指令，还能生成准确和富有同理心的回应，提供个性化服务。它们支持多轮对话，能够根据上下文进行连贯的交流，甚至模拟人类情感，增强用户体验。此外，大语言模型还具备持续学习和适应的能力，能够跨领域应用，并作为智能体协作的一部分，共同解决问题。随着技术的发展，它们可能会进一步改变产品设计思路，从图形用户界面转向自然用户界面。尽管这一转变伴随着潜在的挑战和风险，如信息茧房效应和技术依赖问题，但大语言模型无疑为未来的智能交互开辟了新的可能性。

1.2　智能交互的研究内容

1.2.1　传统人机交互技术研究内容及发展

人机交互研究的具体表述方法是在实际生活场景中的应用，从最初的命令行界面，到图形用户界面，再到当下的自然用户界面，随着语音交互、视觉图像交互、动作交互、脑电波交互等多模态人机交互技术的逐步发展和成熟，更加智能的人机交互方式将会深入改变我们日常生活的应用场景，一场多模态智能终端和服务内容的竞争也在同步进行。

1. 命令行界面交互阶段

计算机语言的发展过程经历了最初的机器语言、汇编语言，直至高级语言。这个过程也可以看作人机交互的早期发展过程。机器语言和汇编语言对使用者提出了较高的要求，高级语言使用人们比较习惯的符号形式描述计算过程，降低了对人的要求。命令行界面（Command Line Interface，CLI）可以看作第一代人机界面，输入信息为数据和命令信息，以字符为主。图 1-8 所示为 MS DOS 命令行被解析为命令和参数。

图 1-8　一个 MS DOS 命令行，可被解析为命令和参数

在命令行界面中，一个主要研究问题是如何为各种命令制定恰当的名称。某些命令语言的功能可能非常强大，它允许用户使用大量修饰符和参数来构造非常复杂的命令序列。它们要求用户准确地使用规定的格式给出要完成的命令，且不能原谅用户可能犯下的任何形式的输入错误。命令行界面最大的弊端就是迫使用户不得不在没有多少计算机帮助的前提下，牢记复杂的命令和格式，这大大增加了用户的记忆负担，从而使大量入门者望而却步。尽管支持命令名称的缩写在一定程度上减轻了用户的使用负担，但这并没有从根本上解决这一问题。然而，由于命令语言灵活且高效的特性，命令行界面还是得到了许多专业人员的青睐。

2. 图形用户界面交互阶段

图形用户界面（Graphical User Interface，GUI，又称图形用户接口）的出现使人机交互方式发生了巨大变化。图形用户界面的历史最早可以追溯到 1962 年 Ivan Sutherland 创建的 Sketchpad 系统，见图 1-9。1964 年，Douglas Engelbart 发明了鼠标，为图形用户界面的兴起奠定了基础。然而，真正商业化的图形用户界面直到 20 世纪 80 年代才得到广泛应用。现在提到图形用户界面，泛指 WIMP[㊀] 界面，用户可在窗口内选取任意交互位置，且不同窗口之间能够叠加。其主要特点是桌面隐喻、WIMP 技术、直接操纵和“所见即所得”，它简单易学，并减少了键盘操作，使得不懂计算机的普通用户也可以熟练地使用，从而拓宽了用户群，使计算机得到了广泛应用。

㊀ WIMP 指窗口（Window）、图标（Icon）、菜单（Menu）和指点设备（Pointing Device）。

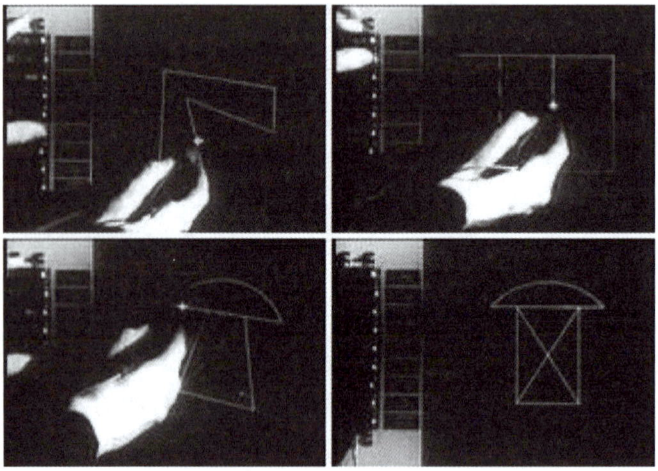

图 1-9　Ivan Sutherland 演示 Sketchpad

图形用户界面提供了比基于字符的界面更为丰富的界面设计形式，任何能在字符界面上完成的任务，都能在图形用户界面上通过图形的方式来实现，反之则不然。同时，诸如鼠标等独立指点设备的使用给用户提供了能够控制界面的感觉和在屏幕上到处移动的自然体验，并且在图形模式下使这些设备变得更加吸引人。与命令行界面相比，图形用户界面的自然性和交互效率都有较大的提高。

3. 自然用户界面交互阶段

当前，自然用户界面（Natural User Interface，NUI）这种和谐的人机交互方式得到了一定的发展。不管是 CLI 还是 GUI 都要求用户必须学习预先设置好的操作（GUI 比 CLI 的学习成本更低），基于语音、手写体、姿势、视线、表情等输入手段的多通道交互是 NUI 最主要的特点，目的是使人能以声音、动作、表情等自然方式进行交互操作，用户只需要用最自然的方式（语音、面部表情、动作手势、移动身体、旋转头部）就可以和计算机交流，从而摆脱键盘、鼠标，见图 1-10。

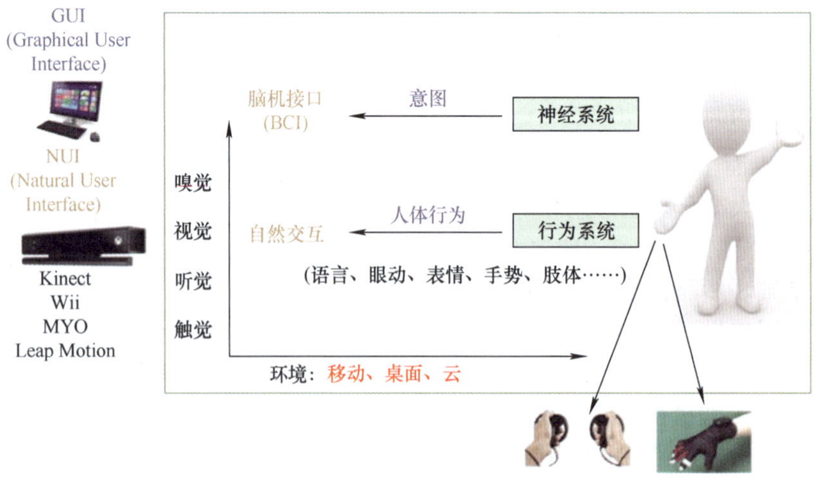

图 1-10　人机交互的新思路——自然用户界面

应用自然语言，用户无须记忆复杂的机器命令，也不至于在庞大的菜单系统中迷失方向。然而由于自然语言的模糊性，计算机对自然语言的理解成为制约该交互方式走向实用性的主要障碍，除了在某些受约束的场景中得到应用外，它迄今仍然不是一种实用的交互方式。

1.2.2　智能交互技术研究内容

人机交互是一门交叉学科，其研究内容十分广泛，涵盖了人与机器之间进行信息传递的理论、技术和设备。随着技术的不断发展，人机交互逐步向智能化交互发展。智能交互技术基于智能处理，其特点是交互自然、多维感知、信息融合、深层次理解等，涉及建模、设计、评估等理论和方法，以及在 Web（万维网）、移动计算、虚拟现实等方面的应用研究，也包括心理学研究。简而言之，其目的就是从尊重用户的角度来改善用户和机器之间的交互，从而使机器系统更加容易使用，使人与机器交互和人与人交互一样轻松自然。智能交互技术的主要研究内容见图 1-11。

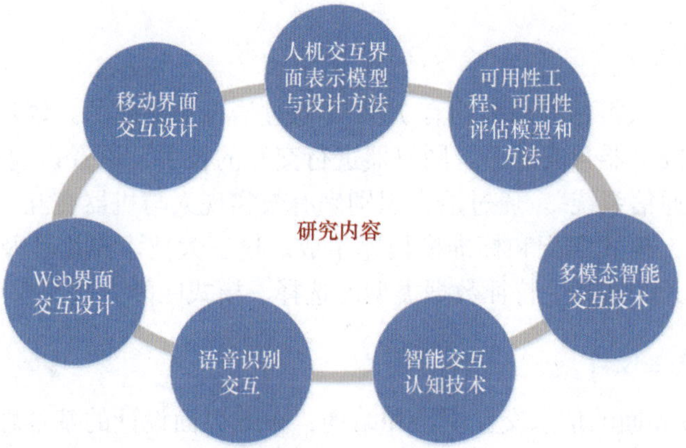

图 1-11　智能交互技术的主要研究内容

1. 人机交互界面表示模型与设计方法

一个交互界面的优劣，直接影响到软件开发的成败。友好的人机交互界面开发离不开好的交互模型与设计方法。因此，人机交互界面表示模型与设计方法是人机交互的重要研究内容之一。

2. 可用性工程、可用性评估模型和方法

可用性是交互式系统的重要质量指标，指的是产品对用户来说有效、高效和令人满意的程度，即用户能否用产品完成他的目标，以及实现这一目标的效率与便捷性。它关系到智能交互能否达到用户期待的目标，实际上是从用户角度所看到的产品质量，是产品竞争力的核心。智能交互系统的可用性分析与评估的研究主要涉及支持可用性的设计原则和可用性的评估方法等。

3. 多模态智能交互技术

研究视觉、听觉、触觉和嗅觉等多模态信息的融合理论和方法，使用户可以使用语

音、手势、眼神、表情等自然的交互方式与机器系统进行通信，特别在人与机器人的交互过程中，多模态交互方式有效实现信息传递，见图 1-12。多模态交互主要研究语音交互、视觉交互、动作交互、脑电波交互等交互技术及交互界面的表示模型、交互界面评估方法以及多模态信息融合等。其中，多模态信息融合是智能化人机交互技术研究的重点和难点。

图 1-12 多模态智能交互技术

4. 智能交互认知技术

智能交互认知技术最终目标是使人机交互和人 – 人交互一样自然、方便。上下文感知、三维输入、手写识别、自然语言理解等是交互认知中要解决的重要问题。

5. 语音识别交互

在日常沟通中，人类的沟通大约有 75% 是通过语音来完成的。语音交互是研究人们如何通过自然的语音或机器合成的语音同机器进行交互的技术，语音识别和语音合成相结合，即构成一个“人机通信系统”。通过语音识别来有效实现人与机器交互，可由三个技术模块组成，即特征提取、模式匹配和标准模板库生成。这三大技术模块涉及的技术包括三个方面，即语音识别单元的选择、特征数据类型的选择、模式匹配方法与模型训练技术。

6. Web 界面交互设计

重点研究 Web 界面的信息交互模型和结构，Web 界面设计的基本思想和原则，Web 界面设计的工具和技术，以及 Web 界面设计的可用性分析与评估方法等内容。

7. 移动界面交互设计

移动计算（Mobile Computing）、普适计算（Ubiquitous Computing）等技术对智能交互技术提出了更高的要求，面向移动应用的界面设计已成为交互技术研究的一个重要内容。移动设备具有便携性、位置不固定性，但受到计算能力有限性以及无线网络的低带宽高延迟等诸多的限制，移动界面的设计方法、移动界面可用性与评估原则、移动界面导航技术以及移动界面的实现技术和开发工具，都是当前智能交互技术研究和应用热点。

1.2.3 机器具身交互智能

具身（Embodiment）指支持感觉和运动的物理身体。美国国家工程院院士、美国国家医学院院士、美国艺术与科学院院士李飞飞认为：“具身的含义不是身体本身，而是与环境交互以及在环境中做事的整体需求和功能。”在人工智能的发展历程中，随着对符号主义局限性的认识加深，许多研究者开始转向具身智能的研究。在 AI 发展的低谷期，MIT 的 Rodney Brooks 等人批判了非具身智能的“思考先行”发展模式，主张智能是通过与环境的互动体现出来的，行为本身是智能的源泉。Rodney Brooks 主张将机器人置于真实环境中，通过物理交互来积累和提升智能。他的研究重点在于机器人的自主移动和环境适应能力，这导致了 1986 年首个基于感知驱动行为的轮式机器人的诞生，该机器人能够自主执行避障、行进和保持平衡等任务，不需要中央控制系统。Rodney Brooks 因此成了行为主义在人工智能和机器人学领域的重要代表。如何发展真正的智能在今天仍然是一个开放的问题，而具身智能作为符合人类认知规律的一种发展途径也受到了广泛讨论。当今社会科学技术的进步推动了人工智能的飞速发展，纵观科学技术发展史，每一次变革都伴随着交互技术的革新，见图 1-13。

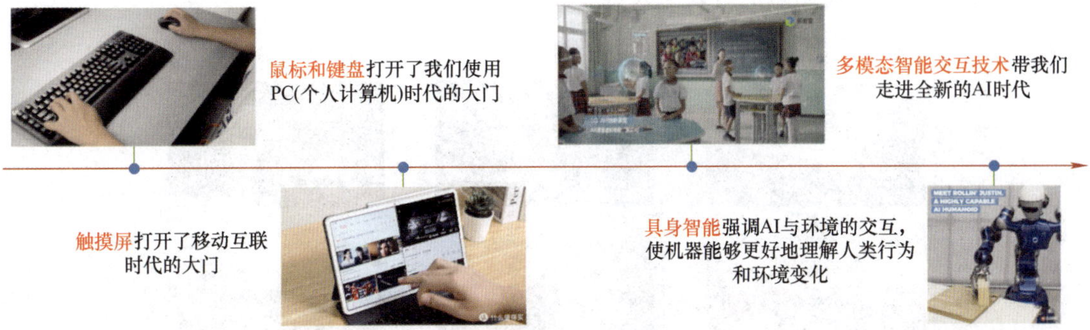

图 1-13　交互技术的技术变革

机器具身智能中不可或缺的是多通道的跨模态交互。行为交互最能体现机器认知的试探和反馈，认知的机器要能在与环境的互动过程中学习和成长。由于冯 · 诺依曼计算机架构中只有输入 / 输出，且输出相比输入具有一定的时滞性，欠缺多通道跨模态的感知交互，这成为用计算机做智能机器的一个致命弱点，研究机器具身智能及其交互认知的时代已经到来。

1. 具身智能

具身智能来源于英语 Embodied Intelligence，由人工智能之父艾伦·麦席森·图灵（Alan Mathison Turing）于 1948 年提出。Embodied 即具身的，Intelligence 即智能，结合在一起即具身的、离不开人体的智能。正如中国工程院院士李德毅所说：“具身智能是人类认知的源泉和归宿。”具身智能是人工智能的一个分支，它强调智能体（Agent）与其物理身体和环境之间的互动关系。具身智能的核心理念是，智能行为是通过身体与环境的实时交互产生的，而非仅仅通过抽象的计算过程产生。人类认知始于行为和模仿，最早的肌体语言导致形象思维，行为是智能的外化表现，称为具身智能。

2. 机器具身交互智能

具身交互智能可理解为通过跨媒体感知、机器学习、认知计算和生成式人工智能等技术，构建与实体世界统一的智能表达与学习方法，从而增强机器的智能化呈现，促进人机融合。机器具身的交互认知无处不在，通过与环境的交互，机器可以学习如何适应不同的工作环境和条件，提高其泛化能力。在感知过程中，通过跨模态交互，不但互补印证，也消解冲突，确保协同，以聚焦问题的态势；在认知过程中，用不同记忆区之间的交互认知，确保各智其智，用记忆和计算之间的交互，确保记忆约束计算；在行为过程中，通过交互，用自动调节和控制确保形体动作的稳定性以及与环境的协同。因此，机器具身交互智能使得机器的感知、认知和行为能力一体化，让机器可以更好地理解和适应真实世界的复杂性，执行更加精细和复杂的任务，极大地提升了机器的自主性、适应性和实用性。在具身交互智能的框架下，机器可以通过与环境的互动进行学习和成长，逐渐掌握更加复杂的技能。值得注意的是，在 2024 中关村论坛年会上，由北京通用人工智能研究院研发的全球首个通用智能人“通通”正式亮相，见图 1-14。“通通”不仅能够理解用户的话语，还能领会用户的意图，甚至在用户忙碌时主动提供帮助。经过通用人工智能评级标准与测试平台（TongTest）测试，“通通”的表现与人类 3~4 岁儿童相当。

图 1-14　全球首个通用智能人“通通”

此外，无人驾驶需要研究驾驶员与环境、周边车辆的交互认知，以及驾驶员的经验和临场处置能力如何替代。为了解决这两个问题，无人车需要拥有完备的具身交互智能。具体来说，除了需要解决车的感知智能、信息融合、规划和决策等问题，还需要实现无人车与驾驶环境中各类参与者之间的交互认知。由此可见，机器具身交互智能不仅推动了人工智能技术向更高层次的认知和决策能力发展，推动了智能科学领域的新范式，而且通过促进人机协同，加速了智能系统在各行各业的应用，为社会生产力的提升和人类生活的改善带来了深远影响，是实现通用人工智能和智能社会融合的关键技术之一。

1.3　智能交互技术与相关学科

1.3.1　智能交互技术与计算机科学

智能交互技术的应用在产品和用户之间起到桥梁的作用，这个桥梁需要让用户知道如何以更便捷、更人性化、更智能的方式操作产品，例如收音机的播放键、车载定位系统和手机的可视化界面，再比如 iPhone 手机中的 Siri 和我们已经离不开的键盘、鼠标等。这些都是研究人机交互的专业人士要学习和要专注的领域。交互分为艺术类和技术类两个方面。艺术类一般放在平面设计里，比如网页设计。网页设计会研究不同的颜色对于浏览者的影响，不同按键的大小对于浏览者的影响等，而本书涉及的主要是技术类人机交互，描述的是技术手段对于用户体验的改变。

与人工智能技术发展相呼应，人机交互技术不断向智能化发展，形成智能交互相关技术，所涉及的领域不仅仅有计算机，还有通信技术、社会学、心理学、设计领域。

1.3.2 智能交互技术与智能科学和技术

面对已经到来的智能时代，大模型、具身智能等新技术不断发展，使得机器与机器、机器与人之间的交互无处不在。智能交互技术需要以机器视觉、模式识别、自然语言处理等多种技术为基础，这些技术构成了智能科学与技术的重要组成部分。智能交互技术通过这些技术，使得机器能够识别、理解和回答人类的语言或指令，进而与人类进行自然交互，而机器与机器之间亦然。

1.3.3 智能交互技术与软件工程

一直以来，人们都习惯将软件工程与传统的人机交互视为两个相互独立的学科，这源于多方面的原因。软件工程师与人机交互设计人员关注的重点有很大不同：软件工程师经常以系统功能为中心，形式化方法在这里得到了广泛应用，而交互设计人员则以用户为中心，对用户特性和用户需要执行的任务要有深入了解。随着传统的人机交互技术向智能化交互技术发展，交互设计的评估方法与一般软件工程方法存在很大的不同：交互评估通常基于真实用户，评价机制往往来自用户使用的直观感觉，更主观。智能交互技术与软件工程经常是分开讨论的，一方面软件工程的相关书籍中较少提及交互团队在产品设计中的巨大作用，另一方面在交互技术书籍中也很少谈及其与软件工程的密切关系。

实际上，智能交互技术对软件工程技术发展具有非常大的促进作用。研究表明，现有的软件工程技术大多基于构建仅包含一定用户交互的设计，在实现交互式系统过程方面存在天生的缺陷，比如没有明确提出对用户界面及可用性需求进行描述的方法，或不能在系统开发过程中对用户界面进行终端测试等。因此，使用现有软件工程技术开发出来的交互式系统尽管具有完善的系统功能，但对用户而言，产品的可用性、有效性以及满意度并不高，相应地，产品很难取得市场上的成功。

尽管智能交互技术和软件工程表现为相互独立的两个部分，但实际上从系统工程的角度来看，它们之间也存在着紧密的联系。它们之间不仅存在信息交换，同时，相互之间的检验还是最终产品可用性和可行性的有力保障。智能交互工程模块接收来自用户方有关产品功能的需求定义，这既可能包括用户工作环境的描述和对用户执行任务以及系统自动完成任务的描述，也可能包括来自市场的相关信息等，要明确产品的交互和可用性需求，然后进行交互设计，并使用原型技术和可用性评估方法对需求及设计进行验证。最终获得的有关产品的软件需求和交互特性将作为输入传递给软件工程模块。软件工程模块将交互阶段所获得的需求和软件产品的其他需求融合在一起，如产品的计算性能和信息检索能力等，并开发软件产品。同时，这一过程也可能会产生新的交互需求，并使交互再次加入到产品开发过程。

举例来说，软件开发阶段可能需要对产品在线的帮助和错误信息进行设计，这就需要人与机器间的交互参与。此外，软件工程也会给交互设计施加限制，包括来自技术局限性和可行性方面的建议，基于开发进度和预算的考虑等。

如今，智能交互技术对软件工程的重要性已经得到越来越多的重视。学术界对智能交互技术在软件工程专业教学中的重要性也给予了足够的重视，已经有越来越多的高等院校正在积极开设各种有关将软件工程与智能交互技术相结合的新课程。软件工程专业国际教学规范 SWEBOK 中将相关交互课程作为软件工程专业的必修课程之一，体现其在软件工程教学中的重要地位。综上所述，智能交互技术与软件工程既相互区别又相互影响。只有将二者有机结合，才能保证在有效的时间和资源下开发出高可用性的软件产品。

1.3.4 智能交互技术与工业设计

网络信息数据传播已成为人们日常生活中不可替代和不可缺少的一部分，为用户提供了更加便利和直接的计算机辅助工具，并创造出了智能交互应用系统，实现了操作者与计算机的良好对接，给设计使用提供多方面的便利。当下计算机辅助工业设备也成为工业设计的基础设施。为了进一步确保工业市场中产品制造和生产的质量和数量，计算机辅助工业设计里进行人与工业机器交互研究能够有效提升计算机辅助工业的技术含量，给使用者带来更便捷的服务体验。计算机辅助工业设计中的人机交互应用也在很多方面都有推广，下面就以几个方面为例进行详细说明和探讨。

1. 虚拟装配

通常来说工业产品的可安装性、可维修性、可配合性都是实际工业设计中容易疏漏的问题，可利用智能交互应用实现虚拟装配。在传统的产品工业设计中对相关配件的安置往往容易忽视，总是会等到在产品配件搁置很久或者产品本身在使用过程中出现问题时才会引起对配件检修等环节的注意，而通过虚拟装配在工业产品设计阶段就能利用人机交互的方式，设计者通过三维输入设备，直接对工业零件进行三维装配的操作，在设计过程中就可检查各个配件是否与设备装配相吻合，避免了之后的重复检修。

2. 人机界面

人机界面作为操作者与计算机进行交流和信息互换的纽带，在计算机辅助工业设计中发挥着重要作用。在人机界面的交互技术应用上，既要重视计算机所能提供的各项技术，也要保证人性化，人机界面才能为操作员提供更加便捷的服务。在之后的人机界面设计中可以向着人机界面智能化、人性化以及真实化等方向开展研究。此外，可以通过智能化的交互技术让计算机以人的视角去感知产品设计的内容，进而强化产品设计的人性化。由此智能交互技术在产品设计应用上能够有效强化产品设计的高效性，给操作者带来更加便捷的操作体验。

3. 产品虚拟仿真技术

虚拟仿真技术能够极大地扩展现实生活中各个局限空间等范围限制，比如 3D 网球游戏，就是利用了虚拟仿真技术，通过计算机辅助工业交互设计创建的。该虚拟仿真技术除了游戏等内容外，在其他很多方面都有运用。计算机辅助交互技术作为搭建现实和虚拟世界的平台，得以充分发挥辅助工业的优势和性能。

1.3.5　智能交互技术与生理学

在图形用户界面等传统用户界面下，人与计算机的交流并不能做到信息对等。用户可以方便地了解计算机的各种状态信息，而计算机所能了解的用户状态信息却非常少，只能由用户的主动交互行为去推断。由于缺少这些信息，计算机很难做到动态适应用户，真正实现以人为中心。如何在人机智能交互过程中获取、分析和利用用户的生理状态信息（如紧张程度、疲劳程度、注意力等）是亟须解决的一个重要问题，也是拓展人机交互应用，实现自然人机交互的必要途径。

随着各种传感技术的不断发展，引入生理学作为一种新型交互模式已逐渐引起领域内学者的关注。在基于生理学的智能交互模式下，利用多种可穿戴计算技术，用户无须主动地执行交互任务，系统通过传感设备实时监控和分析用户的生理信号，将这些信号转化为控制输入，并对用户做出反馈。这种生理学智能交互模式可以有效地应用在许多领域。例如，在飞行控制系统中，计算机通过判断飞行员的精神状态，开启自动驾驶系统或者智能导航系统以减轻驾驶员的精神负荷，保证安全驾驶；在一般使用情境中，计算机通过感知用户对某一任务是否感到沮丧而自动打开或关闭帮助系统；用户在玩游戏时，如果系统判断用户感到无趣或者没有挑战，就自动增加游戏的难度等。

随着基于生理学的智能交互模式逐步引入，人的各种生理状态将会被系统所了解，人与计算机之间的信息交换将呈现对称性。同时，这种模式带来人机交互方式的深刻变革。与传统的键盘、鼠标、手势等用户主动输入的交互方式不同，基于生理学的智能交互技术更强调隐式交互。系统可以通过传感器来捕获和理解用户不自主的和潜意识层面的生理状态，完成交互任务，并实现对用户在词法、语法和语义的多层反馈。正如潘蒂奇（Pantic）等所言，随着相关技术的发展，通过增加计算机对用户的实时感知，人和计算设备之间的交互将从主从关系向协同和共生关系发展。

ACM SIGCHI（Special Interest Group on Computer-Human Interaction，美国计算机协会人机交互分会）年会在 2010 年和 2011 年连续举办了关于生理计算的研讨会。许多国际上著名的大学和研究机构从那时起逐步开展了生理学人机交互方面的研究，包括美国加州大学伯克利分校、微软研究院、德国马克斯 – 普朗克研究所、瑞士苏黎世联邦理工大学、英国帝国理工学院等；在我国，中国科学院、清华大学、香港中文大学、香港科技大学、浙江大学、北京航空航天大学、北京理工大学、西北工业大学等也进行了许多有益的探索工作。如今，感知技术不断发展，基于生理学的智能交互技术为感知用户的生理状态等信息提供了新的途径，开拓了新的研究方向。

在未来的智能交互模式下，计算机和用户将没有明确界线，显式的用户界面形态也将逐步消失。智能机器将作为多个智能化的计算设备融入用户和环境中，它们采集用户和环境的交互信息，智能化地执行交互任务。生理学作为感知和理解用户的关键环节，在未来必然会处于重要的地位。

1.3.6 智能交互技术与认知心理学

近年来，强大的社会需求产生了各式各样的应用场景。要想实现自然和谐的人机交互关系，需要在进行交互设计时考虑物理、社会等不同的计算环境，理解人机交互的复杂本质，探索与之相关的社会环境、自然环境和认知环境，以及人们使用系统的原因，将领域知识应用到系统设计中，并在此过程中逐步形成人机交互新方法，发现更新、更好的计算范式，这也是人机交互技术研究发展的趋势。

在 20 世纪开始设计界面时，人们认为点击计算机上的小图标就能够进行操作是很奇怪的事情，但是根据认知心理学的类比原理发现，人们在心中是有这个图式的，点击图标所见即所得变得更加具有可操作性。再例如，用户进入下载状态时所出现的进度条，这在系统最初的设计中也是没有的，然而用户在这个等待的时间段心情会变得不好，而当进度条被设计出来之后，用户的体验度明显有了改变。事实上，智能交互技术是一个闭环系统，当用户进行一个操作后，如果机器没有反馈错误，这个反馈就是我们预期的认知，所以在任何操作下，机器都应该对该操作进行及时反馈，与用户可通过智能交互界面实现交互认知并完成行为处理，见图 1-15。只有在充分了解了人的心理之后，才能更加清楚他们的需求所在，才能使智能交互技术更加流畅自如，产生良好的结果。

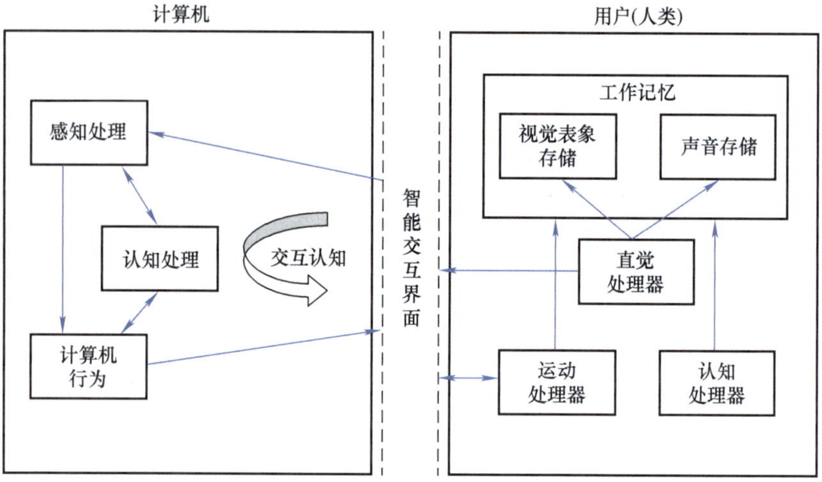

图 1-15 基于智能交互界面的交互认知

认知科学（Cognitive Science）是在心理学、计算机科学、人工智能、神经科学、科学语言学、科学哲学以及其他科学（如数学、理论物理学）的基础上，涌现出来的高度跨学科的新兴科学。认知科学试图依靠众多学科，理解心智的性质，并在此基础上制造出能思维的机器。认知心理学由于关注和研究人的心智活动，通过协商和学习，形成交互认知，在智能交互技术研究中发挥着重要的作用。

人与计算机的情感交流是个复杂的过程，不仅受时间、地点、环境、人物对象和经历的影响，而且有表情、语言、动作或身体的接触。情感计算研究试图通过不断加深对人的情感状态和机制的理解，创建一种能感知、识别和理解人的情感，并能针对人的情感做出智能、灵敏、友好反应的计算系统。情感计算研究有助于提高计算机感知情境，理解人的情感和意图，做出适当反应的能力。情境化是人与计算机交互研究中的新热点。在人与计算机的交互中，计算机需要捕捉关键信息，觉察人的情感变化，形成预期，进行调整，做出反应。例如，通过对不同类型的用户建模（例如：操作方式、表情特点、态度喜好、认知风格、知识背景等），以识别用户的情感状态，利用有效的线索选择合适的用户模型（例如，根据可能的用户模型主动提供相应有效信息的预期），并以适合当前类型用户的方式呈现信息（例如：呈现方式、操作方式，与知识背景有关的决策支持等）；在对当前的操作做出即时反馈的同时，还要对情感变化背后的意图形成新的预期，并激活相应的数据库，及时主动地提供用户需要的新信息。

1.4　习题

1. 什么是人机交互？简述人机交互技术的主要发展历程。
2. 智能交互技术的研究内容有哪些？
3. 简述生理学与智能交互技术的结合产生了哪些应用？
4. 简述多模态智能交互技术的特点。
5. 简述具身智能技术国内外发展。
6. 思考并提出一个机器具身交互智能的创新应用场景。
7. 简述图形用户界面设计的一般性原则。

第 2 章 感知认知和交互技术

2.1 知觉和认知

知觉是客观事物直接作用于感觉器官而在头脑中产生的对事物整体的认识，是人对感觉信息的组织和解释过程，它可以包括生物世界的“刺激反应”知觉和动物世界的“合成判断”知觉。认知是指人们获得知识或应用知识的过程，或信息加工的过程，这是人的最基本的心理过程。人脑接收外界输入的信息，经过头脑的加工处理，转换成内在的心理活动，进而支配人的行为，这个过程就是信息加工的过程，也就是认知过程。

知觉意识和认知意识的关系：经验直观的知觉意识是抽象运作的认知意识的根基，抽象运作形成的认知意识是经验直观的知觉意识的提升，见图 2-1。

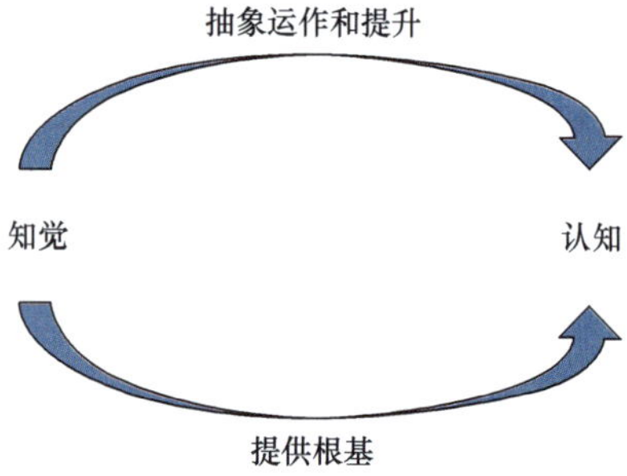

图 2-1 知觉意识和认知意识的关系

2.1.1 人的感知

人的感知是客观事物通过感觉器官在人脑中的直接反映。来自人体内外的环境刺激通过眼、耳、皮肤等感觉器官产生信号脉冲，由神经系统传递到大脑中枢而产生感觉，见表 2-1，主要包括视觉、听觉、化学感觉（嗅觉、味觉）、皮肤感觉（温度、疼痛、压力、触觉）和本体感觉（运动、平衡）等。它是人们了解外部世界的渠道，也是一切复杂心理活动的基础和前提。比如驾驶员对汽车的“车感”和“路感”，就是通过对身体周围环境的刺激产生的。敏感程度不同的人，反应行为也会有所不同。

表 2-1　刺激及感觉反应

感觉种类	感觉器官	适宜刺激	刺激来源	识别特征
视觉	眼	光	外部	形状、大小、位置、远近、色彩、明暗、运动方向等
听觉	耳	声	外部	声音的高低、强弱、方向和远近
嗅觉	鼻	挥发和飞散的物质	外部	香气、臭气等
味觉	舌	被唾液溶解的物质	表面接触	酸、甜、苦、辣、咸等
皮肤感觉	皮肤及皮下组织	物理或化学物质对皮肤作用	直接或间接接触	触觉、痛觉、温度觉、压觉
深度运动与内脏感觉	肌体神经及关节	外部物质对躯体的作用	外部和内部	撞击、重力、抗衡、姿势等
平衡感觉	前庭器官	运动和位置变化	外部和内部	旋转运动、直线运动和摆动等

2.1.2　感官与交互体验

交互体验是指用户在操作产品时的感受，即用户和产品之间发生信息交流过程的体验，需要对场景和在此场景下用户的动向进行全面了解。视觉、触觉、听觉、发声、感知等多种多样的感官体验已经超过了简单的身体感觉。每一次体验不仅仅是身体上的感觉，互动的背后都存在更深层的交互意义。

1. 视觉体验

视觉是人与周围事物发生联系最重要的感觉通道，人获取的 80% 以上的外部世界信息都来自视觉。产品设计中的视觉体验主要通过形态和色彩来传递。色彩作为一种信息的传递方式，在表现个人情感、爱好中传递着人们内在的思想意识，它是思想、情感、审美意识的象征，越来越广泛地体现在现代产品设计领域里。

格式塔学派的聚焦点原理告诉我们，当观察一幅场景时，人们注意的焦点会自然而然地被场景中最突出的部分（即与其他元素截然不同的部分）所吸引。为方便用户接收到视觉信息，可以通过屏幕显示设计，让用户能够立即捕捉到最重要的内容。

2. 听觉体验

听觉是仅次于视觉的重要感觉，其适宜刺激物是声波。在设计中加入听觉设计可以丰富消费者对产品整体的感受，增加其体验的层次感。适当的声音可以成为很好的反馈信息，让用户准确地把握操作状态，增加对产品的信任度，例如点击鼠标时的咔嚓声、敲打键盘时的噼啪声等。

听觉体验的第一种模式是把用户作为电话所发出声音的接受者。电话听筒可以发出通话声、音乐、全球定位系统的语音提示，甚至是应用程序发出的声音。在特定的环境下正确使用声音，可以大幅优化用户体验。

关于听觉体验设计的重要建议：千万小心使用！
在用户没有提出任何需求的情况下，声音属于入侵性很强的刺激。在移动过程中或在社交生活中，声音很容易造成不适感。相当多的用户把应用程序发出的声音视为一种侵袭和骚扰。

声音操控的模式越来越多地被广泛使用。在用户腾不出双手的情况下，或者在和传统操作方式相比用声控更方便的情况下，声控应用程序越来越受欢迎。声控功能最困难的部分在于如何理解用户的指令，以及如何让用户轻松地调整指令或者取消错误指令。同其他凭借传感器下达指令的情况一样，下达或取消声控指令最好通过同一通道。声控指令的另一个难点在于用户该如何记住有效指令。使用简单易行、尽人皆知的词语作为指令，有利于用户记忆。此外，设计者还要考虑指令的难易度：使用的词语必须很简短，这样用户才能脱口而出。

在此方面，谷歌公司曾推出自己的音频服务应用，被称为谷歌播客（Google Podcasts），实现了谷歌助理服务 + 个性化音频推荐 + 内容创作平台。也有国内媒体称谷歌公司推出了自家的“喜马拉雅”。谷歌公司在听觉体验上实现了个性化音频推荐，是人工智能技术的应用。

3. 触觉体验

触觉接收并对刺激做出反应的速度几乎和听觉一样快，而且在很多时候要比视觉更快。在产品设计中，合理地利用触觉除了可以提高人的效率之外，还能带给用户特殊的感官体验。这一点对于盲人以及生理机能下降的老年人来说尤为重要。对触觉影响最大的就是材料。材料的不同质地和肌理不但直接影响着用户的使用感受和触觉体验，也会对视觉造成冲击，使用户的感官体验更加丰富。

目前，触觉体验方面普及得最好的是触摸屏技术。用户通过“点触”直接与触屏电脑 / 手机交流、下达指示、在屏幕上运行各种功能、享受服务等，见图 2-2。

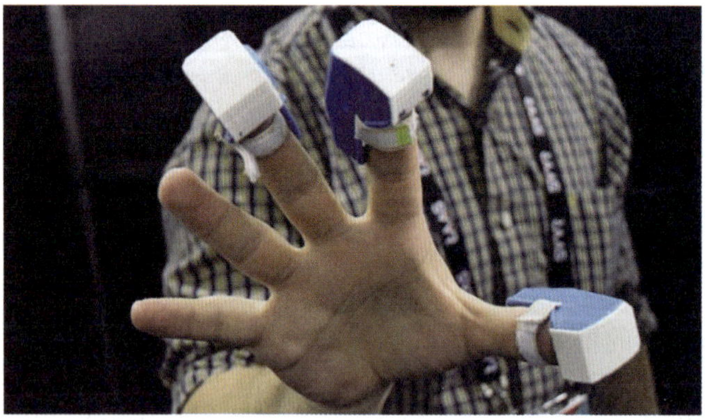

图 2-2　用户触觉体验

4. 嗅觉体验

嗅觉作为人体对外界气味的感知，能给人以特殊的感官体验，它所带来的情感反应是其他任何一种感觉所不能替代的。如果能把握用户的嗅觉记忆或喜好，就能利用用户的某种特殊情感体验取得设计的成功，如带香味的圆珠笔设计，再如气味播放器，见图 2-3，在未来也许会获得普及。

5. 味觉体验

味觉在设计中的应用相对较少，因为只能放入口中，用户才能感受到，但人的各种感官都是相通的，它们之间必有相辅相成的作用存在，特别是在与食品相关的产品设计中，味觉设计会给用户一种特有的愉悦与体验。

图 2-3　气味播放器

6. 情感体验

基于情感体验的产品设计，注重以某种设计方法激发用户的内在情绪，使其与产品在情感上达到共鸣。设计师们要努力提升虚拟世界的机器情感，进行界面交互设计、声音的录制、互动效果的制作等，用户希望产品带给他们更多的是情感的交互，而并非转瞬即逝的视觉感受。

7. 思考体验

基于思考体验的产品设计，是通过某种创意引起用户的兴趣，对问题进行分析、思考，从而创造认知和解决问题的体验。

8. 行动体验

基于行动体验的产品设计，以用户参与的方式使其与产品进行互动，丰富他们的生活。

2.1.3　知觉的特性

知觉是在客观事物直接作用于人的感觉器官时，人不仅能反映该事物的个别属性，而且能够通过各种感觉器官的协同活动，在大脑中根据事物的各种属性，按其相互间的联系或关系整合成事物的整体，从而形成对该事物的完整映像。知觉是纯心理性的，具有如下主要心理特性。

1. 知觉的选择性

客观事物是多种多样的，在特定时间内，人只能感受少量或少数刺激，而对其他事物只做模糊反映。被选为知觉内容的事物称为对象，其他衬托对象的事物称为背景。某事物一旦被选为知觉对象，就立即从背景中突现出来，被认识得更鲜明、更清晰。一般情况下，面积小的比面积大的、被包围的比包围的、垂直或水平的比倾斜的、暖色的比冷色的，以及同周围明晰度差别大的东西都较容易被选为知觉对象。即使是对同一知觉刺激，如观察者采取的角度或选取的焦点不同，亦会产生截然不同的知觉经验。

除了少数具有肯定特征的知觉刺激（如捏在手中的笔）之外，我们无法预测同样的刺激情境是否能得到众人相同的知觉反应。

2. 知觉的整体性

知觉的整体性指人根据自己的知识经验把直接作用于感官的客观事物多种属性整合为统一整体的组织加工过程。整体性可使人们在感知不熟悉的对象时，倾向于把它感知为具有一定构成意义的整体。当人感知一个熟悉的对象时，只要感觉了它的个别属性或主要特征，就可以根据经验知道它的其他属性或特征，从而完整地感觉它。

从图 2-4 里可以“看见”一个白色的汽车，但是这个汽车并不是由线条组成的，而是因为图片里有许多不完整圆形，人们通过自己的经验，将缺少的部分自行“脑补”，这就是知觉整体性的体现。

图 2-4　知觉的整体性

3. 知觉的恒常性

在不同角度、不同距离、不同明暗度的情境之下，观察某一熟知物体时，虽然该物体的物理特征（大小、形状、亮度、颜色等）因受环境影响而有所改变，但我们对物体特征有知觉经验，心理上就倾向于保持其原样不变的印象。外在刺激受环境影响使其特征虽发生改变，但在知觉经验上却维持不变。

“恒常性”是一种夸张的描述，反映了知觉的相对稳定性，与人们的生活经历有关。当知觉条件的变化超过一定范围，或知觉环境经过特殊处理时，知觉往往会失去恒常性，从而得出错误的判断。

知觉的客观条件在一定范围内改变时，知觉映像在相当程度上保持稳定性。包括：

1）形状恒常性：是指看物体的角度有很大改变时，被感知的物体仍然保持同样形状。形状恒常性和大小恒常性可能都依靠相似的感知过程。

2）明度恒常性：决定明度恒常性的重要因素是从物体反射出来的光强度和从背景反射出来的光强度的比例，只要这一比例保持恒定不变，明度也就保持恒定不变。

3）颜色恒常性：绝大多数物体之所以被可见，是由于它们对光的反射，反射光这一特征赋予物体各种颜色。一般说来，即使光源的波长变动幅度相当宽，只要照明的光线既照在物体上也照在背景上，任何物体的颜色都将保持相对的恒常性。

4）大小恒常性：在一定限度以内，当知觉的条件发生变化，而产生的印象却不发生变化的知觉特性称为大小恒常性。在图 2-5 中，下方的怪物显得比后上方那一个小，但两个怪物的大小实际上是完全相同。我们的大脑会自动调整两幅图像，使其“适合”背景图像的清晰视角。从这个意义上说，大脑已经纠正了它“看到”的信息。

4. 知觉的理解性

人的知觉是一个积极主动的过程，知觉的理解性正是这种积极主动的表现。人们的知自然行为方式。

2.3.2　语音交互技术

语音交互是以“说话”的方式来实现用户与产品之间的信息交流，是一种自然的、流畅的、方便快捷的信息交流方式。语音交互大致包括：

1）语音输入：利用声音传感器（麦克风）接收音频信息（模拟信号），再通过语音卡等软件技术，采用一定的编码方法，把模拟的语音信号转换为数字语音信号。

2）语音识别：也称为自动语音识别（Automatic Speech Recognition，ASR）。语音识别技术把语音信号转变为相应的文本或命令，主要包括特征提取技术、模式匹配准则和模型训练技术三个方面。语音识别技术在车机语言中应用广泛，如科大讯飞语音交互系统采用了先进的语音识别技术，通过唤醒 Avatar，驾驶者可以直接用语音控制车机应用，不需要烦琐的手动操作，无论是调节空调温度、切换音乐、导航规划，还是查询车辆信息，只需简单说出指令，系统即可迅速响应并完成任务。

3）语音合成：语音合成又称文语转换（Text to Speech，TTS），是将文字信息实时转化为标准流畅的语音，相当于给机器装上人工嘴巴。它涉及声学、语言学、数字信号处理、计算机科学等多个学科技术，是中文信息处理领域的一项前沿技术。我们所说的“让机器像人一样开口说话”与传统的声音回放设备（系统）有着本质的区别。传统的声音回放设备（系统），如磁带录音机是通过预先录制声音然后回放来实现“让机器说话”的。这种方式无论是在内容、存储、传输或者方便性、及时性等方面都存在很大的限制。通过计算机语音合成则可以在任何时候将任意文本转换成具有高自然度的语音，从而真正实现“让机器像人一样开口说话”。图 2-14 所示为语音合成系统框架。 29

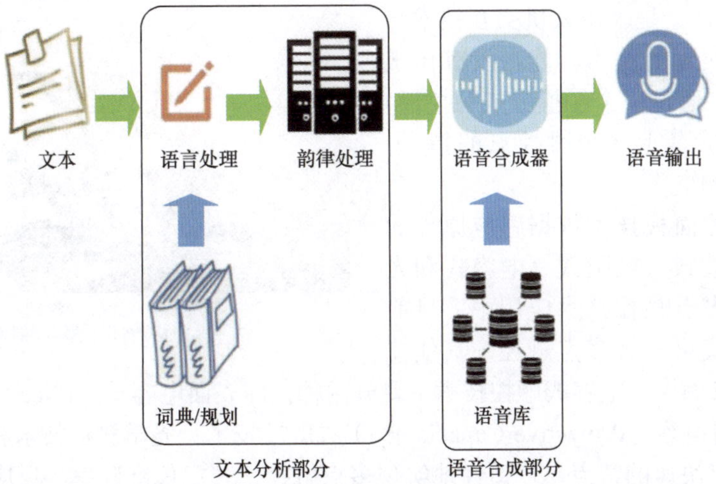

图 2-14　语音合成系统框架

语音交互具有广泛的应用前景，可应用于人机对话、不同语种之间的交流、语音控制、外语学习等方面。语音交互中的关键技术是语音识别，目前语音识别特别是中文语音识别率已经达到出色的效果，使用时必须符合一定的要求才能使语音被正确识别，如正确使用麦克风，使用环境要相对安静，要进行口音适应训练和口音分析，口音要规范，尽量使用标准普通话。Siri 是著名的语音交互产品，见图 2-15。

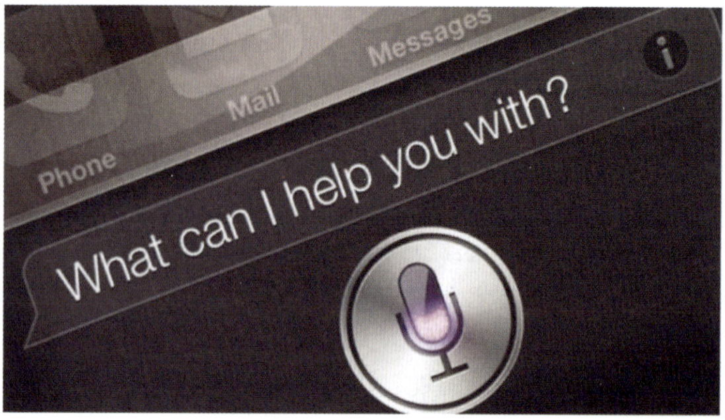

图 2-15　语音交互产品 Siri

中国人工智能学会发布的《2018 人工智能产业创新评估白皮书》指出，随着人工智能迎来第三次发展浪潮，社会各界对人工智能的投入与期许空前高涨。报告结合人工智能细分技术的发展和应用水平，聚焦语音交互、文本处理、计算机视觉和深度学习四项重要技术，可见语音交互已是人工智能产业创新发展的核心部分之一。

2.3.3　多点触控交互技术

多点触控（又称多重触控、多点感应、多重感应）的英文为 Multitouch 或 Multi-Touch，见图 2-16，是采用人机交互技术与硬件设备共同实现的技术，能在没有传统的输入设备时，通过一个触摸屏或触控板，同时接收来自屏幕上多个触控点的指令，进行人机交互操作。

图 2-16　多点触控

常用的触控面板技术依据感应原理的不同有表面声波式、电阻式、电容式和光学式等，但在多点触控技术应用中，目前电容式和光学式可实现多点触控，其他技术仅能实现单点触控。电容式触控技术主要分两种，即表面电容（Surface Capacitance）式触控技术和投射电容（Projective Capacitance）式触控技术。光学触控技术利用光学传感器对细致动作反应快速的特点，创造性地实现多点触控，其定位准确率、反应速度及使用寿命都大大优于现有的其他触控技术。

目前多点触控技术被定义为“表面计算技术”，其硬件设备和软件技术也在不断发展，经历了从光感应式到各种支持多点触控技术的大屏幕显示屏及投影环境下的多点触摸技术的开发。作为一种自然、简便、高效的交互技术，多点触控有效地向现实中的双手操纵方式靠拢，与人机用户界面的自然化发展方向相一致。

2.3.4 跨模态交互技术

跨模态交互技术是一种利用不同模态（如文本、图像、音频、视频等）进行人机交互的方法。在这种交互过程中，机器需要具备理解和处理来自不同模态信息的能力，并能够生成相应模态的输出信息以进行反馈。跨模态交互的核心在于实现不同模态之间的有效转换和整合，以支持自然、高效的人机交流。

为了实现这一目标，跨模态交互涉及多个关键技术点。首先，跨模态理解是让机器准确理解来自不同模态信息的关键。这需要将不同模态的信息转换为统一的表示形式，以便机器能够更好地进行处理。其次，跨模态反馈是指机器根据用户的输入信息生成相应的反馈，并以合适的模态进行呈现。最后，跨模态情感分析关注于理解和分析用户在交互过程中的情感状态，以实现更加人性化的交互体验。

近年来，大语言模型在跨模态交互领域发挥了巨大的作用。通过训练大规模的多模态数据集，大模型能够学习到不同模态之间的复杂关联关系，从而实现更高效的跨模态理解和反馈。基于大模型的生成式技术可以实现从一种模态到另一种模态的转换。以 GPT-4o（见图 2-17）为例，OpenAI 改变了 GPT-4 使用一个简单的模型将音频、视频转录为文本，基于文本独立处理的旧模式，转而以多通道的方式同时处理音频、视频和文本数据，通过观察表情、音调等因素感知人的情绪，给出多模态的输出。这大大丰富了跨模态交互的形式和内容，为我们提供了更多元化的交互体验。

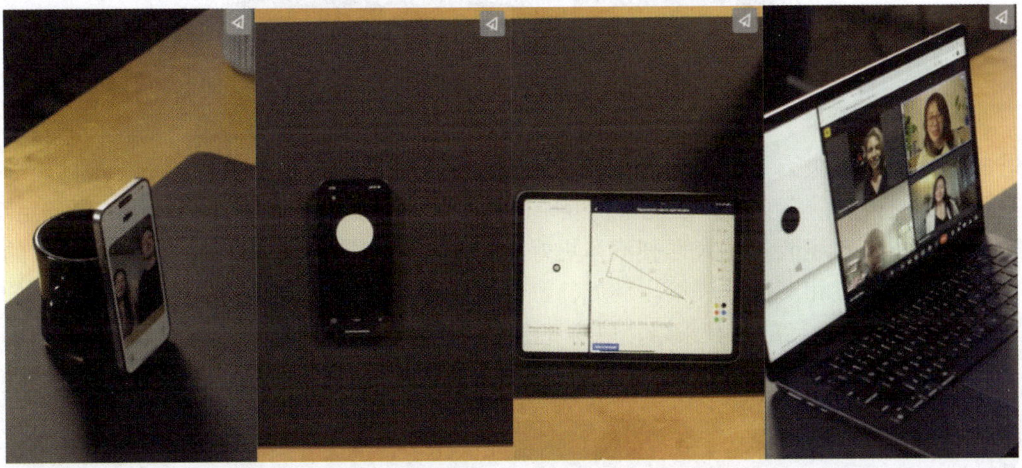

图 2-17　GPT-4o 多模态的用户交互方式

2.4 基于感知技术的人车交互

智能时代，人机交互早就不再局限于打字和触摸，在汽车领域，基于语音识别的自然语言交互也是大势所趋。汽车在过去的一百多年发展过程中一直无法在娱乐化功能上有较大的飞跃，最主要的原因就在于汽车上所有的功能都需要满足“安全”这个前提。触控交互方式虽然相比传统的物理按键和旋钮更加富有科技感，但因为需要太多视线，对于驾驶者单独操作来说并不方便。

在 L5[㊀]级自动驾驶真正解放驾驶者之前，我们仍需要用双手握住方向盘，用眼睛来观察前方道路情况。那么，如何让驾驶者能够通过感知技术来与汽车进行交互，把与汽车的沟通变得像人和人之间的沟通一样简单，这成为众多车企和科技公司研发的热点。随着大模型技术的发展，将其与智能驾驶的结合，我们看到了一种全新的交互可能性。

利用语音引擎解决方案，可有效地实现基于语音的交互。车载智能语音系统通过语音识别引擎实现语音指令识别，将语音指令转化为机器指令，完成交互功能的“操控”；通过声纹识别引擎进行基于语音的身份识别，实现人机交互中系统安全设定功能。图 2-18 给出了福特 SYNC+ 系统提供的智能导航、AI 语音交互、丰富的车载娱乐和出行生态等服务。整个 UI 在竖屏上得到了重新优化，中间主要区域可以通过滑动显示车辆、天气、语音等。

图 2-18　智能语音交互体验效果

利用大模型技术，车载系统可以更深入地理解驾驶者的意图和需求。例如，通过集成先进的语音引擎解决方案，并结合大模型的强大语义理解能力，车载智能系统不仅能够实现基于语音的自然语言交互，还能解析复杂的指令和上下文，提供高度个性化的服务定制。此外，大模型技术还能使无人驾驶汽车更好地理解和预测周围环境及其他交通参与者的行为，实现更加智能和安全的决策。例如，汽车可以通过分析交通模式和预测其他车辆的行驶路径，自动调整自己的行驶策略，以避免潜在的碰撞风险。随着大模型与无人驾驶技术的进一步融合，未来的汽车将能够提供更加丰富和智能的交互体验，使驾驶更加安全、便捷。

面向无人驾驶环境的需求，主要包括以下多种类型的基于语音引擎的交互功能并可通过智能音箱播报：①自驾驶车当前驾驶意图与状态播报；②自驾驶车当前周边地理、交通环境播报；③乘员目的地表达及响应（包括乘员发出执行指令及系统告知乘员行驶路线等）；④乘员意外情况请求及响应；⑤车主 / 驾驶员声纹身份识别；⑥车辆意外事故的紧急求助；⑦空闲时的休闲娱乐（音乐、导游、相声等）；⑧远程共享汽车的服务请求（语音或文字）及响应；⑨边缘驾驶状况下和周边车辆及行人的语音交互；⑩多乘员状态的目的地决策表达；⑪运维人员、开发人员与自驾驶车的交互。

㊀ 根据国际汽车工程师学会（SAE）的 J3016 标准，自动驾驶根据驾驶操作、周边监控、复杂情况下动态驾驶任务的执行者、系统支持的路况和驾驶模式等要素划分为 L0 级到 L5 级共六个等级。

2.5 实验 1：AI 图像创作

在深入了解智能交互技术的理论知识之后，现在将进入一个实践应用的阶段——AI 绘图实验。AI 绘图技术，作为智能交互领域中的一项前沿技术，它不仅融合了知觉和认知原理，更是与当下大热的元宇宙概念紧密相连。想象一下，通过 Sora 这样的先进技术，我们可以在虚拟世界中自由地创造和探索，AI 绘图技术正是这一愿景的基石。

AI 绘图技术通过 CLIP 模型，将文本提示词转化为图像，模拟了人类如何理解语言并形成视觉概念的认知过程。这一过程不仅超越了简单的数据处理，更触及了深层的艺术创造。就像 Sora 技术在元宇宙中的应用一样，AI 绘图技术允许我们在数字画布上绘制出无限的想象。

当讨论数据交互时，AI 绘图技术能够将文本数据转化为视觉图像，这与智能交互技术中的数据输入和输出概念相契合。这个过程不仅是信息的传递，更是故事的编织，将文字叙述转化为图像叙述，就像 Sora 技术在虚拟空间中构建的互动故事一样引人入胜。

AI 绘图技术的交互方式，特别是它如何通过文本输入这个单一而强大的手段实现复杂的图像生成任务，体现了智能交互技术中多模态交互的精髓。它展示了如何通过简洁的交互激发创造力，正如 Sora 技术在提供沉浸式体验方面的潜力。

通过 AI 绘图实验，读者有机会将创意愿景转化为可视化成果，体验从概念到创造的完整过程。这不仅是对智能交互技术理论知识的应用，更是一次深入探索 AI 技术在艺术创作中应用的奇妙之旅。让我们拿起数字画笔，一起在虚拟与现实的交汇处，绘制出属于我们自己的元宇宙。

2.5.1 实验目的和类型

1. 实验目的

了解和实践如何使用 AI 绘图工具，理解 AI 在创意设计中的潜力和限制。

2. 实验类型

应用型实验。

2.5.2 实验内容

想象一下，你是一位画家，但不是用笔和颜料，而是用文字和想象力来创作。你只需描述你想要的画面，比如“宁静的夏夜，萤火虫在湖边飞舞”，就能立刻看到这幅画面呈现在你眼前（见图 2-19）。这不是魔法，而是人工智能绘图技术——一种将你的创意想法转换成视觉图像的神奇技术。

什么是 AI 绘图？AI 绘图是利用人工智能算法，特别是深度学习中的神经网络，根据用户的文字描述生成相应图像的过程。这些算法通过学习大量的图像数据，逐渐学会理解文字与图像之间的关系，并能够创造出新的图像。

图 2-19　AI 绘制的湖畔飞萤图

Stable Diffusion（SD）是一种先进的 AI 图像生成技术，它使用扩散模型来生成高质量的图像。扩散模型是深度学习中一类强大的生成模型，它们通过逐步将噪声添加到数据中，然后学习如何逆转这个过程来生成新的数据样本。其基本原理分为正向和逆向两个过程：

正向过程：模型逐步将噪声添加到一个图像中，直到图像完全变成噪声。

逆向过程：模型学习如何从噪声中恢复出原始图像。通过这种方式，模型学会了如何生成新的图像。

Stable Diffusion 技术的关键优势在于它的生成过程是可逆的，这意味着模型可以更加稳定和可控地生成图像。

1. 界面简介

Stable Diffusion 的界面设计旨在用户友好，即便是初学者也能快速上手。以下是 Stable Diffusion 界面的基本组成部分：

提示词输入框：在这里输入你的提示词，指导 AI 生成图像。

模型选择器：列出可用的模型，你可以根据需要选择不同的模型。

参数设置区：允许你调整生成图像的各种参数，如分辨率、采样方法等。

生成按钮：配置完成后，单击此按钮开始生成图像。

图像预览区：显示生成的图像，你可以在这里评估结果。

2. 核心概念解析

底模（Checkpoint）：模型训练过程中的一个保存点（亦称检查点），允许你从特定状态继续训练或用于图像生成。

VAE（Variational Auto Encoder）：一种用于图像压缩和重建的技术，它将图像编码为一个潜在空间的点，然后可以生成新的图像实例。

LoRA（Low-Rank Adaptation）技术：一种微调大型神经网络的技术，它通过在网络的特定层插入低秩矩阵来实现对模型的调整，而不需要对整个网络进行重新训练。在 Stable Diffusion 中，LoRA 可以用来进行细致的风格调整或特定内容的强化，而不会显著增加计算负担。

采样：采样是生成图像的过程，不同的采样方法可能会影响图像的细节和风格。

迭代次数：在 Stable Diffusion 中，迭代次数（也称为采样步数）决定了生成图像的详细程度。较高的迭代次数会使 AI 花费更多时间来精细化图像，但同时也增加了计算资源的消耗。通常，迭代次数需要根据你的具体需求和硬件性能来平衡设置。

随机数种子：在 AI 生成图像的过程中，随机性是一个重要因素。随机数种子（Seed）用于确保生成过程的可重复性。如果你对某次生成的图像特别满意，可以记录下该次的种子值，使用相同的种子值可以生成相同或高度相似的图像。

说明：实验内容分为“能”“会”“熟练操作”“熟悉”“认知”5 个层次。实验要求指学生通过本实验课程的学习，所要达到的知识和能力水平。

1）掌握 Stable Diffusion 等 AI 绘图核心技术的运行机制，理解其如何从文本指令到生成图像的全过程。

2）能够熟练操作 Stable Diffusion 工具，包括切换不同模型、编辑输入条件、精准调控参数以及高效管理生成结果。

3）能够结合具体情境设定目标人群特点，精准定制输出高质量的 AI 生成图像，并掌握在复杂项目中管理和优化 AI 绘图流程的方法，确保作品满足个性化和专业性要求。

2.5.3　实验环境

Stable Diffusion 作为一种本地可部署的 AI 绘图技术，尽管受到广大用户的追捧，但由于涉及复杂的网络配置、严苛的硬件需求，以及诸如 Python 环境搭建、模型下载安装等技术难题，许多潜在用户在追求顺畅体验的过程中往往遭遇重重挑战。这些难题不仅耗时巨大，更在一定程度上阻碍了创新活动的广泛开展。为此，本实验选择了“哩布哩布”（liblib.art）这一在线平台，同时也推荐“吐司”（tusi.cn）作为替代方案，二者均提供了免费体验 Stable Diffusion 模型的机会，使得用户无须安装任何软件即可在线进行高质量图像生成。

选择“哩布哩布”作为 Stable Diffusion 的 AI 绘图入口，关键在于其显著简化了使用流程，并极大压低了技术准入门槛。用户不再需要烦琐的本地环境配置，仅需借助浏览器，就能不受时空限制地畅享 AI 绘图的乐趣。更为重要的是，“哩布哩布”确保了其界面设计与原生 Stable Diffusion 体验高度统一，这让现有的各类教程能够平滑地应用于该平台，避免了学习过程中的额外困扰。此外，该平台自带丰富的预训练模型库，用户能够一键将心仪的模型添加至个人收藏夹中，大大提升了操作的简易性和资源利用效率。如此一来，无论是初次涉足 AI 艺术的新手，还是经验丰富的资深用户，都能迅速掌握并享受到高效稳定的 AI 创作服务。

2.5.4　实验步骤

1. 文生图

在深入探索 Stable Diffusion 的奇妙世界之前，首先需要理解文生图的核心概念——通过文字提示词来生成图像。这个过程就像是向一位看不见的画家描述我们心中的画面，而这位画家就是 Stable Diffusion 算法。为了能够清晰地传达想法，需要精心挑选和组合提示词，这样才能引导算法绘制出心中的图像。

1）打开 Stable Diffusion 的在线平台（例如 liblib.art），这个网站提供了一个便捷的入口，让我们能够轻松地与 Stable Diffusion 算法进行交互。登录后，见图 2-20，在左侧边栏单击“在线生成”，便来到 Stable Diffusion 的页面，这里可以看到各种不同的参数设置，它们就像是画家的画笔和颜料，帮助塑造最终的作品。

图 2-20　哩布哩布首页

2）在开始绘制之前，需要选择一个 checkpoint，见图 2-21，这可以理解为选择不同的画家风格。每个 checkpoint 都有其独特的画风，比如“majicMIX realistic 麦橘写实_v7.safetensors”擅长捕捉现实世界的细微之处，选择一个合适的 checkpoint，就像是选择了一位擅长特定风格的画家，这对于最终作品的风格至关重要。

图 2-21　预设 CHECKPOINT 模型列表

3）进入文生图的创作阶段，正式开始与算法进行对话，通过输入文字提示词来描绘心中所想。例如，想要生成一个学生的图像，可以在提示词栏中输入“一个学生”，这样简洁的表达有助于算法捕捉到我们的基本意图。由于 Stable Diffusion 默认只支持英文，因此需要将中文提示词翻译成英文，单击提示词栏右上角的“翻译为英文”，见图 2-22，提示词自动被翻译为“a student”（当然，更多的时候，可直接写作“1student”）。

图 2-22　文生图提示词与翻译

说明：上述过程中，需要注意提示词的选择和表达，因为它们将直接影响到图像的细节和风格。此外，这里的提示词也被称为“正向提示词”。

4）还需要考虑采样方法和迭代步数。采样方法对于生成图像的风格和质量有着重要的影响，最常使用的采样方法有如下三种：

① Euler a：一种基于经典的 Euler 方法的确定性迭代方法，可被用来逐步构建图像，通过简单的迭代过程，每次迭代都会对图像进行微小的调整。这种方法的优点是实现简单，计算量相对较小，但可能在图像的细节和平滑度上有欠缺。

② DPM++2S a Karras：一种条件扩散模型（Conditional Diffusion Model），它是由 Karras 等人提出的 DPM 系列模型的改进版本。这种模型利用扩散过程来生成图像，其中 2S 表示二阶采样（Second-order Sampling）。与传统的一阶采样相比，二阶采样能够更有效地利用模型的信息，生成更高质量的图像。DPM++ 2S a Karras 通过模拟数据的扩散和逆扩散过程，能够生成细节丰富、视觉效果更优的图像。

③ DDIM（Denoising Diffusion Implicit Model）：一种隐式扩散模型，它是对扩散模型的一种改进。在传统的扩散模型中，图像的生成是通过逐步去除噪声来实现的，这个过程被称为去噪。而 DDIM 通过隐式的方式进行去噪，可以更灵活地控制生成过程，从而获得更平滑、更自然的图像效果。DDIM 通常能够提供更快的收敛速度和更好的图像质量。

这三种采样方法各有特点，适用于不同的应用场景和用户需求。Euler A 由于其简单性，适合快速生成和初步草图；DPM++ 2S a Karras 则适合需要高质量图像输出的场合；DDIM 则提供了一种平衡速度和质量的解决方案，适合需要精细控制图像生成过程的用户。在实际使用中，可以根据具体的创作目标和资源限制来选择最合适的采样方法。

迭代步数通常设置在 20~30。迭代次数决定了图像生成的精细程度，较高的迭代次数会使图像更加清晰，但同时也会增加算力消耗。

这里选用 Euler A 作为采样方法，并使用默认的迭代步数（20 次），见图 2-23，以此确保图像既精细又不至于耗费过多算力资源。

5）宽高默认为 512 × 512 像素，当然，也可以设置得高一些，但不建议太高。因为当初模型就是在类似的大小下训练的（可以理解为画家当初学习的这个尺寸图像），所以如果分辨率过高，生成的图片可能会出现多条胳膊等奇怪的情况。

图 2-23　采样方法与迭代步数

说明：当需要更高分辨率的图像时，可以谨慎地使用高分辨率修复功能。这个功能虽然能够提升图像质量，但同时也会增加点数的消耗。因此，除非必要，通常不会在初始阶段就使用高分辨率修复，而是基本满意生成的图像后，再考虑是否需要提升至更高分辨率。

6）由于 Stable Diffusion 生图有些类似于游戏中的抽卡机制，每次的结果都带有一定的随机性，所以建议设置“图片数量”为 3，这样生成的 3 张图片中，大概率会有令人相对满意的图片存在。单击“开始生图”按钮，生成 3 张图片，见图 2-24。

图 2-24　初步绘图结果

说明：目前，哩布哩布每天提供免费的 300 点供用户画图，每次生图都将消耗一定的点数。高分辨率修复、图片数量较多等，都有可能导致点数消耗倍增。

7）在基础图像生成之后，开始进一步细化自己的创作。这时，正向提示词和负向提示词的作用就显得尤为重要。正向提示词用于增加希望在图像中看到的细节，例如，想要描绘一个男性大学生在现代实验室中的场景，可以使用“一名男大学生，白色实验服，现代实验仪器，干净的实验室，有序的实验室”等提示词。这些词汇帮助 Stable Diffusion 更精确地理解想要的场景和元素，生图效果见图 2-25。

8）也需要考虑负向提示词，它们用于排除不希望出现在图像中的元素。例如，如果不希望画中人物佩戴眼镜，可以在负向提示词中加入“眼镜”。通过这种方式，可以逐步引导算法生成更符合预期的图像，见图 2-26。

图 2-25　使用更精确的正向提示词

图 2-26　眼镜消失了

通用的万能负向提示词如下所示，由于篇幅所限，这里就不做翻译和解释了。

nsfw, (normal quality:2), lowers, normal quality, ((monochrome)), ((grayscale)), text, error, extra digit, fewer digits, cropped, jpeg artifacts, signature, watermark, username, blurry, skin spots, acnes, skin blemishes, bad anatomy, fat, bad feet, poorly drawn hands, poorly drawn face, mutation, deformed, tilted head, bad hands, extra fingers, extra limbs, extra arms, extra legs, malformed limbs, fused fingers, too many fingers, long neck, cross-eyed, mutated,

9）随着正向和负向提示词的加入，再次生成图像，观察算法如何根据这些新的提示词调整图像的细节。这个过程可能需要反复试验和调整，每一次的生成都是对算法理解的一次测试，也是对我们创作意图的一次实现。

10）修改 CHECKPOINT 和采样方法，哪怕是相同的提示词，画风也可以有很大的差异，见图 2-27。

图 2-27　其他的画风

通过这样一步步的引导和调整，Stable Diffusion 能够逐渐塑造出期望的图像。这个过程不仅让我们深入了解了 Stable Diffusion 的工作方式，也让我们学会了如何有效地使用提示词来表达创意。通过这种方法，能够创作出具有个性化风格和细节的图像，让每次创作都成为一次全新的艺术探索之旅。

在构建提示词时，需要注意以下几点：

1）使用具体的描述性词汇。

2）通过逗号分隔不同的概念。

3）可以使用括号和数字来调整关键词的权重，如“(modern classroom:1.5)”。

4）可以引入风格或情绪的描述，如“Renaissance painting”。

2. 图生图

随着文生图的创作告一段落，携带着对 Stable Diffusion 平台的理解，以及对提示词运用的熟悉，现在转向图生图的探索之旅。图生图的过程就像是对已有作品的再诠释，通过 AI 的力量，可以赋予旧作品新的生命，或是对细节进行微调，以达到心中的效果。

1）由“文生图”模块切换为“图生图”模块，在图生图模块中，可以上传一张图像作为基础的参考图像。在本案例中，将选择“文生图”中生成的比较满意的一张图像作为本处创作的起点，并且输入提示词“一名女大学生”（1 female college student），见图 2-28。单击“开始生图”，生成新图，见图 2-29。右侧的新图和左图形式上相似，但又不太一样。

图 2-28　图生图模块

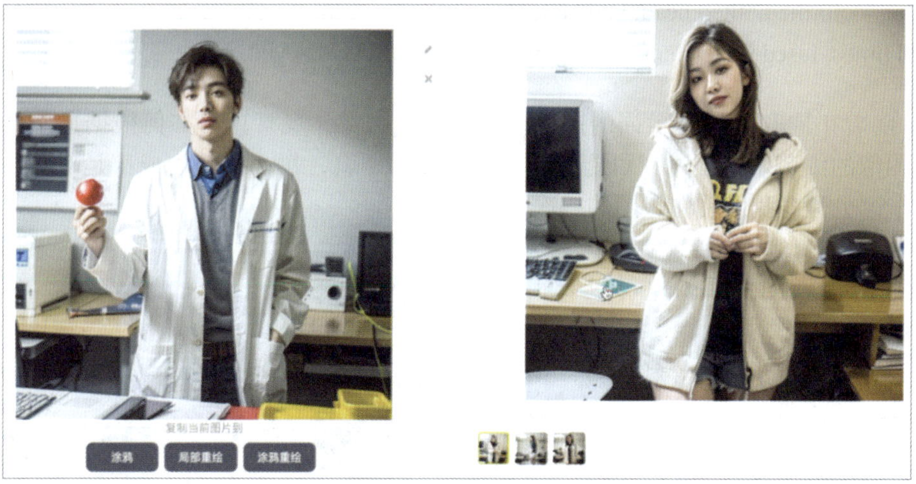

图 2-29　左图变右图

2）如果不想改变原图中的背景、衣物等内容，在原图下方单击“局部重绘”，切换到“图生图”中“局部重绘”模块，该模块可以选择图像中的特定区域进行修改。例如，想要改变图像中人物的性别或表情，见图 2-30，先使用画笔在原图中头部区域进行涂抹（涂黑的区域被称为“蒙版”）。

3）输入合适提示词，比如“一名女大学生，长发，金发碧眼”。对该区域进行局部重绘时，还需要考虑其他参数的设置，如采样方法、迭代步数和引导系数，这些参数共同决定了重绘的效果和风格。局部重绘的效果可见图 2-31。

图 2-30　局部重绘与蒙版画笔

图 2-31　局部重绘效果

通过图生图的创作，不仅能够对现有图像进行再创造，还能够深入理解 AI 绘图的潜力和可能性。这个过程不仅锻炼了创意思维，也让我们更加熟悉 Stable Diffusion 这一强大工具的使用。随着技术的不断进步，可以期待在未来的创作中实现更加丰富和多元的视觉效果。

2.5.5　实验报告要求

1）实验报告应包含实验步骤、结果分析、个人体会。

2）附上生成的图像样本和所使用的提示词。

3）讨论文生图与图生图的不同应用场景和优势。

2.5.6　实验注意事项

1）注意 Stable Diffusion 的使用限制和资源消耗。

2）合理分工，确保实验过程高效有序。

2.5.7　考核办法和成绩评定

考核方法和成绩评定主要考虑以下两个方面：

1）实验报告：清晰记录实验过程和结果，分析透彻。

2）成绩评定见表 2-2：

表 2-2　成绩评定

项目	成绩比例	备　注
实验报告	50%	结构完整，提示词合理，排版正确
最终作品图片	50%	图片应足够清晰、美观

2.6　习题

1. 人机交互过程中人们经常利用的感知有哪几种？每种感知有什么特点？

2. 目前较流行的智能输入输出设备有哪些？它们能实现哪些功能？

3. 请简述知觉的特性。

4. 讨论在数据交互过程中可能遇到的安全问题，并提出至少三种安全措施来保护用户输入数据的安全性。

5. 基于语音引擎的无人驾驶交互技术可实现哪些商业功能？请设想交互技术能给无人驾驶技术带来什么样的前景。选择一个图像识别技术的应用场景（如医疗影像分析、智能交通监控等），并探讨该技术如何改进现有流程或解决特定问题。

6. 考虑结合数据交互、图像交互和动作交互，设计一个多模态交互系统。解释各种交互方式如何协同工作，以及这种系统可能带来的优势和挑战。

7. 不同文化背景的用户可能对交互技术有不同的期望和习惯。讨论设计全球用户都能接受的交互系统时需要考虑的文化因素。

8. 分析当前交互技术在无障碍设计方面的不足，并提出改进措施，以使残障人士能够更便捷地使用技术产品。

9. 选择一个现有的交互技术产品（如智能助手、虚拟现实头盔等），从技术、用户体验和市场接受度三个维度进行综合评估。

第 3 章　交互设计准则

3.1　用户体验的定义

用户体验最先由美国认知心理学家唐纳德·A. 诺曼[㊀]于 1995 年提出，他指出成功的用户体验必须做到以下三点：①在不骚扰、不让用户厌烦的情况下满足用户的需求；②提供的产品要简洁优雅，让用户高兴、愉悦地拥有；③要能给用户带来额外的惊喜。

随着用户体验在内容和架构上不断扩展，用户体验的含义也在不断地扩充。近年来，可用性、以用户为中心的设计、感性工学、互动式体验、情感化设计等与用户密切相关的研究领域都涉及用户体验的某些方面，但是对于用户体验的真正含义、具体内容以及评价方法并未形成共识。

ISO 9241—210 给出的“用户体验”定义最具影响力：人们针对使用或期望使用的产品、系统或者服务的所有反应和结果。该定义指出用户体验是用户与产品交互过程中产生的，包括用户的心理感觉、肢体感觉，以及用户体验为用户所带来的结果，体验结果主要是用户的感知和反应，包括情绪和生理反应等。

传统的用户体验定义侧重于用户个体与产品之间的互动，而现代的用户体验不再仅仅是界面设计的问题，它还包括了用户在使用产品过程中的所有接触点和情感体验，可用性、以用户为中心的设计、感性工学、互动式体验、情感化设计等与用户密切相关的研究领域都有涉及。

3.1.1　体验设计

用户体验的定义强调了用户感受的全面性，体验设计（Experience Design）正是为了实现这一目标。体验设计是一个全面的设计领域，它涵盖了用户与产品、服务或系统交互的所有方面。体验设计超越了传统的以功能为中心的设计方法，它关注用户的情感、行为和认知反应。体验设计的目标是创造有意义、有价值的体验，满足用户的需求，同时提供审美上的愉悦。体验设计的核心在于理解用户的整体体验，而不仅仅是产品的外观或单个功能的易用性。

㊀ 唐纳德·A. 诺曼（Donald Arthur Norman，1935—），美国认知心理学家、计算机工程师、工业设计家，认知科学学会的发起人之一，关注人类社会学、行为学的研究。代表作有《设计心理学》《情感化设计》等。

1. 用户为中心

体验设计始终将用户的真实需求和期望作为设计的出发点。通过深入的用户研究，设计师能够准确把握用户的行为、动机和偏好，从而确保设计决策能够真正满足用户的期望。

例如在开发一款智能手表时，设计师通过调研发现用户希望它能够方便地追踪健康数据并提供个性化的健康建议，见图 3-1。因此，这款手表不仅具备高精度的心率、步数监测功能，还集成了 AI 算法，能够根据用户的运动习惯提供定制化的健身计划。

图 3-1　华为 WATCH GT4 手表

2. 整体性

体验设计考虑用户与产品交互的全过程，从用户挑选产品，到使用产品，再到与产品的日常互动，甚至包括停止使用产品后的感受。

例如，某在线旅游平台在用户体验方面下了大量功夫：从用户搜索旅游目的地开始，平台就提供了丰富的旅游攻略和个性化推荐；在预订过程中，平台提供了多种支付方式和优惠活动；在用户出行期间，平台还提供了实时天气、交通信息等实用功能。这种全方位的服务让用户感受到了无微不至的关怀。

3. 多感官体验

体验设计充分利用用户的多种感官，通过视觉、听觉、触觉甚至嗅觉的综合运用，为用户带来沉浸式的体验。

例如，某咖啡馆通过精心设计的环境氛围和独特的咖啡文化，为顾客创造了一个独特的感官体验。店内装饰采用暖色调，营造出温馨舒适的氛围；背景音乐轻柔舒缓，让人放松身心；咖啡师精心调配的咖啡香气四溢，让人陶醉其中。这种全方位的感官体验让顾客在享受美味咖啡的同时，也感受到了浓厚的文化氛围，见图 3-2。

体验设计是一种以用户为中心的设计方法，它关注用户的整体体验，包括情感、行为和认知反应。通过用户研究、用户旅程映射、原型制作和迭代，体验设计可以创造出有意义、有价值的用户体验。在教育中，体验设计可以培养学生的同理心、系统思维和创新能力，帮助他们成为更有洞察力和创造力的设计师。

图 3-2　咖啡馆与多感观体验

3.1.2 情感设计

虽然体验设计已经覆盖了用户体验的多个方面，情感设计则进一步深入到用户的内心世界，关注用户的情感反应和情感需求。它帮助设计师理解用户的情感动机，并将其融入设计中。体验设计为情感设计提供了一个框架和基础。体验设计确保了用户的整体体验是连贯的，而情感设计则在这个基础上增加了情感层面的深度和丰富性。在追求卓越的用户体验之路上，情感设计是不可或缺的一环。赋予信息系统情感智能，使计算机能够“察言观色”，将极大提高计算机系统与用户之间的协同工作效率。

情感设计是一个跨学科的领域，它涉及心理学、认知科学以及美学等多个领域。情感设计并不仅仅是让产品看起来吸引人，更重要的是通过设计激发用户的情感反应，满足用户的情感需求。这包括但不限于用户的安全感、归属感、自豪感、乐趣等。

1. 安全感

安全感是用户在使用产品时最基本的需求之一。通过明确的隐私政策、简洁易懂的用户界面和一致的行为预期，可以增强用户的安全感，使他们更愿意使用并信任产品。

实例：银行应用程序通常会使用加密技术、安全认证和实时通知等措施，来增强用户对其资金安全的信心。

2. 归属感

归属感指用户对于某个社群或品牌的情感认同。通过设计，可以让用户感受到自己是某个特殊群体的一部分，从而增强用户对品牌的忠诚度和黏性。

实例：健身应用 Keep Fit 允许用户分享他们的运动成就，并与朋友比较进度，这种社交元素的设计让许多用户感到自己是一个健康生活方式社群的一部分。

3. 自豪感

自豪感指用户在达成个人目标或取得成就时产生的情感反应。设计师应该考虑如何帮助用户实现这些目标，并在达成时给予适当的认可和鼓励。

实例：语言学习应用多邻国（Duolingo）通过颁发徽章和设立连续学习激励机制，让用户在完成学习任务后感到自豪。

4. 乐趣

人们更愿意使用那些能够带来乐趣的产品。乐趣指用户在使用产品过程中获得的愉悦感受。通过游戏化元素、幽默感或创造性的互动，可以增加产品的乐趣性，使用户更加享受使用过程。情感设计可以通过游戏化元素、幽默感或者创造性的互动来增加乐趣。

实例：音乐流媒体应用网易云音乐的“每日音乐推荐”功能，为用户推荐个性化的新歌单，这种探索新音乐的乐趣让用户对应用产生了强烈的情感依赖。

情感设计是用户体验设计中的一个重要组成部分，它关注用户的情感体验，并以此为出发点来设计产品。通过理解用户的情感需求、进行情感映射、创建情感原型和测试，设计师可以创造出能够触动人心的产品。在教育中，情感设计可以培养学生的同理心和创造力，帮助他们成为更有洞察力的设计师。

3.1.3　交互设计流程

被誉为交互设计之父的艾兰·库伯[㊀]提出了一个国际上广为认可的交互设计流程，见图 3-3。

图 3-3　交互设计流程

在交互设计流程中，用户研究是为了定位产品的目标人群和用户需求，研究方法有用户访谈、发放问卷、实地考察等。在了解目标群体后，从中挑拣出最典型的一个或多个形象来建模，确定它们的主要特点、需求和目的。之后，设计师应该对交互方案大致有了一个抽象的概念，就能画出流程图或线框图。流程图、线框图可以把产品的逻辑理顺，也是跟项目经理以及程序员沟通的利器。线框图示例见图 3-4。

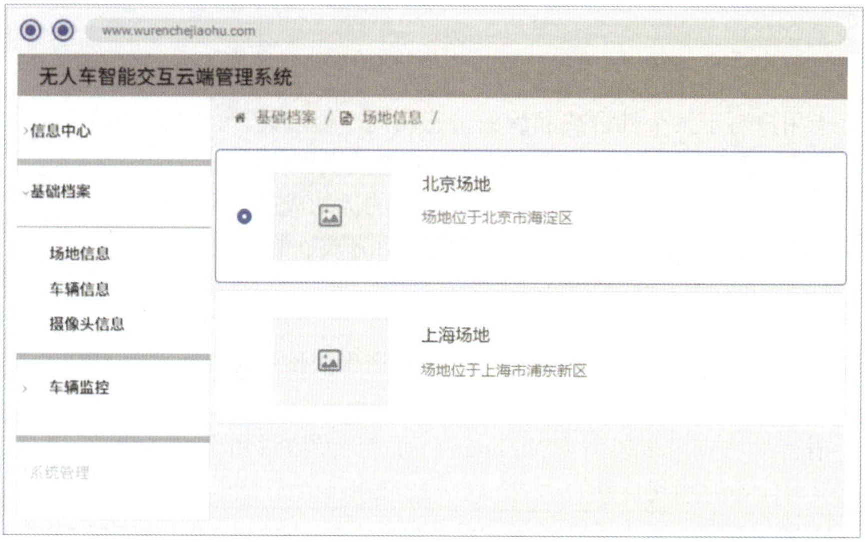

图 3-4　线框图示例

原型设计（详见本书第 4 章）可以让团队对产品的理解保持一致，并对最终的产品有更直观的理解，方便测试评估下一步工作。相反，如果等到完成视觉稿甚至产品开发出来再测试，出了问题将会非常麻烦，不仅浪费人力，还会拖延整个项目的进度。

注意： 上述流程是理想状态下的流程，实际上每个公司、团队都有自己的工作方式。

㊀ 艾兰·库伯（Alan Cooper，1952—），“VB 之父”和“交互设计之父”，荣获视窗先锋奖（Microsoft Windows Pioneer）和软件梦幻奖（Software Visionary）。

3.1.4　用户体验的应用环境

在探讨用户体验的应用环境时，重要的是要认识到用户体验并非孤立存在，而是与特定的使用场景和用户需求紧密相关。为了深入理解用户体验并有效地将其应用于设计实践中，以下几个关键问题提供了一个框架，帮助设计者从宏观的角度审视和构建用户体验。

1）要做哪些事？用户体验设计需要明确的目标和范围。界定业务范围意味着确定提供哪些服务以及避免涉足的领域。这有助于集中资源和注意力，为用户提供更加专注和高效的体验。

2）谁是目标用户？目标用户群体的定位对于用户体验设计至关重要。了解用户的层次包括他们的年龄、性别、职业、技术熟练度、文化背景和个人偏好，这些因素共同影响用户与产品或服务的互动。

3）解决了哪些问题？产品或服务的核心价值在于解决用户面临的问题。深入分析用户的问题有助于设计出更具针对性和有效性的解决方案，从而提升产品或服务的价值。

4）如何发挥作用？产品或服务在用户体验过程中扮演着不同的角色。从用户接触产品的那一刻起，到他们完成目标，每一个环节都至关重要，需要精心设计以确保用户体验的连贯性和一致性。

5）可以给用户带来哪些好处？用户体验的最终目标是为用户创造价值。确保用户通过使用产品或服务能够获得实实在在的好处，无论是提高效率、节省成本还是提升生活质量，是设计过程中必须考虑的核心要素。

3.2　交互设计的原则

在深入探讨了用户体验的广泛定义之后，本节将介绍雅各布·尼尔森[㊀] 提出的“尼尔森可用性原则”——一套被广泛认可的设计准则，它们不仅指导我们创建直观、高效、愉悦的用户体验，也为我们提供了一套实用的工具，以评估和改进现有的交互设计。

随着技术的发展，尤其是人工智能和大模型的兴起，交互设计的领域正在经历着前所未有的变革。然而，无论技术如何进步，尼尔森的可用性原则依然具有不可替代的价值。它们的核心理念——以用户为中心的设计，始终是交互设计成功的基石。

在接下来的内容中，将详细解读每一条原则，并探讨它们如何在现代的交互设计中发挥作用。通过具体案例和实践，将看到这些原则如何帮助我们创造出既符合用户需求又具有创新性的交互体验。

3.2.1　状态可见原则

英文：Visibility of System Status。

解释：指让用户知道系统正在干什么或干了什么，要给用户及时的反馈信息。

比如当在手机中进行语音输入时，会根据声音的大小实时显示对应的波形，这就是所谓的状态可见性，见图 3-5。

㊀ 雅各布·尼尔森（Jakob Nielsen，1957—），著名网页易用性专家，被誉为可用性测试鼻祖。

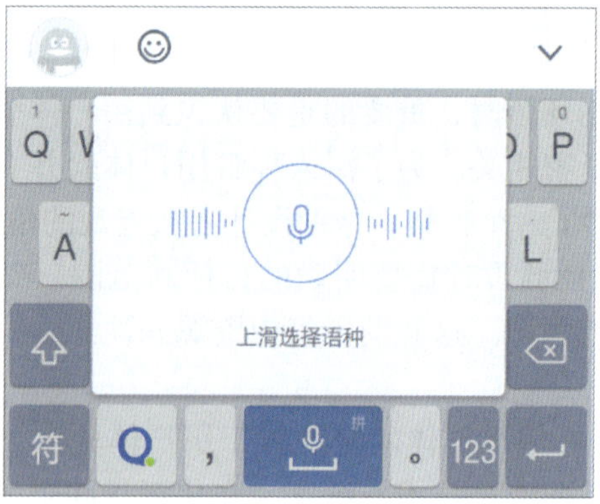

图 3-5 手机语音输入

提示：可以把用户想象成一个孩童，需要随时向他解说现在正在做什么、进展如何，只有这样用户才不会感到焦急和茫然无措。

3.2.2 场景贴切原则

英文：Match Between System and the Real World。

解释：产品的逻辑应该符合真实世界中的一些惯例和人类自然思考逻辑，不论是界面上的隐喻、模拟情景等设计都应符合真实的世界，便于用户理解使用。好的设计可让用户有符合实际情况和熟悉操作的体验。

见图 3-6，这款日历备忘录模仿了过去 iOS 的拟物化界面，这让应用程序看起来像真的笔记本一样，使得用户无须学习立即就能上手使用。

图 3-6 日历备忘录 Opus One

3.2.3 用户可控原则

英文：User Control and Freedom。

解释：用户可能并没有工程师以为的那么聪明，所以当他们操作失误的时候，给一个“安全出口”允许用户快速返回到原始状态。

从图 3-7 所示的微信聊天界面中我们可以看出，当用户发出一条消息，在 2min 内可撤销消息，甚至还可以对此消息重新编辑再重新发送，而这正是遵循了此原则。

图 3-7 微信撤回重新编辑消息

3.2.4 一致性原则

英文：Consistency and Standards。

解释：在遵循惯例的基础上也要保证产品功能操作、控件样式、界面布局、提示信息的一致性，不要让用户在使用时发现不符合规范的地方。

再比如，现在很多产品既有 PC 端又有平板计算机和手机端，应该让它们的文字、图标、色彩尽量统一，这样可以有效降低用户的学习成本。图 3-8 所示是“知乎”在计算机、平板计算机和手机上的观看效果。

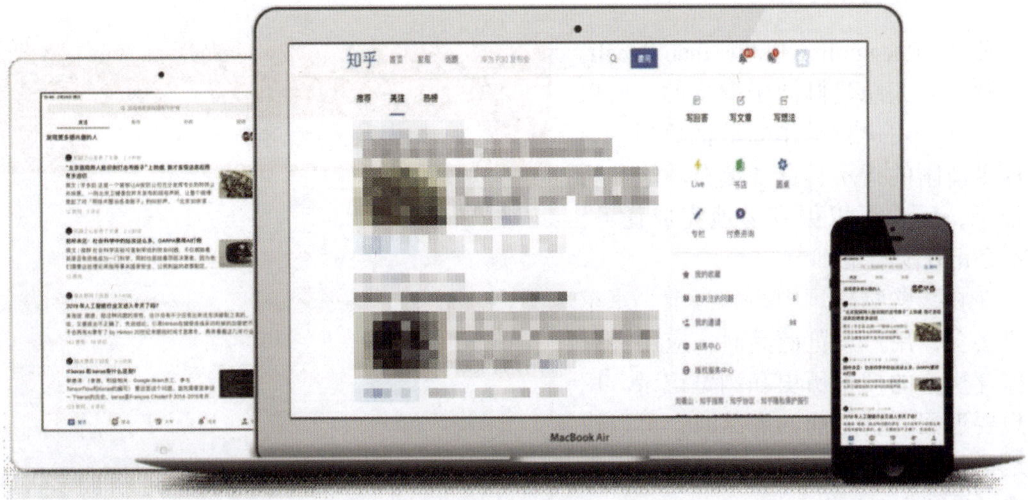

图 3-8 一致性

3.2.5 预防出错原则

英文：Error Prevention。

解释：用户在使用产品时难免会出错，但好的产品应该是防止或最大限度地减少出错的可能性。比如，提供更多提示并让用户选择而不是直接输入。

此外，如果不能进行某些操作，那就置灰或隐藏，见图 3-9，不要等用户点击完成时才告知不能使用。

图 3-9　手机支付时置灰或隐藏的操作

3.2.6　协助记忆原则

英文：Recognition Rather than Recall。

解释：人总是倾向于懒惰的，所以应尽量减少用户对操作的记忆负担。通过提供清晰的指示、自动填充功能和历史记录，用户可以更容易地完成任务，而不必记住所有的细节。

在在线购物应用中，如淘宝、京东或拼多多，用户浏览商品时，应用会自动保存用户的搜索历史和浏览记录。用户想要返回查看之前的商品时，可以快速地通过历史记录找到，而不需要重新搜索，见图 3-10。

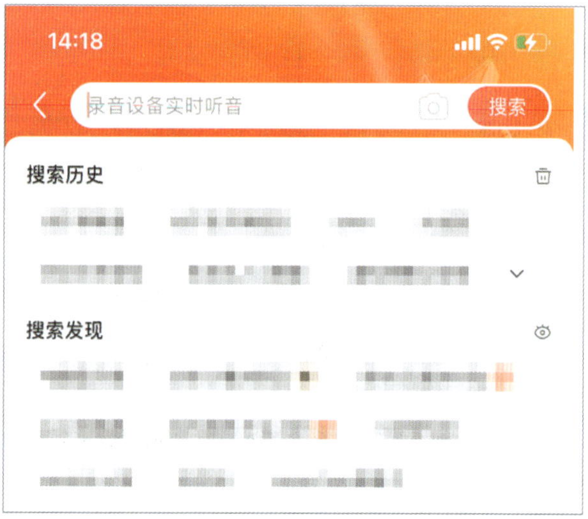

图 3-10　京东 App 与搜索历史

3.2.7　灵活高效原则

英文：Flexibility and Efficiency of Use。

解释：此原则意味着用户在使用产品时可以方便、快捷地完成相关任务或操作，强调为不同经验和技能水平的用户提供多样化的操作方式，这包括为新手提供直观的指导，为经验丰富的用户提供快捷方式和高级功能，以提高他们的工作效率。

Kimi 的快捷常用语允许用户自定义和存储常用的回复或命令，见图 3-11，这样在需要时可以快速调用，节省了重复输入的时间，提高了交互的效率。这种设计不仅满足了用户个性化的需求，也使得用户体验更加流畅和高效，从而增强了用户对 Kimi 的满意度和依赖性。

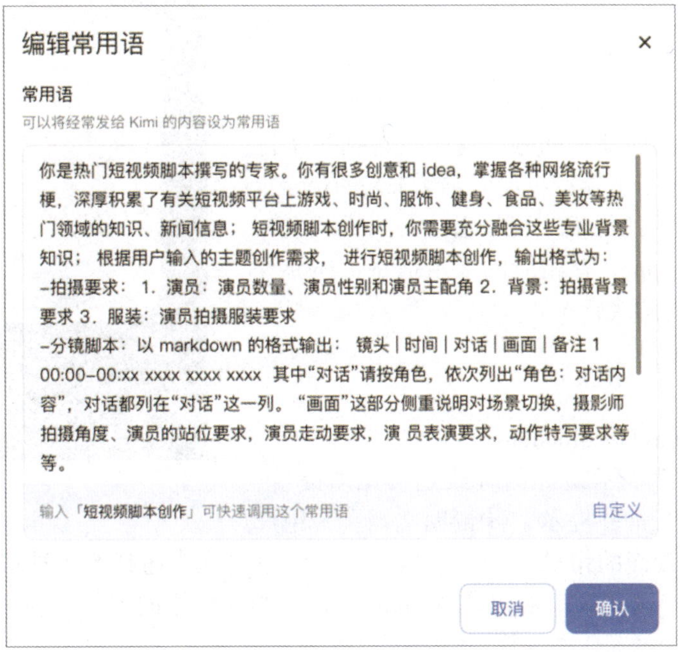

图 3-11　Kimi 与快捷常用语

3.2.8　美观简洁原则

英文：Aesthetic and Minimalist Design。

解释：在产品设计或相关界面中，让相关信息尽可能清晰，不要太复杂或烦琐，即突出重要内容，以消除或减弱干扰和不相关的内容。

在百度的搜索页面中突出的就只有文本框和“百度一下”按钮，见图3-12，内容突出，美观简洁。

图 3-12　百度搜索

3.2.9　容错原则

英文：Help Users Recognize，Diagnose，and Recover from Errors。

解释：如果用户出错，应提供及时和正确的帮助。这是为了帮助用户识别错误、分析错误的原因，然后帮助用户回归正确路径。这条原则着眼于错误发生后的处理。它要求设计者考虑到用户犯错后的情景，通过提供清晰的错误信息、错误日志、恢复选项和帮助提示等，帮助用户理解发生了什么、为什么发生，以及如何解决问题。这不仅包括技术性的解决方案，也包括引导用户如何避免未来的错误。

从图 3-13 所示的界面中可以看出，当发现上一次异常退出时，App 会有相应的提示信息，还允许用户恢复到之前的游戏状态。

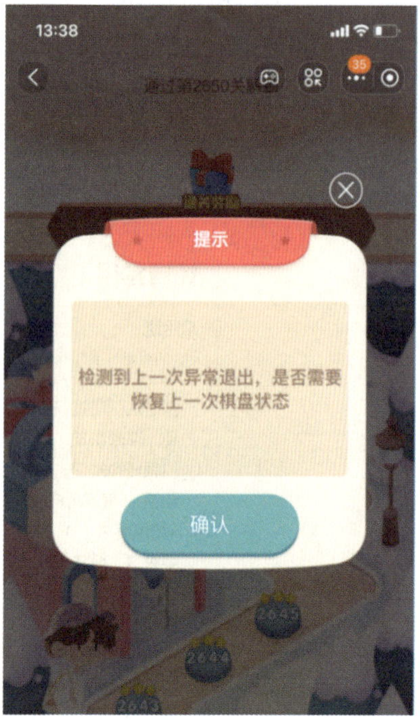

图 3-13　“火爆连连消”游戏的异常处理

3.2.10　人性化帮助原则

英文：Help and Documentation。

解释：帮助性提示最好的方式是①无须提示；②一次性提示；③常驻提示；④帮助文档。为用户提供必要的可以看懂的帮助文档，文档中应包含用户可能遇到的各种情况和信息，帮助文档要全、简单，用词要本地化。在 Photoshop 中当光标指向工具时会弹出使用帮助，见图 3-14。

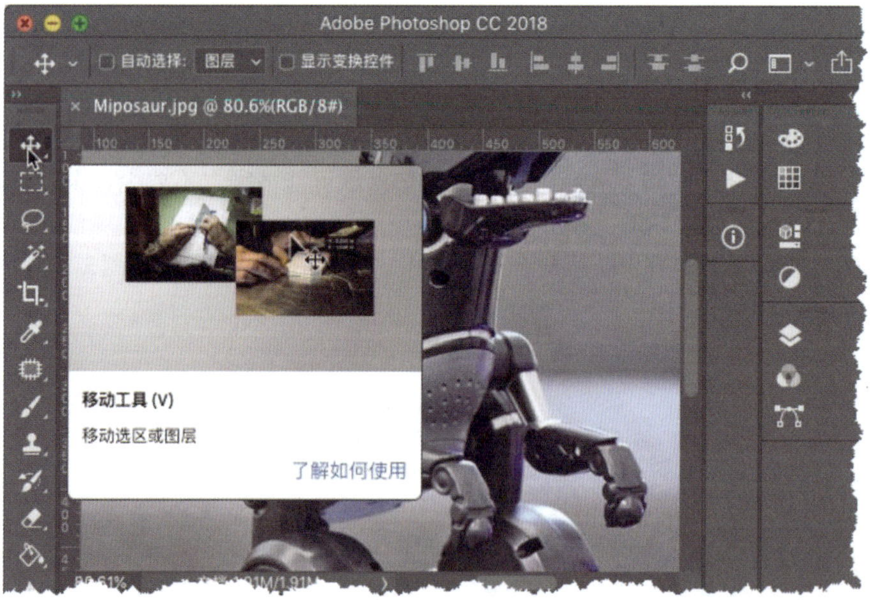

图 3-14　Photoshop 中当光标指向工具时会弹出使用帮助

3.3　大模型时代的交互设计原则

在交互设计的发展历程中，尼尔森可用性原则一直是指导设计思想的基石，它们涵盖了从系统状态的可见性到错误恢复等关键方面，为设计师提供了一套全面的用户体验设计框架。随着人工智能技术的飞速发展和大模型的应用普及，这个时代对交互设计提出了新的要求和挑战。AI 的引入，使系统不仅仅响应用户的操作，更能够主动理解用户的需求、预测用户的行为，并与用户建立更为深入的协作关系。

在这样的背景下，有必要对尼尔森可用性原则进行继续补充和扩展。AI 时代的交互设计原则，将特别强调 AI 系统在提供服务时的主动性、个性化和适应性，以及在设计中考虑到更广泛的用户群体。

3.3.1　透明度和可解释性原则

英文：Transparency and Explanability。

解释：AI 系统的设计应确保所有决策过程都是透明的，并且能够提供详细的解释。这意味着系统不仅要展示最终的决策或推荐，还要展示它是如何通过分析数据和应用算法来得出这些结论的。此外，系统应提供教育资源和交互式支持，帮助用户理解 AI 的输出，并验证其准确性和相关性。

当一个 AI 驱动的个性化学习平台识别出学生在特定数学概念上的困难时，它所采取的方法不仅仅在于指出错误，而是进一步提供正确的解题步骤，并解释为何这是正确的方法。系统通过统计数据和图表，向学生和教师展示学习进度和改进领域，这样的透明度帮助所有参与者更好地理解学习过程。

3.3.2　上下文感知和适应性原则

英文：Context Awareness and Adaptability。

解释：AI 系统应具备强大的上下文感知能力，能够理解并适应用户的环境、行为、偏好和需求。无论用户的技术背景如何，系统都应提供定制化的服务和响应。这包括在用户与系统交互时，系统能够识别并适应用户的情绪、位置、时间和其他相关因素，以提供更加个性化和适应性强的体验。

当一个智能汽车导航系统通过集成的传感器和外部数据得知用户即将参加一个重要的商务会议时，它会自动进行一系列调整以适应该情境。系统不仅重新规划路线以避免交通拥堵，还会调整车内环境，比如座椅角度和温度，甚至在检测到用户紧张时，会播放轻松的音乐，以确保用户在到达目的地时感到舒适。

3.3.3　为心智模型设计

英文：Design for Mental Model。

解释：设计应帮助用户构建对 AI 系统工作原理的直观理解，并通过可视化工具和交互历史记录来支持这一点。系统应允许用户查看和编辑他们与 AI 的交互历史，以便他们能够跟踪自己的思维过程和学习路径。这种设计不仅帮助用户理解 AI 如何工作，还帮助他们理解如何有效地与 AI 系统互动。

以一个 AI 个人财务管理应用为例，它通过可视化的时间轴和图表，使用户能够直观地理解自己的消费模式和储蓄趋势。该应用细分收入和支出，预测未来的财务状况，并提供改善建议。通过模拟不同的消费和投资决策，用户可以清晰地看到它们对长期财务健康的潜在影响，这样的设计有助于用户形成对个人财务决策影响的清晰认知。

3.3.4　为适当的信任和依赖设计

英文：Design for Appropriate Trust and Reliance。

解释：AI 系统的设计应帮助用户建立对系统能力的正确认知，并提供必要的信息和工具，以便用户能够对 AI 的输出进行验证和改进。这包括清晰地标识 AI 生成的内容，提供关于 AI 决策过程的解释，以及提供用户友好的工具来评估和调整 AI 的输出。通过这种方式，用户可以参考 AI 系统，同时保持批判性思维和决策能力。

以讯飞晓医 App 这个 AI 医疗诊断系统为例，在提供病情诊断的同时，它显示了置信度和诊断依据，包括检查结果、医学文献和类似病例，见图 3-15。这种透明度在系统对某个罕见病症的诊断不是很确定时尤为重要，此时它会建议医生进行进一步的检查或寻求第二意见。通过定期更新算法和知识库，并让用户了解这些更新如何影响诊断的准确性，系统确保了用户对 AI 的信任是建立在坚实的基础上的。

图 3-15　讯飞晓医 App

3.3.5　为共创设计

英文：Design for Co-Creation。

解释：设计应鼓励和支持用户与 AI 系统之间的协作和共创。这意味着系统应提供工具和框架，使用户能够与 AI 系统一起参与创作过程，将 AI 生成的内容作为创新和创意的起点。系统应促进用户与 AI 之间的互动，激发用户的创造力，并帮助他们将 AI 的输出转化为有价值的成果。

一个 AI 辅助的建筑设计软件，它允许建筑师输入基本的设计参数，如建筑用途、地点、预算和可持续性要求。基于这些参数，AI 系统生成几个初步设计方案，并提供每个方案的能效分析和成本估算。建筑师可以选择一个方案作为起点，与 AI 系统一起进一步迭代设计，添加特定元素，如窗户、门和内部结构。AI 系统提供实时反馈，建议如何优化设计以满足建筑规范和提高能效，这种共创过程帮助建筑师实现他们的设计愿景。

上述原则在 AI 交互设计中的重要性体现在它们能够提升用户体验，增强用户对 AI 系统的信任，并且使得 AI 系统更加灵活和适应性强。通过这些原则的实施，AI 系统不仅仅是工具，而是成为能够理解用户、提供个性化服务的合作伙伴。

3.4　桌面系统应用交互设计

PC 端的软件应用一般称为“桌面软件”。一般来说，交互设计最初起源于桌面软件的界面设计。绝大多数的桌面软件都是提供给用户进行操作使用的，因此桌面软件的功能及界面操作模式需要以用户的角度进行设计。桌面软件设计的目标是有效地服务人们的需求。近些年，对于这方面的设计被扩展到网页、嵌入式系统以及移动设备开发中，这部分内容将会在后面的章节中进行讨论。

3.4.1　桌面应用的分类

我们根据桌面软件的交互模式和界面形式的不同，将其分为四种类型：独占应用、轻应用、后台应用和 Web 应用。接下来，我们对这几种不同类型桌面软件的交互设计进行讨论。

1. 独占应用

独占应用[㊀] 是指该类应用程序占据桌面系统绝大部分界面，并长时间占据使用者的全部注意力。独占应用提供了特定的功能，用户需要较长时间使用它来完成相应的工作。使用者通常会长时间单一使用该应用的功能界面直到工作完成，在这段时间内，不希望其他应用程序界面对其产生影响。这类应用典型的例子有文字编辑软件、图形处理软件和浏览器软件等。独占应用通常会通过复杂的程序完成单一的工作，其交互界面通常具有相似性，应用于用户进行交互时，窗口通常被最大化。

独占应用通常会被长时间使用，用户通常会通过基本的输入设备（键盘、鼠标等）与之进行交互。举例来说，用户使用 PowerPoint 软件进行演示文稿制作时，见图 3-16，其界面通常会被用户全屏显示在 PC 桌面上。用户主要依靠鼠标和键盘对独占应用内容进行编辑，并配以菜单及功能按钮的辅助功能进行相应的设计。用户会将注意力长时间集中在主编辑区中，菜单及功能按钮会被偶尔使用以辅助设计。

鉴于上述情况，在对独占应用进行交互设计时，需遵循一些通用的设计思路。

（1）最大限度地使用屏幕

由于用户和独占应用的互动占据着用户使用 PC 的时间，因此该类应用就应该尽可能多地使用屏幕空间。该类应用在使用时，用户几乎很少会同时使用其他应用，因此不必对空间进行划分，要尽可能地让独占应用很轻易地占据全部桌面系统屏幕。

独占应用通常以最大化的方式运行。但用户有时会有特殊需求，也可能需要该类应用暂时退出独占模式，因此需要将此类应用设计为能够轻易退出全屏独占模式，在必要的时候再将屏幕切换为独占模式。当然，全屏模式是其主要的工作模式，设计其交互方式尤为重要。

（2）突出主功能模块的显示

独占应用一般为专用功能的特定应用，例如 Word、Photoshop、PowerPoint、Auto CAD 等，它们主要为用户实现特定的设计、浏览功能，因此其主要功能模块需要突出显示。用户在使用此类应用进行设计、浏览时，注意力会集中在主功能模块上。例如，Photoshop

㊀ 独占应用，《About Face 3：交互设计精髓》中称为独占姿态应用。

的绘图模块必须占据绝大多数的屏幕空间以实现清晰化的显示，方便用户绘制图像，见图 3-17，因为用户使用该软件时的主要关注点就在绘图区域中。另外，应在主功能模块的边缘放置常用控件，以方便用户使用这些最常用的功能。这些控件长期使用，用户会对其功能排列逐步熟悉，以此，控件的尺寸不宜过大且排列要遵循一定的使用习惯。

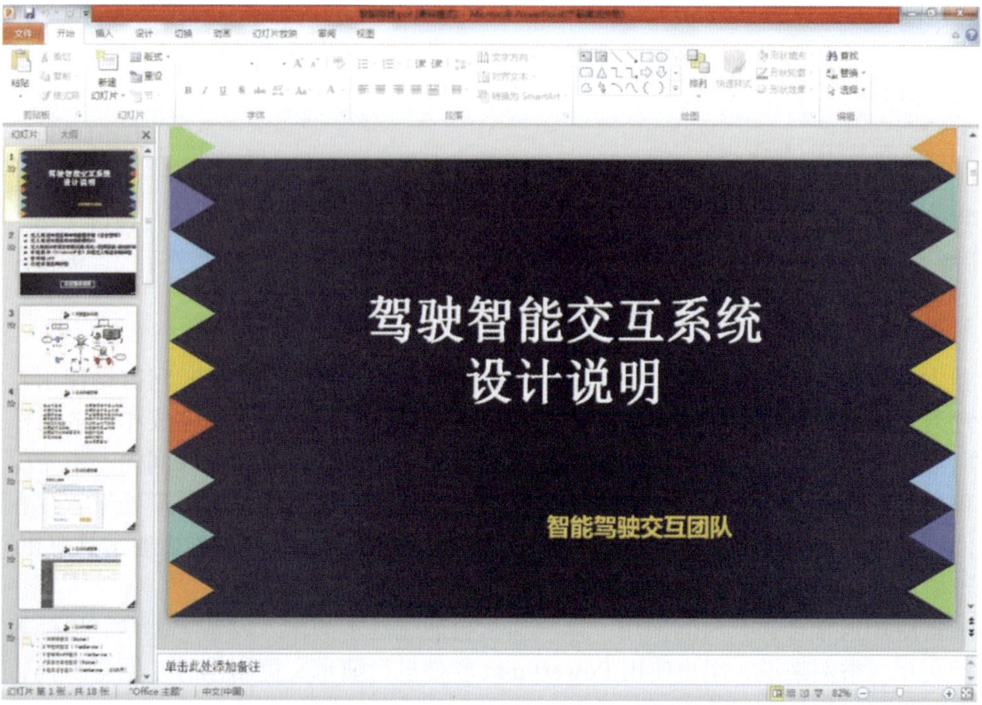

图 3-16　独占应用举例：PowerPoint

图 3-17　Photoshop 软件拥有大范围的绘图模块

（3）使用单一的视觉风格

独占应用推荐采用单一的视觉风格进行设计，包括菜单、控件的风格及配色等。花哨、华丽的功能控件会消减用户使用软件的专注度和注意力，引起视觉疲劳，这并不利于软件的长期使用。

2. 轻应用

轻应用一般指功能单一的简单应用程序。用户在使用轻应用时通常打开该类应用时间较短，完成一种功能后会将其关闭或最小化隐藏，因此该类应用常见于使用有限的附加控件，以展现特定的功能。该类常见的典型应用有电子计算器、录音机等。轻应用在使用时需前置到屏幕上，由于其功能有限且单一，该类应用不会占据整个屏幕，因此不必提供全屏功能，但应设计成可随意拖动。轻应用不会长期占据屏幕，因此用户可能不会十分熟悉其中控件的排列及功能。该类应用程序的用户界面需要细致、清晰，并显眼地显示控件，不能有混淆或错误。该类应用一般有精确示意的大图标，用容易阅读的字体显示出来。

轻应用在应用世界中充当暂时的角色，这时就没有必要吝惜像素和视觉元素的使用，我们也可以将轻应用设计成模拟显示实际设备的效果。例如，要设计一个录音机应用程序，可以将用户界面模拟成现实录音机的模样及操作方式，见图 3-18，使用户一看就明白，就会操作。

尽管轻应用必须节约使用屏幕上的空间，但其界面上的控件与独占应用相比应该更大更显著。轻应用建议使用色彩斑斓的视觉设计，这种类型的设计如果出现在独占应用中，几个星期后用户就会感觉沉闷和乏味。但轻应用由于不会长时间地停留在屏幕上，因而用户不会有这样的困扰。相反，在程序弹出时，醒目的图形反而有助于用户更快地定位应用程序。在设计轻应用时，要避免应用在运行时增加额外的视图或对话框，见图 3-19，在计算器中执行 9 ÷ 0 的计算，直接在输出窗口输出提示肯定要比弹出一个提示窗口要好得多。

图 3-18　轻应用用户界面举例：录音机

图 3-19　计算器执行非法计算后的结果

3. 后台应用

那些在系统中运行但通常不与用户进行交互的程序是后台应用。应用运行时隐藏在后台，提供服务或功能，无须用户干预就可以完成很重要的任务。后台应用典型的例子是各种设备驱动程序以及网络连接功能，图 3-20 所示为网络连接应用。

图 3-20　后台应用举例：网络连接应用

后台应用通常是完全隐形的，或许需要在任务栏或桌面很小的区域显示其运行的状态，但后台应用的功能是完备的。这种应用一般长期运行，常常是计算机开着，它就开始在后台执行其进程、实现其功能。后台应用在运行时，有时需要与用户传递信息，比如网络连接应用需要适当提供网络连接状态以及出现故障时的故障状态信息，便于用户尽快了解后台应用的运行情况。这种信息的传递仍需要进行交互设计，但是这种交互往往是暂时的，比如出现故障时临时弹框显示故障原因及解决方法等。

设计后台应用时应该注意，程序正常运行时是不需要与用户进行交互的，在用户偶尔需要的情况下，如何对用户展示其应用运行的状态，以及在出现故障时如何快速地为用户进行提示以及反馈解决方法，是需要着重考虑的问题。

4. Web 应用

在互联网出现的初期，Web 应用以网页的形式展示图形界面，方便用户访问互联网以及进行便利的网络功能操作。因此，Web 应用就是通过 Web 浏览器与互联网实现交互的应用形式。Web 浏览器最早被用来简单浏览阅读一些共享的和相互连接的文档，为用户快捷地使用 HTTP、FTP、Gopher、SMTP、POP 等协议提供了简单、方便、快捷的方法，省去了许多麻烦。Web 应用最初就是由这些纯粹的文档或页所组成，这些文档的集合被称为“网站”（Web Site）。

目前，我们使用 Web 应用这个名词来指代 Web 上提供的相关服务，例如：新闻浏览、搜索、邮件收发、提交表单、网络购物、听音乐、看视频等。

一个 Web 应用往往由多个 Web 页面组合而成，通过这些 Web 页面来实现一整套的页面功能。

Web 应用页面以首页为展示起点，以图片、文字、按钮等控件作为组成元素，以功能按键、超链接为用户提供相应的功能及其他页面的入口。图 3-21 所示为 Web 应用——知乎的首页。

Web 上的内容包罗万象，版式丰富多彩，但无论怎样变化，好的 Web 站点总是有许多共同之处，例如：精心组织的内容、格式美观的正文、和谐的色彩搭配、合理的对比度，使文字具有较强的可读性。另外，生动的背景图案，页面元素大小适中、布局匀称，使不同元素之间留有足够空白，给人视觉上休息的机会。各元素之间保持平衡，文字准确无误，无错别字、无拼写错误。

图 3-21　Web 应用（知乎）

3.4.2　桌面系统应用界面设计原则

作为桌面系统的应用，应设计友好的、有吸引力的交互界面，为用户提供符合使用习惯的、便捷的操作方式，才是设计的正确思路。这里将桌面系统的应用程序界面设计总结为以下设计原则。

1. 遵循一致的准则，确立标准并遵循

应用界面应遵循统一的标准，无论是控件的操作方法、提示信息，还是色彩或者窗口布局风格。这会带来以下好处：

1）用户可以使用它来构建精确的心理模型。熟悉了一个界面后，切换到另外一个界面能够很轻松地推断各种功能。

2）减少培训成本和技术支持成本，无须支持人员逐个费力指导。

3）给用户统一感，而不会使用户感到困惑。

因此，在软件设计的早期阶段，有必要建立起 UI 规范：设计师提供配色方案，提供整体配色表，UI 开发程序员、用户体验师提出合理使用的控件库。控件功能应符合行业标准，控件样式可在允许的范围内统一修改其风格和色调。当然，特殊情况下可根据需要设计专有控件，其准则为简化操作并满足功能要求。

2. 恰当使用颜色，遵循对比原则

统一色调，为不同的软件和用户的工作环境选择正确的色彩。比如安全软件，可根据行业标准选择黄色和绿色来体现环保，选择蓝色体现时尚，选择紫色体现浪漫等。浅色可以使人舒适，深色作为背景使人感觉不疲惫。采用标准界面则可少考虑此原则，与操作系统保持一致即可。

对于色盲和色弱用户，除使用特殊颜色来表示重点或者特异事物之外，也可使用“!”“?”、着重号和图标等特殊指示符。

配色方案也需要进行测试。通常，由于显示器和显卡的工艺，每台显示器呈现出的色彩都会存在差异，应该对它们进行严格的颜色测试。

遵循对比原则。例如：在浅色背景上使用深色文字，在深色背景上使用浅色文字。在白色背景上能够轻松识别出蓝色文字，而换作红色背景则不易分辨，这是因为红色和蓝色的对比度不足，而蓝色和白色对比度很大。另外，除非在特殊场景中，最好不要使用让人产生眩晕感的强烈对比色，比如大红配大绿。

3. 字体

根据操作系统类型决定字体的标准，并统一字体的使用，例如：中文使用“宋体”为标准字体，而英文使用“Times New Roman”。尽量不要使用特殊字体（如隶书、草书等，特殊情况可以使用图片替换），以确保每个用户看到的都是相同的。字号可基于系统的标准字体，例如宋体的小五号字（9 磅）、五号字（10.5 磅）。除了特殊提示信息、加强显示等例外情况，所有控件尽量使用统一大小的字号。

4. 控件风格，不要使用错误控件，控件功能要专一

如果没有能力设计出一组控件，可使用标准控件；否则可设计统一风格的控件。控件使用原则主要为：

1）请勿错误使用控件。例如：使用普通按钮样式来实现单选按钮的功能。

2）统一类型的控件操作方式应一致。例如：某个控件双击可以执行某些动作，而模样相似的另一个控件也应该能够响应双击操作。

3）一个控件一个功能。有些程序员为了方便，偏好让相似控件在不同情况下实现不同功能，用户很难在第一时间理解这些内容。例如：界面中使用图标“×”作为“删除”按钮，就不应再让“关闭”按钮使用相同的图标“×”了。

5. 控件布局，窗口不拥挤，按功能组合控件

界面布局尽可能避免拥挤，切忌为节省屏幕空间将控件拥挤摆放，因为拥挤的界面既会给用户带来压抑感，又容易引起误操作。试验结果表明：控件对于屏幕的总体覆盖度不应该超过 40%。整个项目应采用统一的控件间距，并调整窗体大小使其尽量一致，即使在窗体大小不变的情况下，宁可多留出空白，也不要破坏控件间距。

如图 3-22 所示的两种界面的布局形式，左图将所有控件内容紧密排列，极易造成误点击、误操作；采用同类型内容分组的形式，组内控件间距可以保持不变，将分组间距拉大并保持间距一致，会明显增加界面的美观度及可操作性，当屏幕有多个编辑区域时，要以视觉效果和效率来组织这些区域。

当窗口进行缩放时，为使界面不出现版式混乱的局面，解决方法为：

1）直接固定窗口大小，不允许改变尺寸。

2）当可以改变窗口尺寸时，窗口中控件位置、大小可相应调整以动态适应变化的窗口。

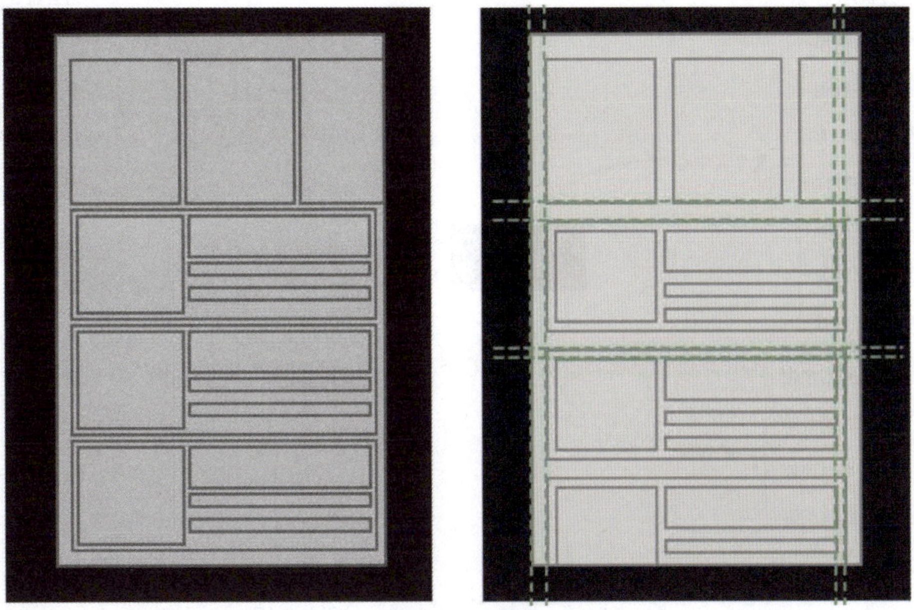

图 3-22　界面布局（显然右图较好）

6. 用户交互

重要功能控件应处于可见区域。单击控件的弹出窗口或者菜单，窗口弹出位置要显著，最起码应覆盖刚才单击的位置，以便用户可以轻松跳转到新界面。

执行动作要给出响应。程序开发者应该注意用户的交互体验，用户做了任何操作，都应该给予用户一个视觉或者听觉、触觉的响应，而且这个响应应该明显且及时。例如：当用户有了单击按钮等动作时，弹出交互对话框让用户单击确认。在用户可以听到声音的场景中，也可发出特殊声音来作为辅助响应。

3.4.3　桌面系统应用交互设计技术

桌面应用程序的交互设计可逐一完成。其中应用程序功能的定义和设计可以通过思维导图来完成，应用界面的设计和具体实施可以通过原型设计工具（见第 4 章）来完成。

思维导图（Mind Map）又叫心智图，由英国学者 Tony Buzan 发明。通俗地说，思维导图就是用不同颜色的画笔把我们大脑中的想法画在纸面。它结合了传统的语言智能、数字智能和创造性智能，是一个极为有效地表达发散性思维的图形思维工具。

思维导图由关键词、图形图像、曲线、色彩等要素组成，关键词或图形图像作为节点来描述知识点、思路或功能，并用曲线连接节点来表述关系、逻辑、流程或过程，以不同的色彩加以标注和区分。

在进行软件功能设计时，以思维导图进行功能设计是一个很好的方式。图 3-23 为一个虚拟品牌“天方单车”App 功能的思维导图。

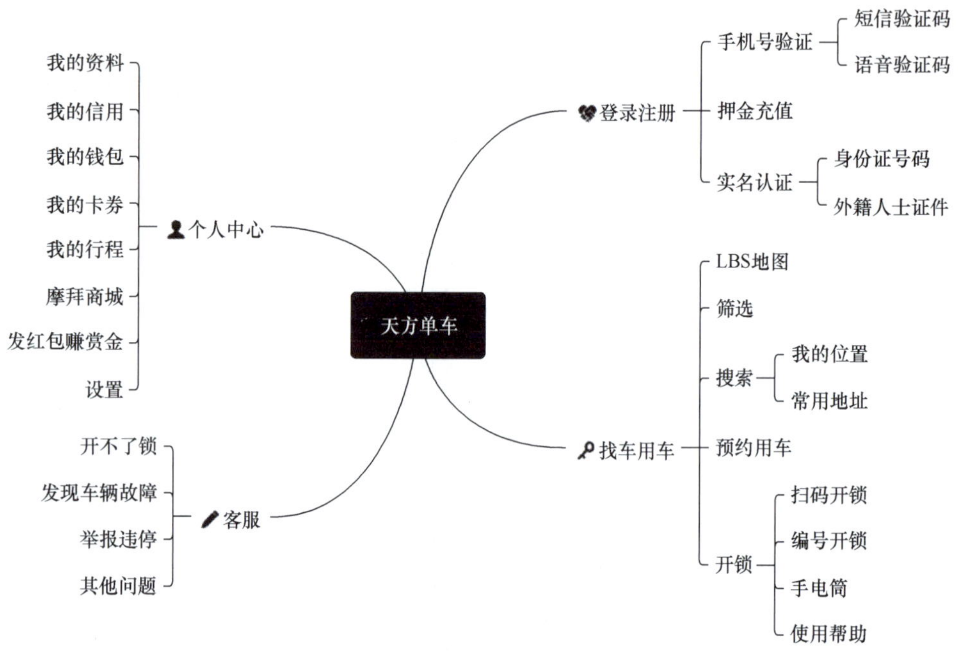

图 3-23 “天方单车”App 功能的思维导图

使用思维导图，是因为它可以帮助我们更好地解决实际问题，例如，帮助我们在以下方面进行交互式应用设计：

1）厘清原创思路，使其更加清晰。

2）从多角度分析和考虑问题，遵循大脑思考规则，快速获取想法。

3）使程序的逻辑结构标准化，使功能逻辑更合理，减少重复，没有遗漏。

4）易于发现程序交互设计的漏洞和问题。

5）易于调整功能。

6）让其他人快速了解软件功能设计。

7）更快地描述设计思路。

目前，思维导图作为当今广泛被采用的思维方法，有很多工具可以用来进行辅助绘制。

1. XMind

XMind 是一款易用性很强的软件，通过 XMind 可以随时开展头脑风暴，帮助人们快速厘清思路。XMind 绘制的思维导图以结构化的方式来展示具体的内容，人们在用 XMind 绘制图形的时候，可以时刻保持头脑清晰，随时把握计划或任务的全局，它可以帮助人们在学习和工作时提高效率。XMind 为免费的开源软件，在 XMind 中，思维导图能导出至文本、演示文档及数据表。XMind 资源包作为自定义风格、模板、剪贴画及图标的统称，能够将其导出，并分享给他人。这使得团队之间，以及 Windows 和 Mac 设备之间的分享变得更便捷。

2. FreeMind

FreeMind 是一款跨平台的、基于 GPL 协议的自由软件，用 Java 编写，是一个用来绘制思维导图的软件。其生成的文件格式后缀名为 .mm。FreeMind 可用来做笔记、脑图记录、脑力激荡等。

FreeMind 包括了许多让人激动的特性，其中包括：扩展性，快捷地一键展开和关闭节点，快速记录思维，多功能的定义格式和快捷键。不过 FreeMind 无法同时进行多个思维中心点展开（也有人认为这是优点，可以让人们专心于眼前的事），且部分中文输入法无法在 FreeMind 使用或启动及运行速度较慢。

3. MindManager

MindManager 是一个可创造、管理和交流思想的思维导图软件，其可视化的绘图操作有着直观、友好的用户界面和丰富的功能，这将帮助用户有序地组织思维进程、资源进程和项目进程。

MindManager 也是一个易于使用的项目管理软件，能很好提高项目组的工作效率和小组成员之间的协作性。它作为一个组织资源和管理项目的方法，可从脑图的核心分支派生出各种关联的想法和信息。

4. ProcessOn

ProcessOn 是一个免费在线作图工具的聚合平台，见图 3-24。它可以在线画流程图、思维导图、UI 原型图、UML、网络拓扑图、组织结构图等，用户无须担心下载和更新的问题，不管 Mac 还是 Windows，一个浏览器就可以随时随地的发挥创意，规划工作。

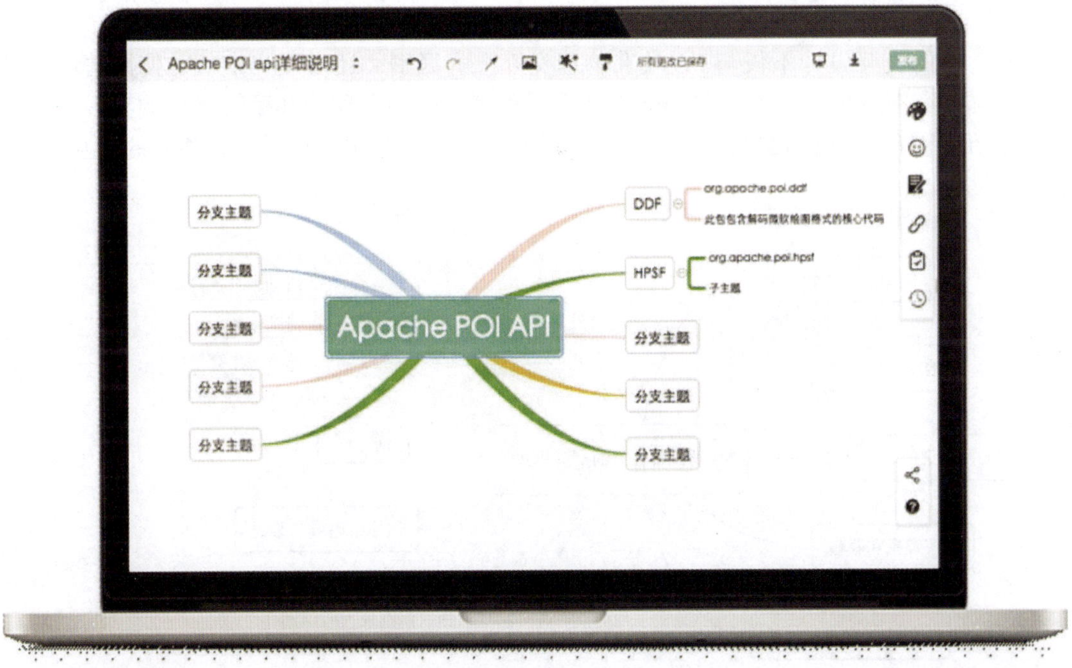

图 3-24　ProcessOn 绘制思维导图

3.5　移动应用交互设计

移动设备也被称为移动装置（Mobile Device）、手持设备（Handheld Device）等，是一种小型的便携式计算设备，见图 3-25。移动设备的主要优势是可以随时随地访问获得各种信息，也是目前最为流行的计算设备之一。目前，智能手机和平板计算机是这类设备较为广泛的应用。

图 3-25　移动设备

手机等移动设备的使用目的并非取代计算机，而是作为其功能的延伸，其灵活性、便利性和及时性，是计算机无法比拟的。

3.5.1　交互方式比较

移动端的交互设计不仅与 PC 端在物理交互上有区别，还在用户期望、使用情境和设计原则方面存在差异。例如，移动端设计需要更多考虑触觉反馈和手势操作的直观性。认识到移动端和 PC 端应用的交互差异，人们针对移动设备应用设计了一些独有的交互模式，见图 3-26。

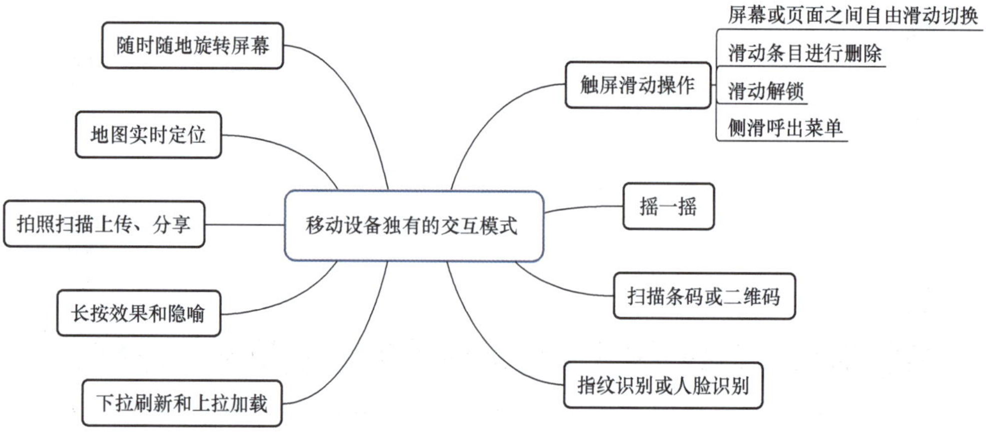

图 3-26　移动设备独有的交互模式

1. 设备媒介差异

由于设备不同，屏幕和操作也有不同。首先，PC 端的屏幕尺寸较大，能够展示更丰富的横向信息和更深层次的纵向层级，有足够的空间放置细致完整的导航。用户在执行多层级任务时，PC 端允许通过一键操作轻松返回，因此不容易迷失位置，并且还可以打开新的页面显示。然而，大屏幕也可能导致视觉盲区，影响用户对界面的全面感知。相对地，移动端的屏幕较小，要求内容展示更为精炼和集中。

其次是操作。移动端主要采用手指触控操作，而 PC 端依赖于鼠标和键盘输入，这种差异影响了操作的精确度和用户交互的方式。移动端设计应考虑手指操作的人体工程学，如按钮大小和间距，以减少误操作并提升用户体验；同时，可以引入多点触控手势，如缩放和旋转，来丰富交互方式。

据调查，高达 85% 的用户倾向于使用单手操作移动端设备（见图 3-27），单手操作的普遍性要求设计师优化界面布局，确保常用功能易于单手触及。此外，见图 3-28，屏幕上的单手便利操作区域（NATURAL 区域）也十分有限。考虑到不同手持姿势对操作的影响，如左利手用户的需求，可以提供界面镜像等自定义选项。

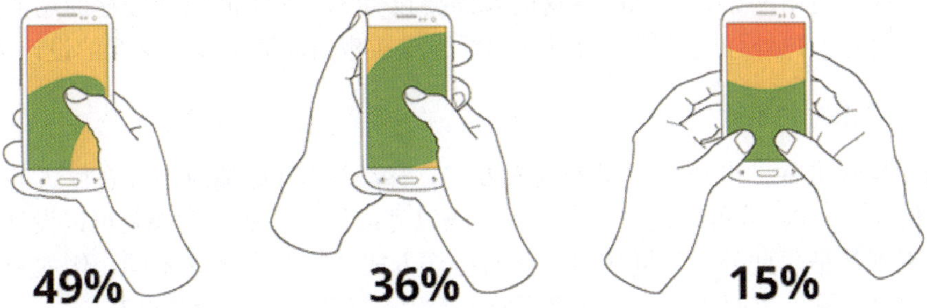

图 3-27　持机方式

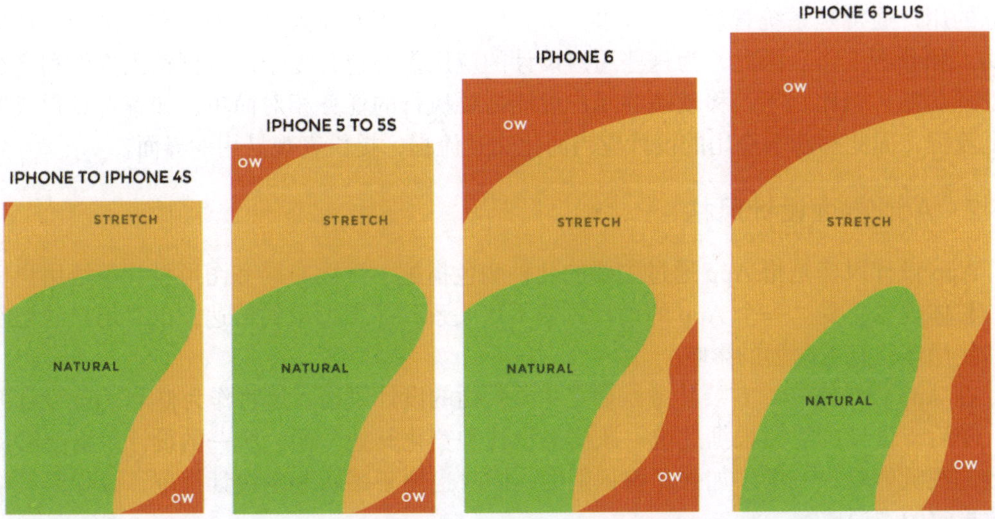

图 3-28　多个型号和尺寸的 iPhone 手机在右手持握时的热区图

移动端还可通过手势、推送、触摸屏和各种传感器进行操作，比如使用陀螺仪实现游戏控制器功能，或利用环境光传感器调整屏幕亮度以适应不同光线条件，增强用户舒适感和节能效果。再比如录音、拍照、录视频、蓝牙、Wi-Fi、LBS、NFC、GPS、重力感应、Push 推送、定位精度等，这些也大都是 PC 端不具备的。

2. 使用目的不同

用户在两者的操作目的可能会不一样。以企业数据管理系统为例，通常存在针对移动端和 PC 端优化的不同版本：当任务涉及复杂编辑和数据输出，如表格处理时，用户可能更倾向于使用 PC 端；相比之下，移动端更适宜执行快速、简便的操作。

3. 使用环境不同

PC 端用于相对固定的环境，例如家庭和办公室等，并且网络相对稳定。PC 端适用于需要精力高度集中的任务，例如图形绘制、技术开发、文本编辑和数据整理等；而移动端的使用环境复杂，用户所处的环境往往不确定，经常需要进行现场调研和观察，并改变设计，以帮助用户避免环境带来的问题。例如，通过调研发现用户经常在一些网络不好或者无 Wi-Fi 场景下使用网络视频 App，这时就需要设置 Wi-Fi 缓冲或预缓存的功能，以适应用户需求，再比如户外强光下屏幕可见性问题，或在嘈杂环境中音频交互的设计考量……

4. 用户操作方式不同

在用户操作方面，取决于设备的输入方式，移动端和 PC 端应用存在巨大的差别。例如处理支付操作，PC 端可以通过键盘输入密码以完成认证，而移动端就可以设计为指纹识别或人脸识别认证。此外，不同用户群体对操作方式的偏好也可能不同，例如老年人可能更偏好使用语音输入，而年轻人可能更倾向于使用快捷手势来与设备交互。

5. 目标用户差异

目标用户差异对应用设计有着直接影响。以数据管理系统为例，使用 PC 端处理复杂任务的用户通常是系统管理员、人事人员、财务人员等专业人员，他们需要进行大量的数据输入和分析工作。因此，为这些用户设计的应用需要包含复杂的数据输入界面和高级数据处理功能。相比之下，移动端的用户可能需要执行的任务相对简单，如查看日程或快速审批流程，因此移动端应用的设计应当简化交互流程，提供直观易用的界面。

3.5.2 App 界面设计风格

App 设计风格是指 App 通过主要的几种颜色搭配、页面布局和图形设计等给用户呈现出的整体视觉感受。一个 App 的设计风格不仅关系到品牌形象的传达，也对用户的初次印象和使用体验有着深远的影响。

在 App 设计之初，首要任务是确定主要页面的设计风格，这将作为整个 App 设计的基础。随后，设计师需要根据此统一风格来设计和美化其他页面。统一的设计风格能够提供一致的视觉体验，有助于加强品牌识别度，同时也便于团队制定设计规范，减少因风格不一致导致的沟通成本。

以流行的即时通信社交产品 QQ 和微信为例，尽管它们来自同一家公司，但由于产品定位和目标用户群体的不同，它们的设计风格也呈现出明显的差异。QQ 的口号是“乐在沟通”，定位是为了娱乐社交，因此设计风格是活泼有趣甚至个性化；而微信的口号是“微信，是一个生活方式”，这种大而全的定位，注定微信设计风格上要显得稳重、成熟。图 3-29 为 QQ 和微信界面截图。

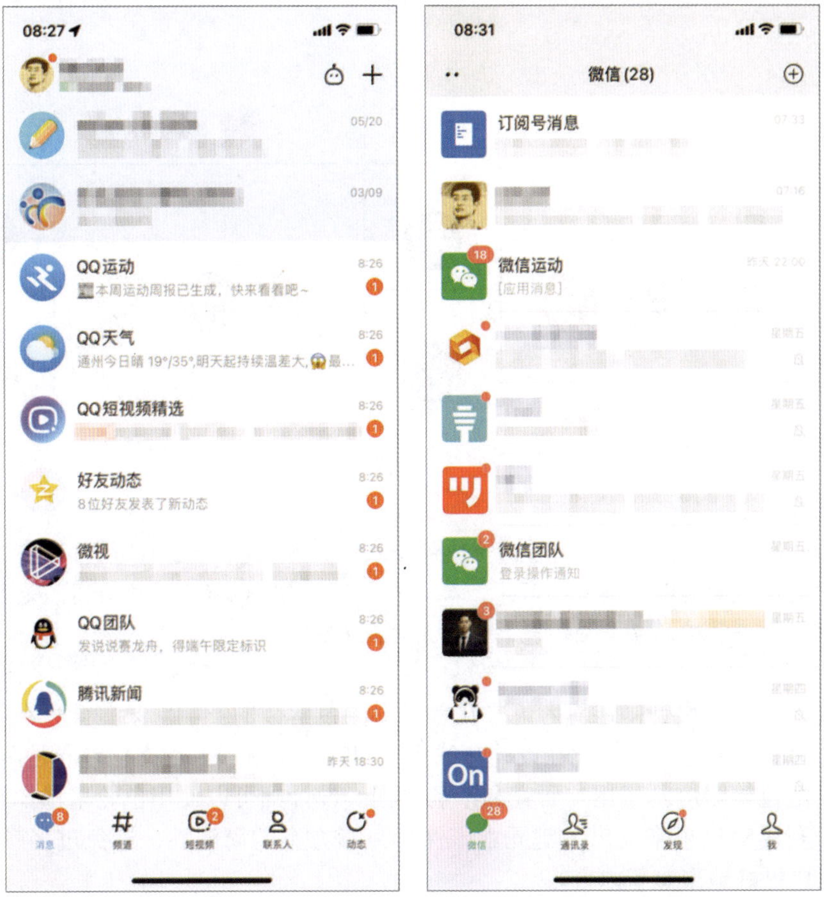

图 3-29　QQ 和微信界面截图

移动 App 产品的设计首先应该紧跟业界的主流设计风格，当下的主流设计风格是扁平化设计。扁平化设计有明显的几个好处：

1）界面美观、简约大方、条理清晰。

2）设计元素上强调抽象、极简、符号化，去除冗余的装饰效果，突显 App 的文字图片等信息内容。

3）完美兼容 PC 网站、鸿蒙、Android 和 iOS 等不同系统的平台和不同屏幕分辨率的设备，适应性强。

1. 界面配色

确定了 App 采用扁平化风格后，考验设计师的是界面配色的专业功力了。通常来说，在设计风格方面，色彩占了视觉体验的 80% 以上。因此，想要做好设计风格，最重要的是做好界面的配色和分布。色彩不仅能够传递情感，不同的颜色还能给用户带来不同的印象和感受。设计师需要综合考虑不同用户的偏好，并深刻理解配色对用户视觉体验的影响。

在图 3-30 中，从客户网站分析公司 KISSmetrics 的调查报告汇总中可看到男女都喜欢蓝色、绿色和红色，这也是微信和 QQ 分别使用绿色和蓝色作为 App 重要配色的原因之一。男女都讨厌橙色、褐色和黄色。不同的是男喜欢黑色，女喜欢紫色；男讨厌紫色，女讨厌灰色。

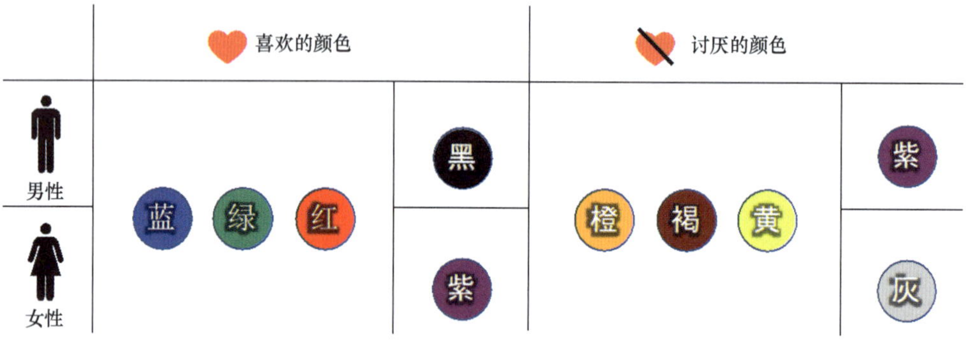

图 3-30　客户网站分析公司 KISSmetrics 的调查报告汇总

说明： 美国流行色彩研究中心的一项调查表明，人们在挑选商品的时候存在一个“7 秒钟定律”：面对琳琅满目的商品，人们只需 7 秒就可以确定对这些商品是否感兴趣。在这短暂而关键的 7 秒内，色彩的作用占到 67%！

除了用户偏好，设计师还应考虑文化差异对颜色解读的影响。某些颜色在不同文化中可能具有不同的象征意义，因此在设计全球化应用时，了解和尊重文化差异是至关重要的。

有效的配色策略应基于用户研究和市场数据。设计师可以使用色轮来选择和谐的色彩组合，同时利用对比色来突出关键元素。保持色彩方案的简洁性，避免过多颜色的使用，可以帮助用户更好地聚焦于内容。

App 的配色方案还应与其品牌形象保持一致，以加强品牌识别度。一致的色彩使用能够加深用户对品牌的记忆，建立品牌与 App 之间的紧密联系。

最后，考虑到所有用户的需求，包括色盲或色弱用户，确保配色方案在可读性和可访问性上不会造成障碍，是提升用户体验的关键。

随着设备的多样化，App 的配色方案需要在不同的屏幕尺寸和分辨率上保持一致性和美观性。设计师需要测试配色在不同设备上的表现，确保色彩在各种环境下都能准确传达预期的视觉和情感效果。

2. 字体的选择

在移动应用设计中，选择合适的字体对于提供清晰、舒适的阅读体验至关重要。Apple iOS 系统自 iOS 9 起采用了 San Francisco 字体，为界面带来更佳的可读性和现代感。Android 平台则广泛使用 Roboto 字体，符合 Material Design 设计语言，确保了跨设备的一致性和易读性。

设计师在选择合适的字体时，需要考虑字体与操作系统的协调性，以及字体在不同设备和使用环境下的表现。此外，字体大小的设置也应细致考虑页面的层级结构和内容属性，以实现清晰、美观的展示效果。

为了快速了解和选择合适的字体及其大小，表 3-1 和表 3-2 提供了当前主流移动设备平台上 App 通常使用的字体和文字大小的参考值：

在设计过程中，设计师应根据表 3-1 和表 3-2 的指导，结合 App 的具体需求和用户反馈，进行字体和字号的选择与调整。通过用户测试来验证所选字体和字号的实际表现，确保在不同设备和使用环境下都能提供最佳的阅读体验。

表 3-1　App 的主流字体

手机平台	字体		备注
iOS	中文	苹方黑体	系统字体，iOS 10 及以上版本，Apple 官方推荐
	英文	San Francisco	系统字体，iOS 9 及以上版本
Android	中文	思源黑体或 Noto（名称不同）	Material Design 设计规范的推荐字体
	英文	Roboto	
Android 4.0 以上	中文	方正兰亭黑简体	适用于较老版本的 Android 系统
	英文	Roboto	

表 3-2　App 常用文字大小

内容	文字大小 / 像素
导航栏标题	32 ~ 36
标题文字	30 ~ 32
内容区域文字	24 ~ 28
辅助性文字	20 ~ 24

3.5.3　移动应用交互设计原则

在当今数字化时代，移动应用已成为人们日常生活的重要组成部分。它们不仅是信息获取和任务执行的工具，更是连接用户与数字世界的桥梁。

1. iOS 人机界面指南

iOS 人机界面指南（iOS Human Interface Guidelines）是由 Apple 公司官方发布的一套指导原则，旨在帮助开发者和设计师创建直观、易用且美观的应用程序。这套规范不仅适用于 iOS 平台，其设计理念和原则也被广泛应用于安卓等其他平台，成为移动应用设计的通用准则。

iOS 人机界面指南对于确保应用质量、提升用户体验至关重要。它为开发者和设计师提供了一套共同遵循的标准，帮助他们：

统一风格：确保应用在视觉上的一致性，增强品牌识别度。

优化交互：通过合理的布局和流程，提高用户的操作效率。

提升可访问性：使应用能够服务于更广泛的用户群体，包括残障人士。

加速开发：通过标准化的设计元素和流程，减少开发时间和成本。

iOS 人机界面指南不仅被 iOS 开发者遵循，也广泛影响了 Android 应用的设计。这主要得益于 iOS 人机界面指南的直观性和易用性，以及它被设计界的高度认可。我国应用开发者和设计师普遍认为，遵循 iOS 人机界面指南能够提升应用的用户体验，增强市场竞争力。

（1）核心设计理念

iOS 人机界面指南的核心是三个设计理念：清晰、顺应、深度。这三个理念分别解决了用户在使用应用时的三个基本问题："入口在哪里""正在去哪里"和"现在在哪里"。

1）清晰（Clarity）是 iOS 设计中最为基本的原则。它要求设计师在视觉层面上提供清晰的指引，帮助用户快速找到他们需要的功能。清晰性体现在以下几个方面：

字体与图标：确保所有文字和图标都清晰可读，易于理解。

界面布局：通过合理的布局，突出重点内容，引导用户的视线。

留白与颜色：恰当的留白和颜色搭配，可以增强内容的可读性和层次感。

2）顺应（Deference）原则关注的是交互层面，它要求设计师在设计时考虑到用户的预期和习惯，确保用户在使用过程中能够顺畅地完成任务。顺应性主要体现在：

界面轻量化：减少不必要的装饰，让内容本身成为焦点。

动效设计：通过流畅的动画效果，增强用户的操作感知。

交互连贯性：保持页面切换和跳转的连贯性，让用户明白自己的操作路径。

3）深度（Depth）原则从结构层面出发，旨在通过视觉和交互手段，表达应用的层次结构，帮助用户理解他们在应用中的位置和导航路径。深度性主要体现在：

视觉层次：通过阴影、模糊等效果，区分不同的内容层级。

动效表达：利用生动的动效来展示内容的层级和动态变化。

结构清晰：确保用户能够清晰地感知到应用的结构和导航流程。

（2）设计原则的细分

在 iOS 人机界面指南中，除了清晰、顺应、深度这三个核心设计理念之外，还有一系列更为具体的原则，它们共同构成了 iOS 设计哲学的基石。这些细分原则不仅指导设计师如何构建界面，还涉及如何与用户进行有效沟通，以及如何确保应用的可用性和愉悦性。

1）美学完整性（Aesthetic Integrity）：强调设计的艺术性和美感，同时确保功能的完整性。一个具有美学完整性的应用，其设计不仅仅是为了美观，更是为了提升用户体验。

美图秀秀 App 的设计体现了美学完整性的原则。应用中的滤镜和编辑工具不仅提供了强大的功能，而且界面设计简洁、优雅，使用户在使用过程中感到愉悦，见图 3-31。此外，美图秀秀的图标和布局都经过精心设计，以确保用户在使用时能够直观地找到所需功能。

2）一致性原则（Consistency）：与尼尔森的一致性原则相同，它要求应用在不同的页面和功能之间保持一致的风格和行为，使用户能够形成稳定的预期。

3）直接操作（Direct Manipulation）：与尼尔森的用户可控原则相似，它鼓励用户直接在界面上进行操作，提供直观的反馈，增强用户的参与感。

图 3-31　美图秀秀 App

4）反馈（Feedback）：与尼尔森的状态可见和预防出错原则相吻合，它要求应用对用户的每个操作提供及时、明确的反馈，帮助用户理解操作的结果。

抖音在用户进行点赞、评论或分享操作时，会立即提供视觉反馈。例如，点赞按钮会在用户点赞后变成填充状态，并显示点赞数量，这种即时反馈增强了用户的参与度。

5）隐喻（Metaphor）：与尼尔森的场景贴切原则相一致，通过使用用户熟悉的隐喻，可以简化学习和使用过程，使用户能够更快地理解和掌握应用。

6）用户控制（User Control）：与尼尔森的用户可控原则相呼应，它强调让用户保持对应用的控制权，避免不必要的干扰，提供清晰的取消和撤回选项。

随着技术的迅猛发展和用户需求的多样化，iOS 人机界面指南也在不断演进。作为移动应用设计的基石，这些规范不是僵化不变的规则，而是一个灵活且动态的体系。它们持续吸收新兴技术如增强现实（AR）、虚拟现实（VR）和人工智能（AI）的特点，以适应这些技术带来的新机遇和挑战。Apple 在其 iOS 更新中，通过引入新的设计元素和交互模式，如 Siri Shortcuts 和 ARKit，展示了这种规范的适应性和前瞻性。

同时，面对用户对个性化和定制化体验的日益增长的需求，iOS 人机界面指南也在逐步放宽，为设计师提供更大的创造自由度。这种灵活性允许设计师在坚守核心设计原则的基础上，探索独特的设计风格和创新解决方案。这样的发展不仅丰富了应用的多样性，也推动了整个设计领域的进步，确保了用户体验的持续优化和提升。通过这种持续的自我革新和适应，iOS 人机界面指南保持了其在移动应用设计领域的领导地位，引领着设计实践的潮流。

2. Material Design 设计原则

Material Design（MD）是 Google 为安卓生态系统精心打造的一套设计语言，其核心在于通过一致的视觉和交互标准来提升用户体验。MD 采用物理材料的隐喻，将界面元素视为具有实体属性的纸张，通过层次、网格、色彩、空间和动态效果的巧妙运用，创造出既直观又富有表现力的界面。这种设计在视觉表现上依赖于阴影来展示层次结构，其用户界面呈现出类似层叠纸张的效果，见图 3-32。

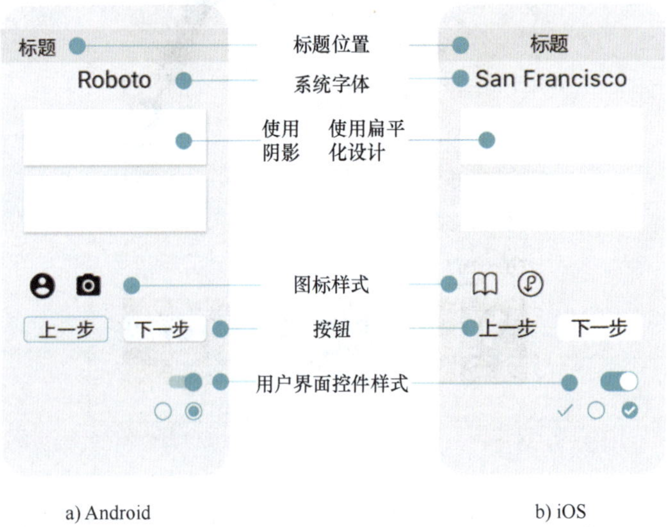

图 3-32　iOS 与 Android 视觉设计差异

在色彩运用上，MD 倾向于使用鲜艳的色彩和大胆的图像，以激发用户的情感反应，创造出充满活力的界面。而 iOS 则偏好柔和的色调和细致的图像，以确保内容始终保持突出，界面保持清晰。这种色彩和图像的选择反映了两个平台在视觉设计上的不同取向。

动效在 MD 中扮演着至关重要的角色，它不仅增加了界面的吸引力，还通过直观的反馈帮助用户理解他们的操作和界面的状态变化。iOS 同样利用动效来增强交互，但更加注重简洁和直观，避免过度的动画分散用户的注意力。

布局和组件设计是移动应用开发中的关键要素，它们直接影响到用户的交互体验。MD 采用网格系统和比例尺来确保布局的一致性和响应性，使用标准化的组件来维持界面的统一。这与 iOS 的设计方法形成对比，iOS 强调空间的有效利用和组件的直观性，通过清晰的布局和直观的导航来提升用户体验。这种设计哲学在图 3-33 中得到了直观的体现，其中 iOS 倾向于更扁平的按钮设计，而 Android 的控件则更为立体。

进一步地，图 3-33 展示了两个平台在布局规范上的具体差异。iOS UI 设计使用点（pt）作为度量单位，而 Android 的 MD 则使用密度无关像素（dp）作为度量单位。设计时需确保内容位于指定的安全区域内，这通常意味着首先为较窄的屏幕尺寸设计，以确保布局在更宽屏幕上也能保持合理的适应性。iOS 人机界面指南推荐以 375pt 作为屏幕宽度的设计基准，而 Android 则推荐 360dp。

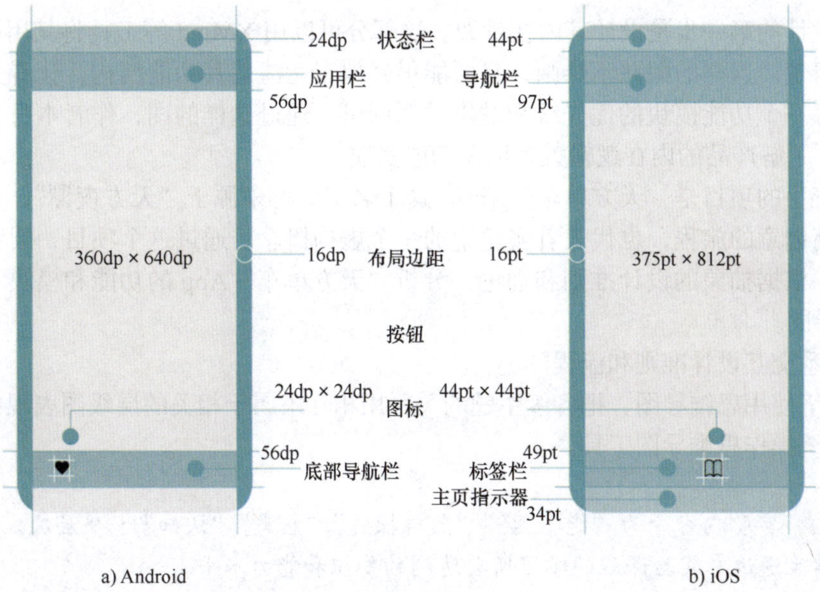

图 3-33　布局规范细节对比

在 iOS 中，标题常常被品牌标志取代，而 Android 则保持了标题的左对齐，这反映了两个平台在用户控制和交互设计上的不同取向。MD 鼓励用户通过触摸和手势直接与界面元素交互，而 iOS 则强调交互的直观性和易学性，确保用户能够快速理解如何操作应用。

两个平台的设计理念都致力于提供一致、高效和愉悦的用户体验。MD 的灵活设计原则和丰富视觉语言使其能够适应不同的设备和场景，而 iOS 的清晰设计哲学确保了用户在不同应用和设备上的一致体验。

在设计跨平台应用时，深入理解 MD 和 iOS 的设计原则对于创造能够满足不同用户期望的产品至关重要。设计师可以从 MD 的丰富视觉表现和 iOS 的直观交互中汲取灵感，同时考虑布局规范的具体要求，以打造出既符合平台特性又具有独特品牌风格的应用。

3.6　实验 2：思维导图与产品功能设计

3.6.1　实验目的和类型

1. 实验目的

掌握思维导图的原理，熟练操作思维导图工具（如 XMind）。

2. 实验类型

设计性实验。

3.6.2　实验内容

产品设计的第一步是设计其内在骨架。这部分可以用XMind等工具将其用简单的思维导图表达清楚。这样的图并不难画，只要能很好地表达清楚其功能结构，让看文档的人能直观了解每一个功能模块的优先级和逻辑关系即可。通过这样的图，作者本身也能通过现象看本质，了解产品的内在逻辑关系以及功能实质。

即将着手的项目是“天方单车”App。这个名字灵感来源于“天方夜谭”，它不仅预示着一个充满创意的旅程，也代表着实验中的一个虚构概念。通过这个项目，读者可以展开头脑风暴，根据抽象的设计准则和理论，分析“天方单车”App的功能和模块，绘制出相应的思维导图。

1）熟悉交互设计准则和流程。

2）熟练使用思维导图，把各级主题的关系用相互隶属于相关的层级图表现出来。

3）熟练操作思维导图工具。

说明： 实验内容分为“能”“会”“熟练操作”“熟悉”“认知”5个层次。实验要求指学生通过本实验课程的学习所要达到的知识和能力水平。

3.6.3　实验环境

XMind。

3.6.4　实验步骤

1. 绘制导图

绘制导图的步骤为：

1）打开思维导图制作工具XMind，见图3-34，在“新建”页面中选择一个模板，单击右下角“创建”按钮，则将在工作区中间出现节点“中心主题”，见图3-35。

2）双击“中心主题”节点，进入文字编辑状态，修改文字为“天方单车”，并按回车键确认。

3）按Tab键，为中心结点添加子节点，并修改其文字为“登录注册”，见图3-36。

4）使用相同的办法，为“登录注册”添加子节点“手机号验证”，再为“手机号验证”添加子节点“短信验证码”，见图3-37。

5）选中“短信验证码”节点，按回车键，为其添加兄弟节点“子主题2”，见图3-38，并修改其文字为“语音验证码”。

6）使用与上述相似的办法，熟练使用回车键和Tab键，生成所有节点，见图3-39。

7）当前的思维导图明显左“轻”右“重”，为让图形显得平衡，选中“个人中心”节点，见图3-40，拖放至中心节点的左下方，则“客服”节点将自动排列至中心节点的左上方，而“个人中心”节点则将排列至中心节点的左下方。

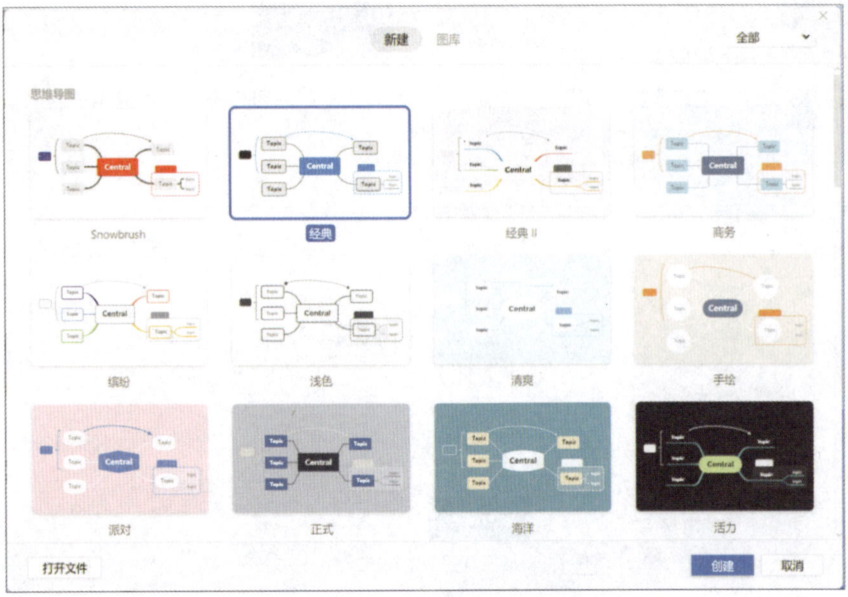

图 3-34　思维导图制作工具 XMind

图 3-35　“中心主题”节点

图 3-36　添加子节点“登录注册”

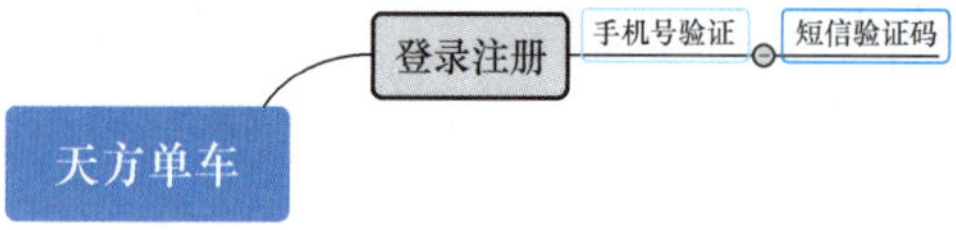

图 3-37　连续添加子节点

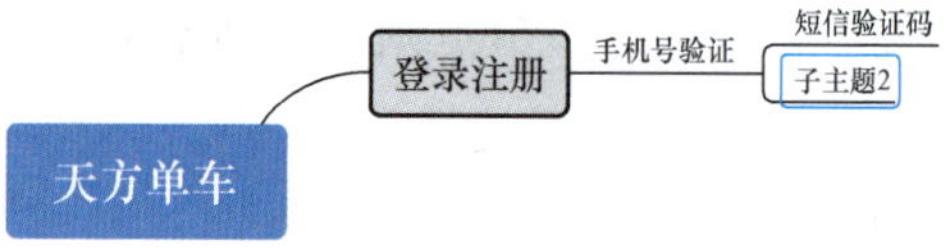

图 3-38　添加兄弟节点

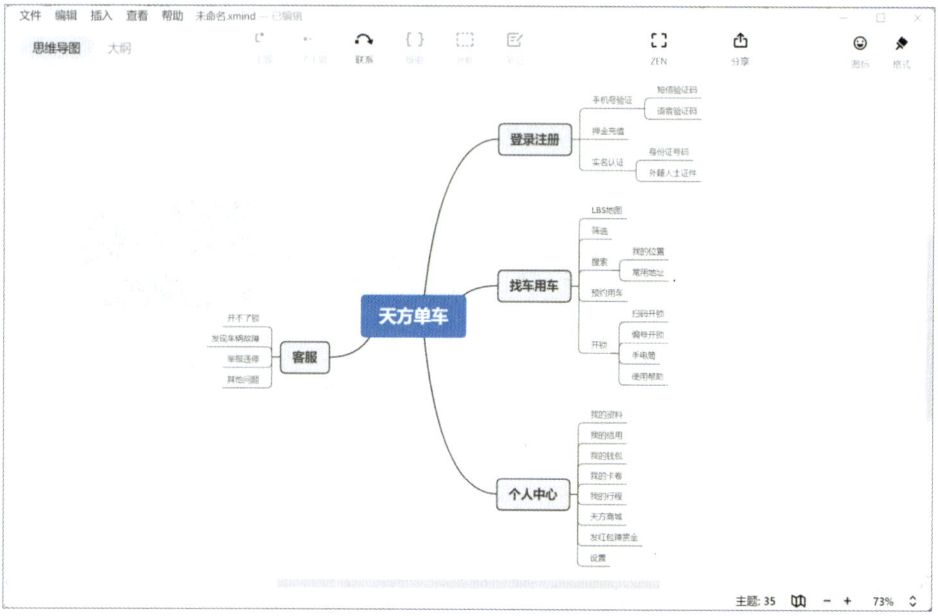

图 3-39　所有节点

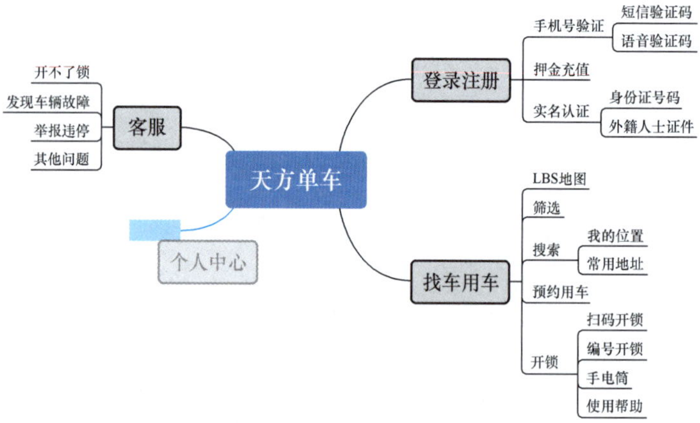

图 3-40　拖动“个人中心”节点

8）单击左上的“大纲”按钮，则将显示“大纲”窗格，在其中以大纲的方式显示导图的内容，见图 3-41。在这种模式下修改各节点的内容，对某些需求来说可能会更加方便。

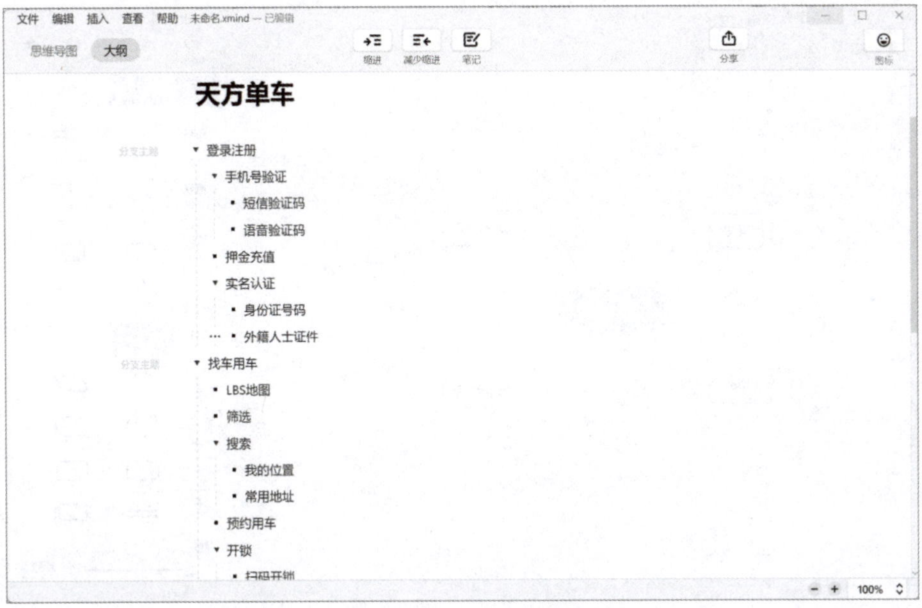

图 3-41 “大纲”窗格

2. 格式设置

格式设置的步骤为：

1）单击右侧的“格式”按钮，则将显示“格式”窗格，可在其中设置当前画布的背景色等属性，见图 3-42。

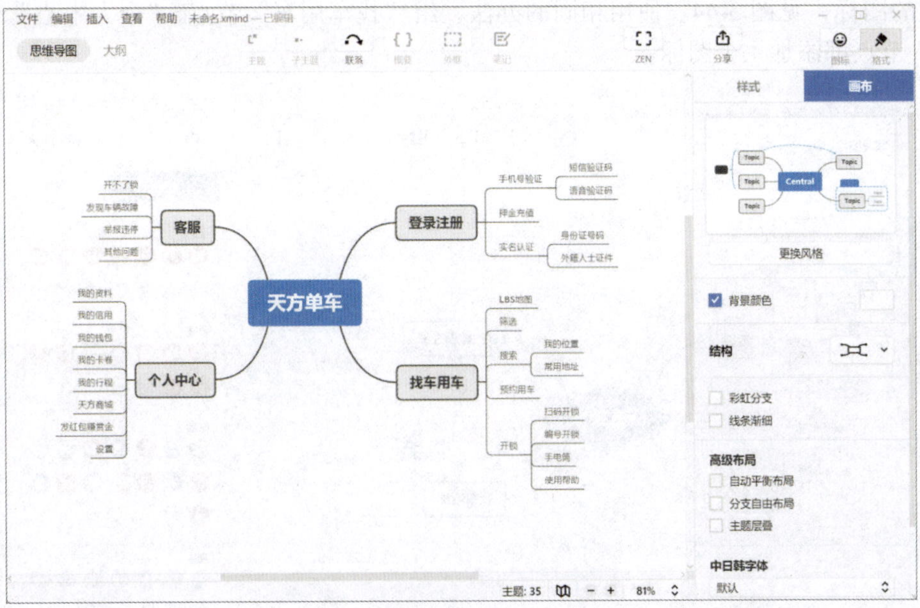

图 3-42 “格式”窗格

2）选择中心节点“天方单车”，则右侧窗格中显示的是当前节点的属性，见图 3-43，修改此节点形状为菱形。

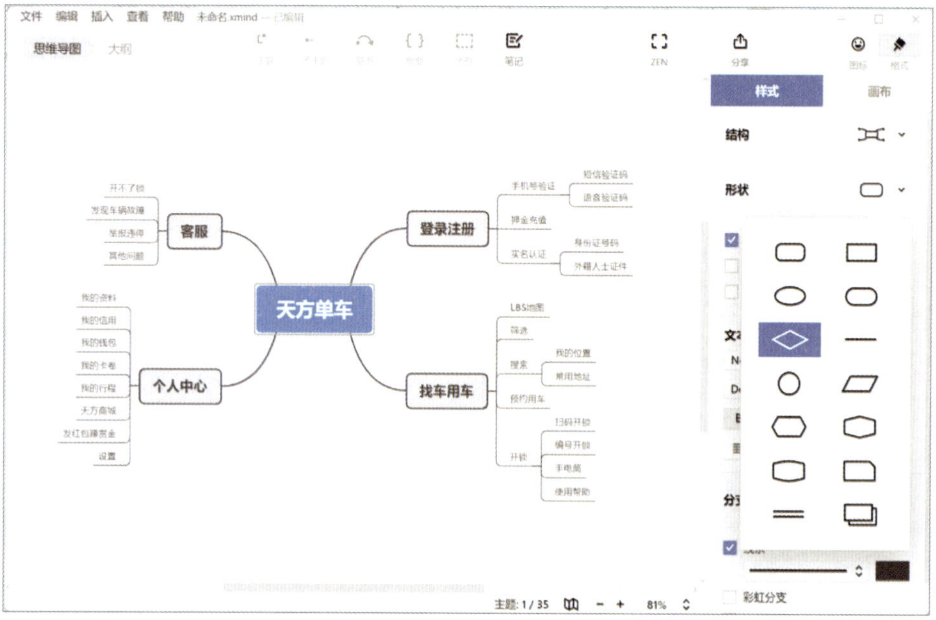

图 3-43　菱形节点

3）单击右侧的“图片”按钮，则右侧将变为“剪贴画”窗格。不过，这是 Pro 收费版才有的功能，本书就不对其进行介绍了。

4）单击右侧的“图标”按钮，右侧的“图标”窗格中将显示多种图标。选中“登录注册”节点，再在“图标”窗格中单击一个自己喜欢的图标，则“登录注册”节点中将出现对应的图标，见图 3-44。使用相同的办法，给“找车用车”节点、“个人中心”节点和“客服”节点都添加一个图标。

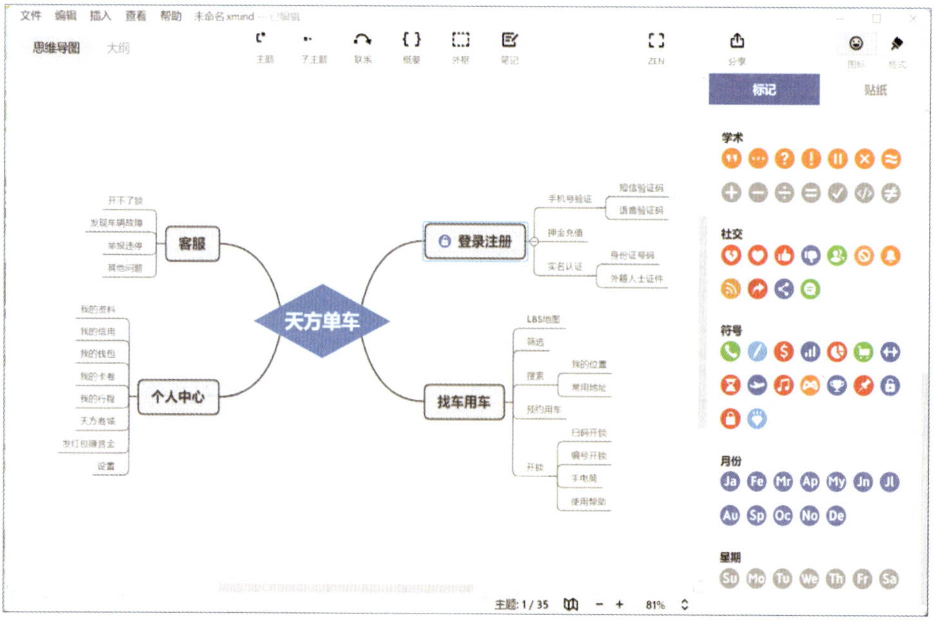

图 3-44　“图标”窗格

注：单击刚才添加到节点中的图标，则可以更换或删除图标。

5）单击右侧的“格式”→“画布”→“更换风格”按钮，则弹出的窗格中显示出多种思维导图的样式风格模板，见图 3-45。

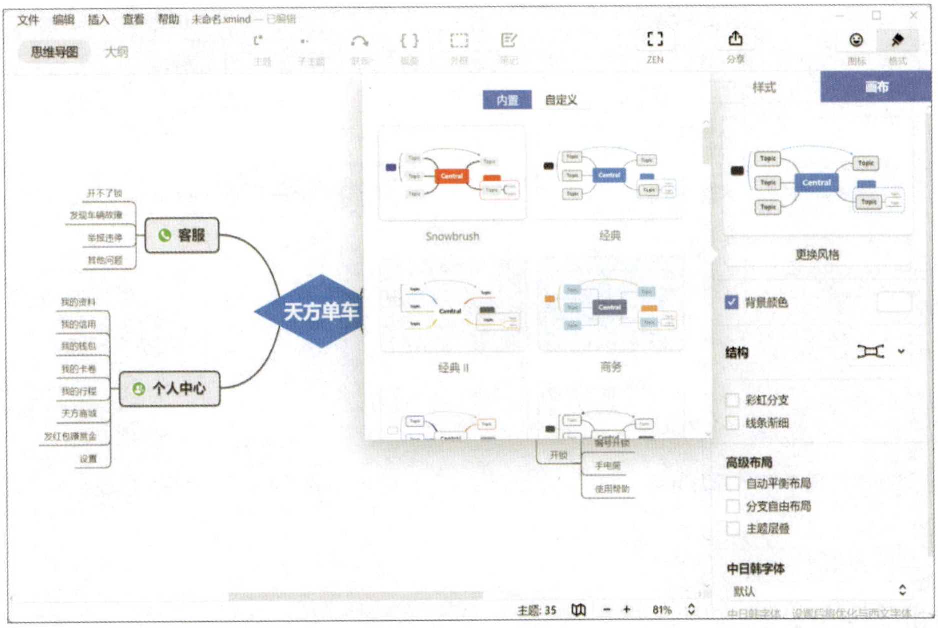

图 3-45　“更换风格”窗格

6）找到自己喜欢的风格，双击应用该模板。变换风格后的思维导图如图 3-46 所示。至此，“天方单车”App 的思维导图便美化好了。

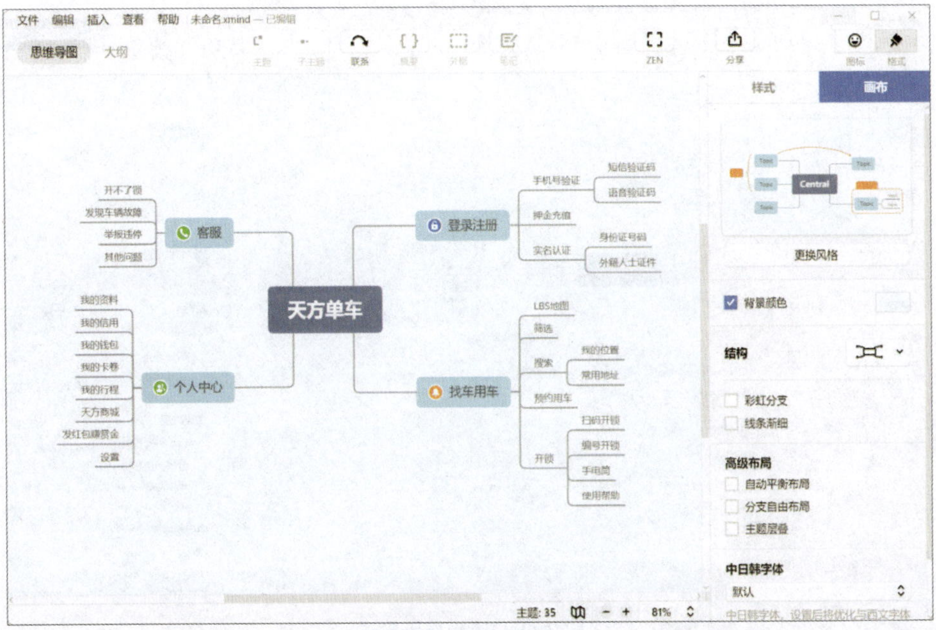

图 3-46　变换风格后的思维导图

7）XMind 还有许多细节上的功能，例如圈选“开锁”节点及其子节点，单击工具栏上的“外框”按钮，则会为其添加一个外框，见图 3-47。如果不喜欢此种样式的外观，可在右侧的“样式”窗口中修改其外形为其他外框形状，见图 3-48。

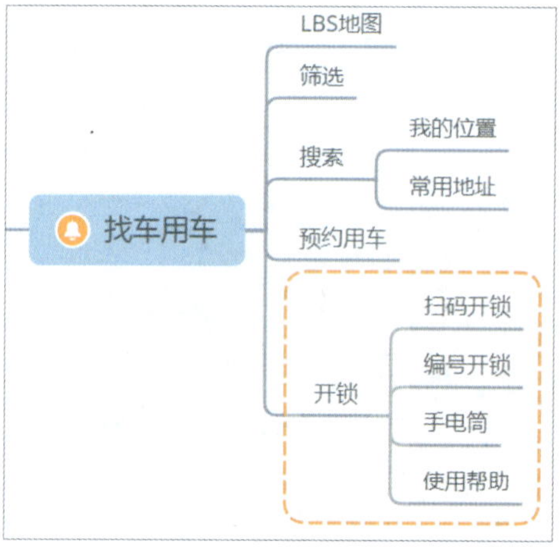

图 3-47 添加外框

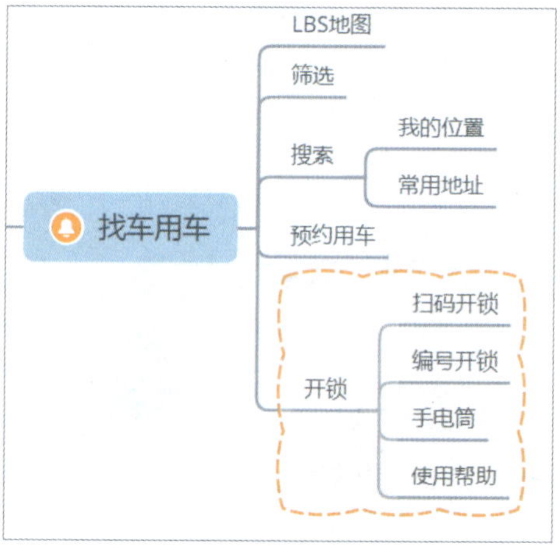

图 3-48 其他外框形状

3. 导出及其他

导出及其他的操作步骤为：

1）选择“文件 / 导出”菜单，则可将当前思维导图文件导出为图片等多种格式，见图 3-49 和图 3-50。

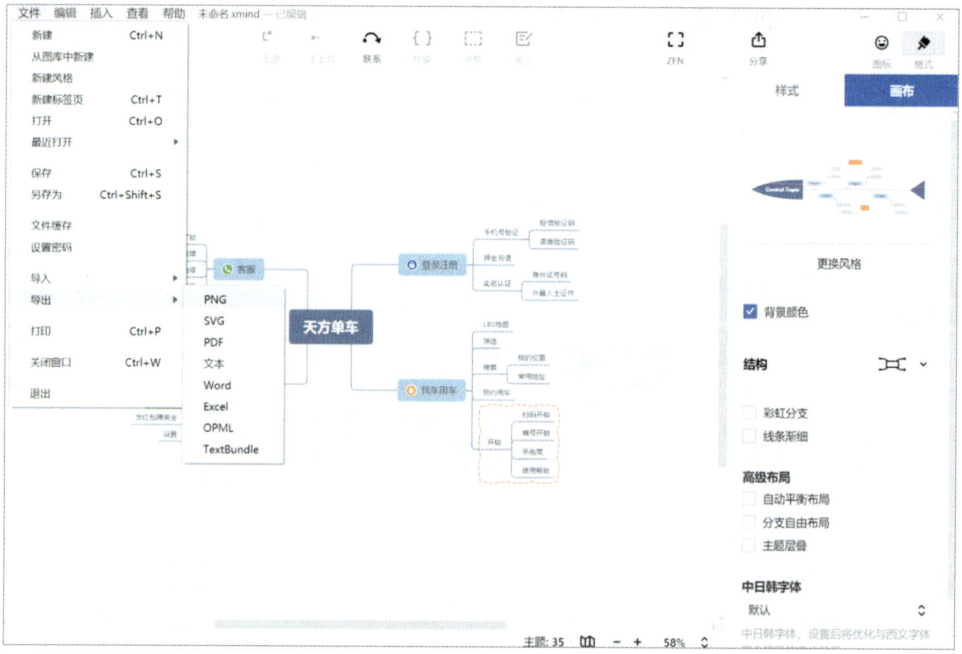

图 3-49 选择导出格式

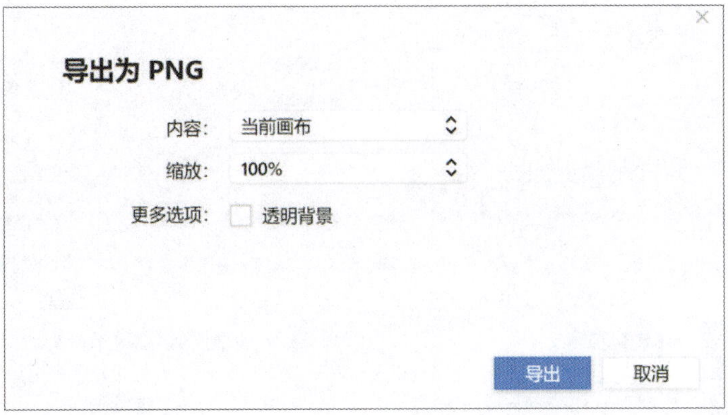

图 3-50　导出设置

2）还可以将思维导图设置成其他结构。比如选择中心节点，见图 3-51，在右侧“格式”窗格的“画布”中修改其结构为“鱼骨图”，则思维导图将变形，如图 3-52 所示。

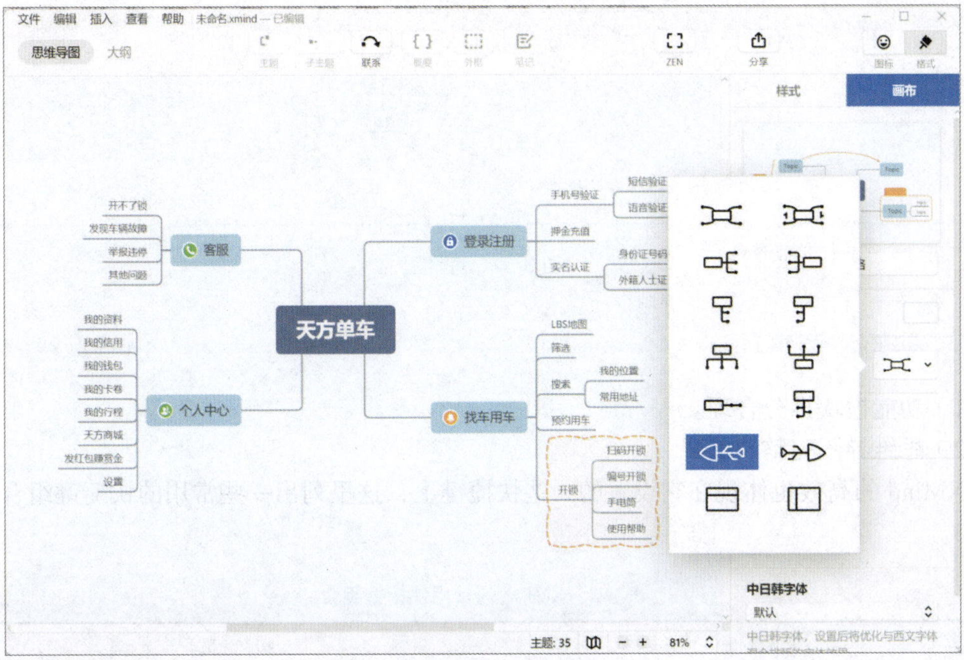

图 3-51　修改结构

3.6.5　实验报告要求

1）思维导图的作用相当于一个引子，使人们通过这些内容初步了解这款产品。

2）分析产品要从多个角度进行。分模块来分析功能，好比精确地把骨架拆分成骨头，分别进行分析。

3）总结设计出的功能的特色和不足之处。

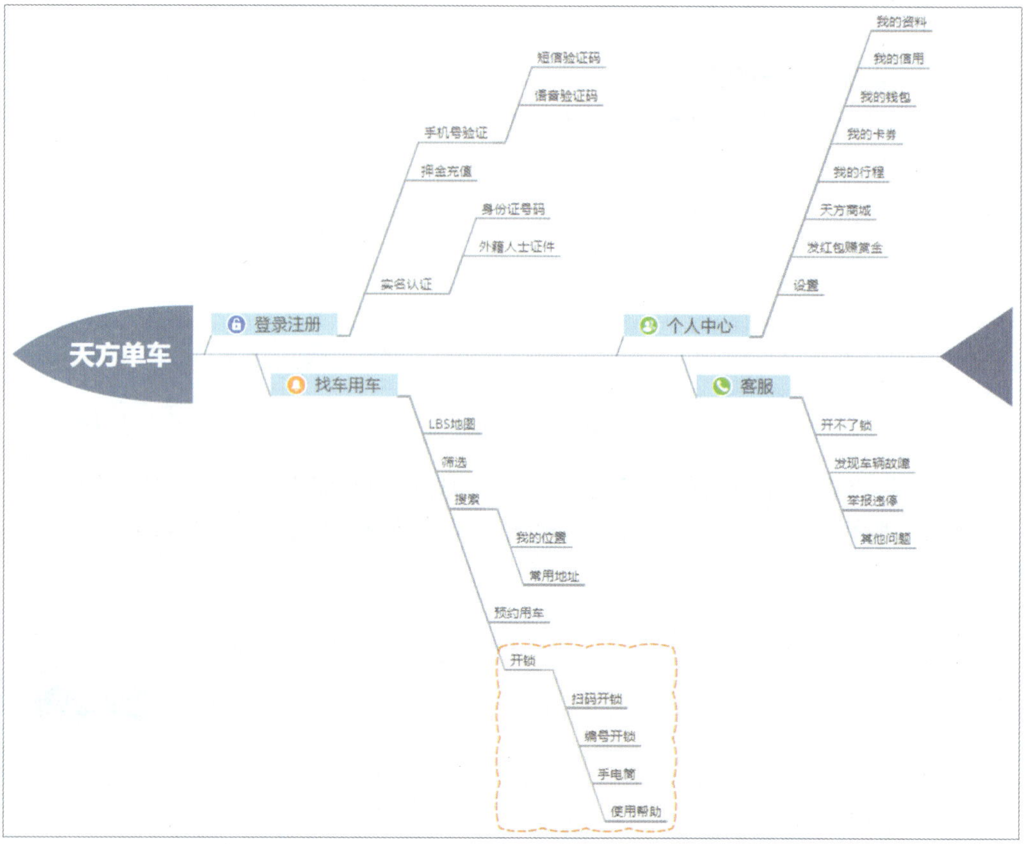

图 3-52　鱼骨图

3.6.6　实验注意事项

1）功能模块拆分合理。

2）思维导图完整、美观。

XMind 的高效也体现在它设置的一些快捷键上，这里列出一些常用的快捷键组合，见表 3-3。

表 3-3　XMind 的常用快捷键组合

快捷键	功　　能
Tab	新建子节点
Enter	新建同级分支节点
Ctrl+Enter	添加父级主节点
Alt+Enter	添加标注
Ctrl+L	创建连线
F4	创建备注
F3	创建标签
Delete	删除选中项

3.6.7　考核办法和成绩评定

1. 考核办法

学生独立完成实验，提交实验报告、思维导图图片文件和源文件。

2. 成绩评定

成绩评定见表 3-4。

表 3-4　成绩评定

项　　目	成绩比例	备　　注
实验报告	80%	结构完整，功能齐全，排版正确
思维导图图片	20%	图片应足够清晰
思维导图源文件	0	缺少源文件扣 20% 成绩

3.7　习题

1. 调研用户体验最好的互联网产品有哪些。为什么它们给人的体验好？
2. 网站首页常常会放大量的分类信息和导航栏，怎样改进并提升用户体验？
3. 试论述“微信红包”成功背后的交互理念和意义。
4. 简述桌面交互系统设计最主要的要素。
5. 列出至少 3 个生活中用户体验不方便的案例。选择上述 3 个案例之一进行分析并尝试解决。
6. 描述用户体验设计中的用户为中心原则，并给出一个你熟悉产品的例子，解释如何体现此原则。
7. 讨论在设计跨平台应用时，如何平衡 iOS 和 Material Design 的设计原则，以满足不同用户群体的期望。
8. 设计一个简短的用户体验流程，用于改进校园图书馆的在线预约系统。
9. 举例说明预防出错原则在金融应用设计中的重要性，并提出改进措施。
10. 举例说明如何通过设计满足用户的“心智模型”，以简化产品的学习曲线。
11. 分析一个现有的桌面应用，提出如何通过改进控件布局来增强用户体验。
12. 提出三种方法，说明如何使一个移动应用更加易于视障用户使用。
13. 提出一种方法，说明如何在移动应用中设计隐私控制，以便用户能够轻松管理和理解他们的数据如何被使用。

第 4 章　交互原型设计

4.1　交互设计基本流程

交互设计是一门交叉学科，从广义的角度上来说，涉及多个学科，包括心理学、设计学、人机工程学等，但是从狭义的角度来说，交互设计基本流程应该包括需求分析、架构与流程设计、方案设计、方案验证、设计跟踪与其他六方面内容，见图 4-1。

图 4-1　交互设计基本流程

4.1.1　需求分析

交互设计工作始于需求分析。需求分析是为了阐明产品的目标定位以及产品想要实现的功能。需求分析有多种方法，包括目标人群分析、竞品分析、现有产品分析等。除了上述的各种分析方法，往往还应进行需求评审。通常，需求评审是指产品经理和交互设计师进行面对面的沟通，交互设计师可以快速地把页面框架以及形式反馈给产品经理，而产品经理也可以确定创意的正确性。产品特色和主要功能、用户群体、使用场景等都可能是需求分析的结果。

4.1.2　架构与流程设计

对产品功能的横向梳理往往采用信息架构法，其中的卡片分类方式可让目标用户对产品的功能进行有效分类，并对类别进行归纳。好的信息架构可以合理地对功能进行分类，使之符合目标用户的心理模型，并帮助用户快速有效地找到目标。

而对产品功能的纵向梳理往往采用流程设计，用户在使用场景下进行有目的的操作，测试功能是否能顺利使用和检查交互界面是否完整，便于检测产品功能的合理性。

4.1.3 方案设计

方案设计即是对上述架构与流程设计的视觉化表现，是交互设计师的核心竞争力。但还有一些容易被忽视的地方，比如交互设计文档的规范设计、注释说明、页面响应问题等——这是“有”和“优”的问题。如果不考虑这些事情，交互也能表现出产品的一般功能，但是缺乏视觉表现和设计思路传达。

因此，在完成交互设计的同时，要尽可能地保证质量，提高其视觉的舒适度、准确性和传达效率的高效性。

4.1.4 方案验证

交互设计的验证包括两个方面：

一方面是交互设计师自己的设计检测，即产品的可用性测试。可用性测试是一个较为专业的领域，交互设计师需要掌握适当的方法，常采用 A/B 测试（见图 4-2）评估其交互的合理性，以及它们是否解决了产品需求中提出的问题。

另一方面是整个团队对交互设计的初稿、中间稿和终稿的评估，通常以会议的形式进行。参与者包括项目经理、产品经理、交互设计师、视觉设计师、程序员、软件测试师等，以便审查整个产品开发过程，以满足产品需求和开发资源的需求。

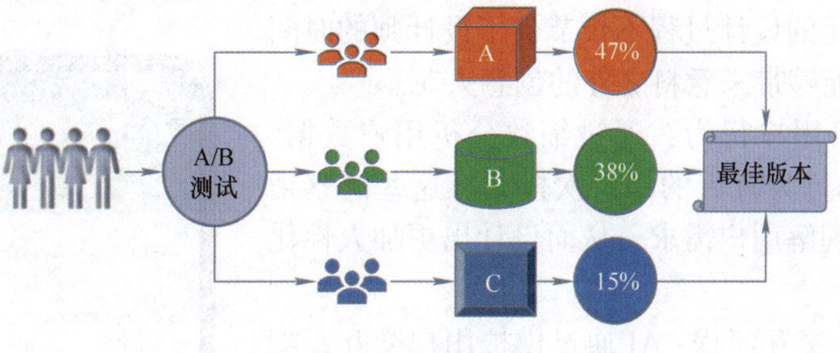

图 4-2 A/B 测试[⊖]

4.1.5 设计跟踪

很多设计师会忽视设计跟踪，但无论设计有多好，如果开发实现出了问题，都很可能功亏一篑。设计跟踪是确保交互设计方案贯彻的绝招。设计跟踪有多种形式，但是其基本构成是相同的，包括设计效果和开发效果的比较，描述差异，提出修改、参考样式和替代方案等。

设计跟踪的难点在于把握开发效果与设计效果之间的差异，即如何在时间成本和人力成本等的约束下，实现产品的最优化。

4.1.6 其他

交互设计是一项跨领域的工作，很难用简单的语言来清楚地总结。因此，对交互设计

[⊖] A/B 测试是为 Web 或 App 界面或流程制作两个（A/B）或多个（A/B/n）版本，在同一时间维度，分别让组成成分相同（相似）的访客群组（目标人群）随机地访问这些版本，收集各群组的用户体验数据和业务数据，最后分析、评估出最好版本，并正式采用。

师有着更高的要求，主要包括沟通能力、交互设计时间预估能力、前端开发知识了解等。

交互设计过程中，团队之间的沟通不可避免。良好的沟通可以极大地提高设计效率，协调交互设计师和团队其他成员之间的关系，促进后续工作。只要能弄清对方想要什么，并表达清楚自己可以提供的技术，沟通就是顺畅和有效的。

交互设计时间预估能力是在需求与设计方案充分知情的情况下，对交互稿进度的把控。好的时间预估能力，既能满足团队的开发时间需求，也能让自己在低强度的工作压力下完成。

4.2　生成式人工智能与交互原型设计

在交互设计的世界中，生成式人工智能正逐步成为设计师的得力助手。它不仅能够提升设计工作的效率，还能够通过深入分析用户行为，创造出更加贴合用户需求的交互体验。

4.2.1　交互设计中的 AI 应用

生成式人工智能在交互设计中的应用，为设计师打开了一扇通往高效与创新的大门。AI 的集成使得设计过程更加智能化，具体表现在以下几个方面：

1）创新生成设计元素：AI 技术能够根据既定的设计原则，自主创造出新颖的图标和布局。这种自动化的设计过程不仅节省了设计师的时间和精力，还常常能够带来意料之外的创意火花。

2）深入洞察用户行为：通过细致分析用户数据，AI 能够揭示用户行为背后的深层次模式。这些洞察帮助设计师更好地理解用户需求，从而设计出更加人性化的交互界面。

3）持续优化交互流程：AI 通过模拟用户交互，能够识别并指出设计中的不足之处。这种动态的优化过程，使得交互设计能够不断进化，以适应用户的变化需求。

穷游行程助手 App（见图 4-3）利用生成式人工智能为用户提供个性化的旅行建议。该 App 集成了 AI 技术，能够分析用户的旅行偏好、预算和时间安排，自动生成符合用户需求的行程规划。用户只需输入目的地和旅行日期，AI 系统就能根据历史数据、实时天气和交通状况等信息，为用户推荐合适的景点、餐厅和住宿，并生成详细的行程安排。此外，AI 还能根据用户的反馈和实时数据，不断优化行程规划，确保用户获得最佳的旅行体验。

通过生成式人工智能的应用，穷游行程助手 App 的设计不仅高效，而且充满创新。AI 技术不仅帮助设计师快速生成符合用户需求的界面元素，还通过深入分

图 4-3　穷游行程助手 App

析用户数据，为用户提供更加个性化和人性化的服务。这种智能化的设计方式，为旅行规划 App 的开发带来了无限可能，也为用户带来了更加便捷和愉悦的旅行体验。

4.2.2　AI 与设计流程的融合

在设计流程中，AI 的应用不仅仅是一个辅助工具，它已经成为设计思维的一部分，与设计师的创意和决策过程紧密相连。

1）扩展设计思维：AI 提供了新的视角和方法，帮助设计师突破传统思维的局限，探索更多创新的设计解决方案。

2）个性化定制用户体验：AI 能够根据用户的特定行为和偏好，定制化设计元素和交互流程，实现真正的个性化用户体验。

3）支持设计决策：AI 分析提供了丰富的数据支持，帮助设计师在设计决策过程中做出更加科学和合理的选择。

阿里巴巴的“鹿班”系统是一个结合了 AI 技术的智能设计平台，见图 4-4，它能够根据商家的需求和市场趋势，自动生成广告海报和营销素材，极大地提高了设计效率和创意的多样性。

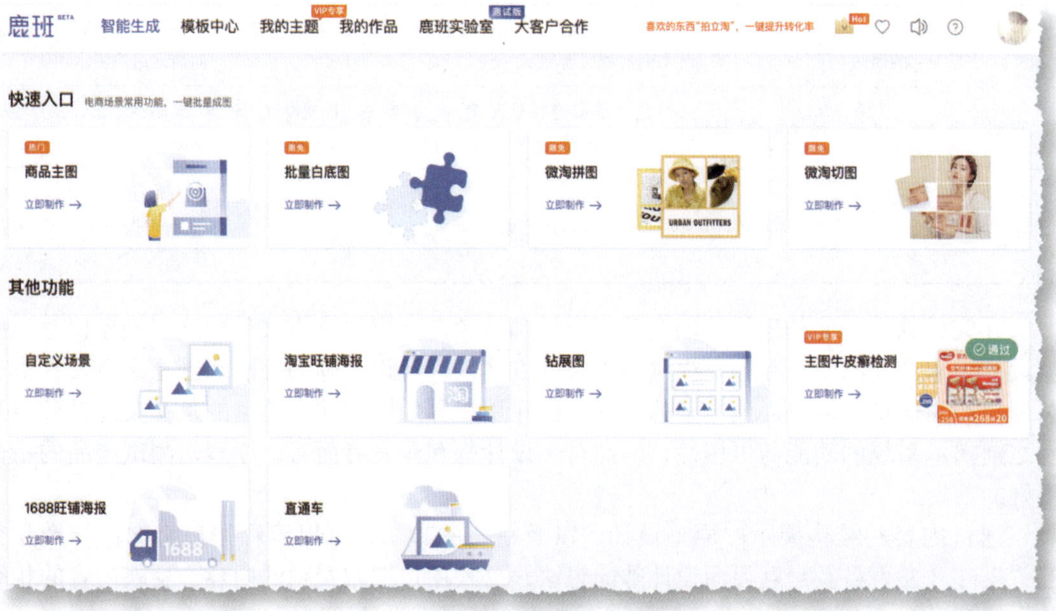

图 4-4　“鹿班”智能设计平台

通过这些案例，可以看到 AI 在设计流程中的应用已经超越了简单的自动化，它正在成为推动设计创新和提升用户体验的关键力量。

4.3　交互原型设计工具简介

原型设计指对于应用软件交互界面及部分功能的图形化描述，一般在软件功能定义后，对软件功能界面进行初步设计，是软件交互界面最终完成的基础。常见原型有表 4-1

给出的几种类型。

表 4-1　常见原型比较

项目	纸质原型	快速原型	高保真原型	低保真原型
定义	设计师手绘或草图记录初步想法	快速呈现，用于初步概念验证	高度仿真，用于详细展示和用户测试	简化的界面和功能，用于设计讨论和迭代
细节程度	低，通常是草图或简单注释	中等，包含基本的视觉设计元素	高，接近最终产品的视觉和功能细节	低，通常省略视觉细节，只展示基本结构
交互性	无或非常有限	基本交互，用于展示用户流程	高度交互性，模拟真实用户体验	有限交互，主要展示用户流程和界面布局
使用目的	记录初步想法，快速迭代	快速验证概念，团队内部讨论	详细展示设计，用户测试，向利益相关者展示	设计团队内部讨论，快速迭代和测试概念
技术要求	低，仅需纸和笔	中等，可能需要基本的原型设计软件	高，需要高级原型设计工具和图形设计能力	中等偏低，使用原型设计工具的基础功能
迭代速度	快，易于修改和重绘	快，便于快速迭代	慢，因为细节多，修改需要更多时间	非常快，因为改动涉及的细节较少
展示对象	设计师自己或小范围内的团队	设计团队，可能向非技术利益相关者展示	用户，开发团队，股东等	设计团队内部，不适合向最终用户展示
视觉设计	通常不包含或非常基础	包含基本的视觉元素，如颜色和图标	高度关注视觉设计，包括颜色、字体和布局	忽略视觉设计，专注于功能和结构
用户测试	不适用或非常有限	可用于初步用户反馈	用于收集详细的用户反馈和测试功能	不适合，缺乏必要的细节来提供真实的用户体验

在完成软件功能的思维导图之后，设计师经常需要以原型方式呈现这些抽象概念。原型设计为非专业的领导和客户提供最直观的方式来理解设计师的想法和创意，以及提供有关用户产品信息的最快、最准确的反馈。创建用户界面原型的主要目的是在实际设计与开发之前揭示系统的功能与可用性，因此对于设计师和开发者而言，原型是测试产品的一个很好的工具。

通过内容和结构展示的原型设计，以及粗略的布局，可以解释用户将如何与产品交互，反映开发人员及交互界面设计师的想法，反映用户期望看到的内容，反映内容的相对优先级等。图 4-5 所示为天猫国际的网页首页的低保真设计原型。

原型设计在整个产品流程中处于非常重要的位置，有着承上启下的作用。一款优秀的产品原型设计工具应该具备如下五点：

1）丰富的组件库（高效复用，效率越来越高）。

2）可以快速生成全局流程（方便与程序员沟通产品逻辑）。

3）支持移动端演示（随时随地演示给同事和客户）。

4）在线协作（多人一起用）设计。

5）手势操作、转场动画、交互特效等。

下面简单罗列一下目前国内用得比较多的原型工具。

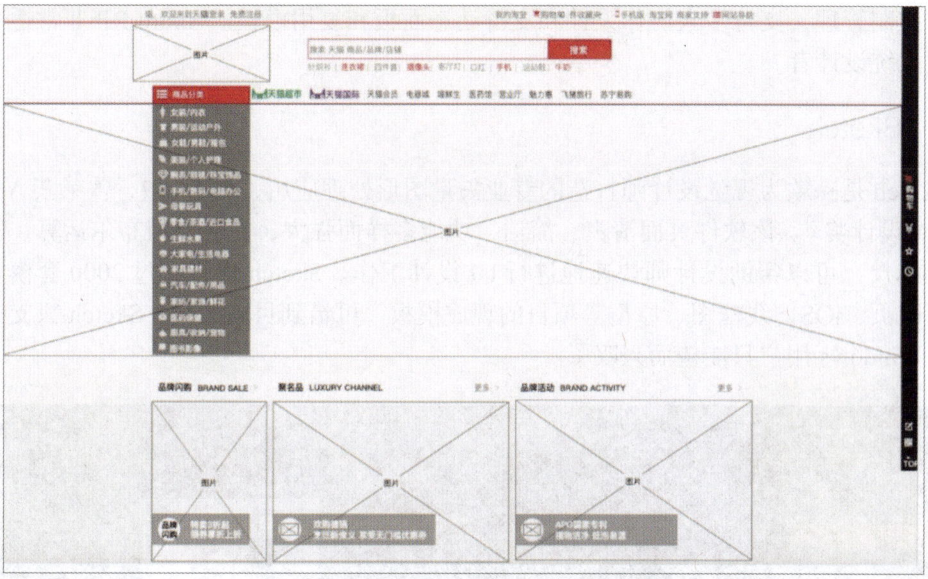

图 4-5　天猫国际网页首页低保真设计原型

4.3.1　Axure RP

Axure RP 是一款功能丰富的原型设计工具，设计师可以用它快速创建应用软件或 Web 线框图、流程图、原型和规格说明文档，不仅支持从低保真到高保真的原型制作（见图 4-6），还支持简单编程，这使得设计师能够创建更为复杂和动态的交互原型。Axure RP 提供了丰富的文档和注释功能，这对于团队沟通和项目协作非常有用。

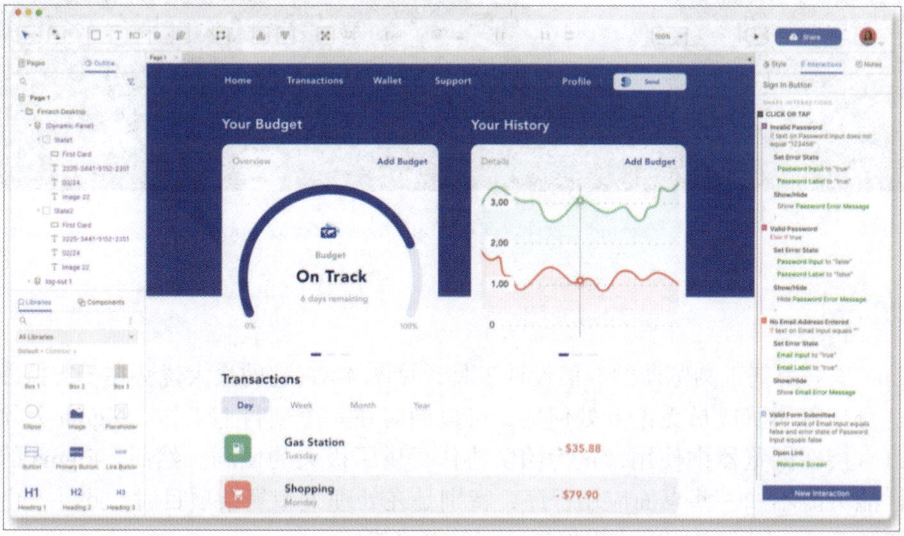

图 4-6　Axure RP 原型设计工具（软件官网：https：//www.axure.com。）

Axure RP 能够较好地支持交互设计，并可生成规格说明文档，它支持多种输出格式，包括 HTML、PDF 等，这使得原型可以轻松地与开发团队共享。Axure RP 还能够较好地实施版本控制管理，支持多人协作设计和支持动态面板和复用模板。Axure RP 非常适合专业的交互系统设计者。

4.3.2　Sketch

Sketch 是一款为视觉设计师打造的专业矢量图形处理应用，见图 4-7，曾荣获 Apple 公司 ADA 设计奖[㊀]。该软件页面清爽、简洁，功能多样而强大，完美支持布尔运算、符号和强大的标尺，可以帮助设计师快速地进行 UI 设计工作。Sketch 自带超过 2000 套模板，其中包括网页、iOS、线框图、原型等项目的现成模板。可惜到目前为止，Sketch 只支持 Mac 平台，Windows 用户只能望而兴叹了。

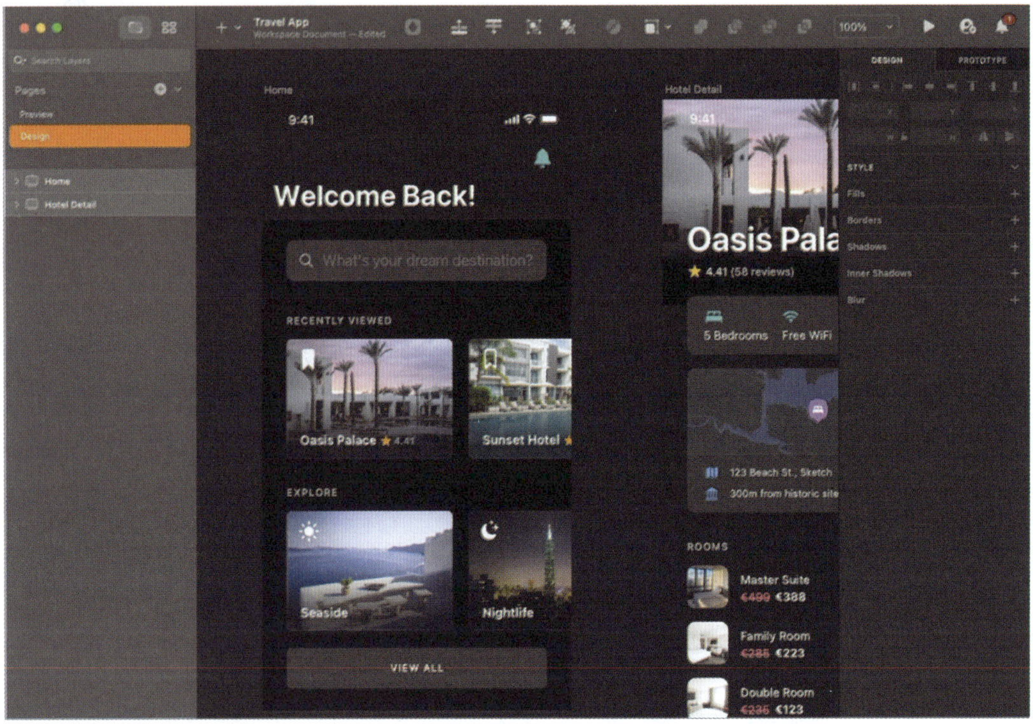

图 4-7　Sketch（软件官网：https：//www.sketchapp.com）

4.3.3　Figma

Figma 是一个基于浏览器的界面设计工具，见图 4-8，它的最大优势在于支持多人实时协作。这意味着团队成员无论身处何地，可以同时在一个项目上工作。Figma 无须下载安装，可以直接在浏览器中使用，这为团队协作提供了极大的便利。然而，Figma 的缺点在于它的性能可能不如一些桌面应用程序，特别是在处理大型复杂项目时。此外，由于它是国外的在线工具，因此在国内难以保证稳定的网络连接。

㊀ ADA（Apple Design Awards）是美国 Apple 公司在每年 WWDC 期间颁发的设计奖项，旨在表彰每年在 iOS、macOS、watchOS、tvOS 等 Apple 平台上在设计、技术和创新方面有杰出表现的软件、硬件开发者。该奖项设立于 1996 年，前两届名为“人机交互杰出设计奖”，自 1998 年起改为“苹果设计奖（ADA）”并沿用至今。

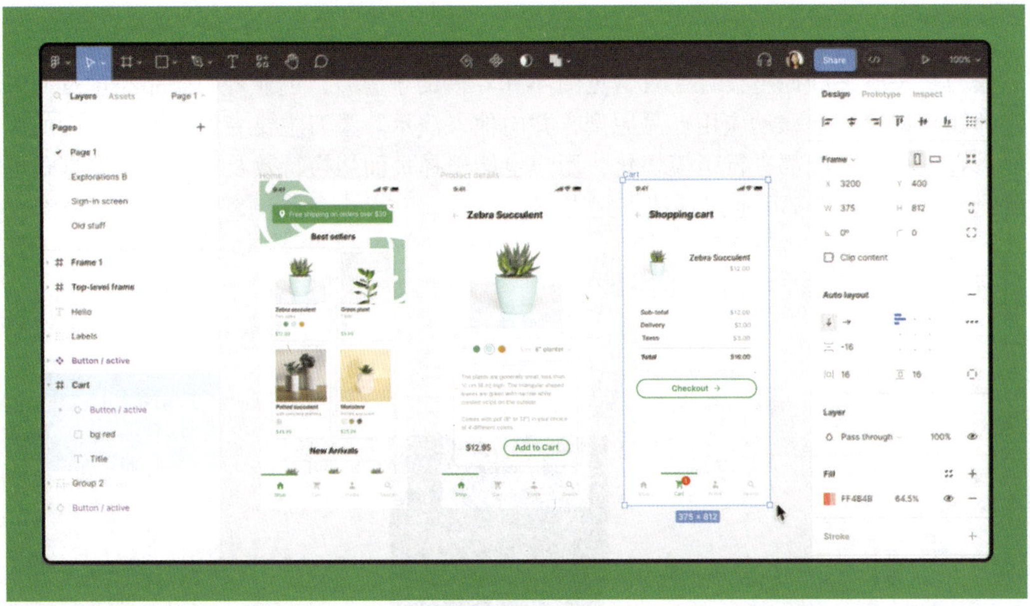

图 4-8　Figma 界面设计工具（软件官网：https：//www.figma.com）

4.3.4　Adobe XD

Adobe XD是Adobe公司推出的一款专注于用户体验设计和原型制作的工具，见图4-9，它以简洁的界面和强大的设计功能受到设计师的喜爱。它支持从草图到高保真的设计，并且能够快速创建交互式原型，使得设计和测试过程更加流畅。Adobe XD 与 Adobe Creative Cloud 中的其他应用如 Photoshop 和 Illustrator 紧密集成，这使得设计师可以无缝地将现有资源导入到 Adobe XD 中，极大地提高了工作效率。然而，Adobe XD 的缺点在于它的一些高级功能需要用户有一定的设计背景才能充分利用。

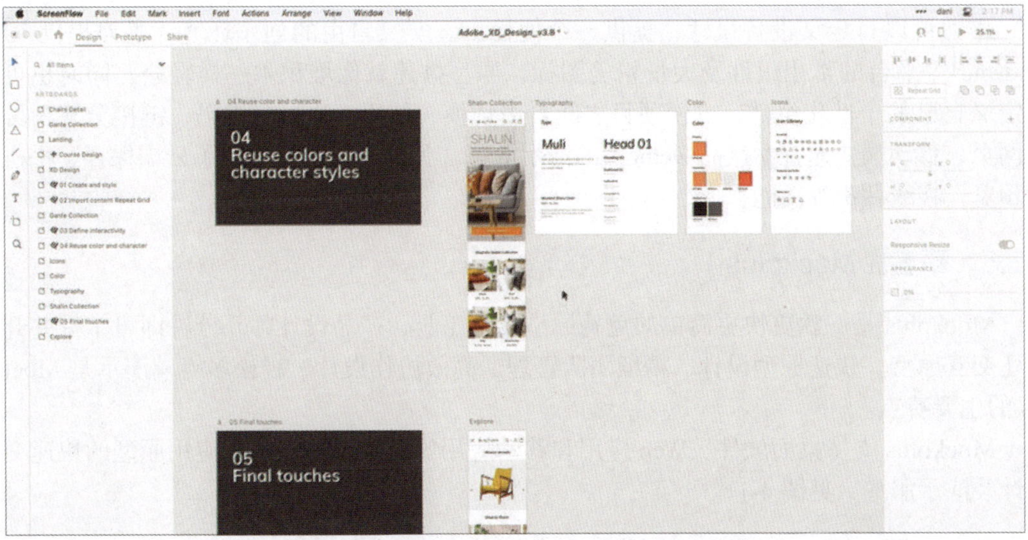

图 4-9　Adobe XD 原型工具

4.3.5　墨刀（MockingBot）

墨刀是一款在线原型设计工具，见图 4-10。借助于墨刀，创业者、产品经理及 UI/UX 设计师能够快速构建移动应用产品原型，并向他人演示。墨刀主要专注于移动应用的原型设计，它把全部功能都进行了模块化，用户也能选择页面切换特效及主题，操作方式也相对简便，大部分操作都可通过拖拽来完成。

图 4-10　墨刀开发界面（软件官网：https：//modao.cc）

墨刀可以自定义设备尺寸，提供一个便捷、真实又自由的创作环境。墨刀提供 iOS、Android 等平台的常用组件及大量精美图标，原型搭建就像堆积木一样轻松，同时也可以自定义自己的个性化组件，方便项目之间自由切换、使用。通过二维码、链接分享，可以在网页、移动端快速查看产品 Demo[㊀] 的演示效果。另外，墨刀还实现了云端保存、手机实时预览、在线评论等功能。

4.3.6　摹客（Mockplus）

Mockplus 是一款更快更简单的免费原型设计工具，产品设计师几分钟即可掌握并开始创建交互原型。快速原型设计、精细团队管理、高效协作设计、轻松多终端演示是 Mockplus 的主要特点。

Mockplus 支持桌面软件、Web 应用和移动应用等原型设计，实现应用原型的快速交互设计及演示服务，见图 4-11。

㊀ 在设计和开发过程中，Demo 指一个初步的、不完整的版本，用于展示某个概念或设计的基本思想。

图 4-11　Mockplus（软件官网：https：//www.mockplus.cn）

4.3.7　GUI Design Studio

GUI Design Studio 是一款用户界面及软件原型设计工具，见图 4-12。它适用于 Web、桌面、移动和嵌入式软件应用程序设计，擅长设计基于 Microsoft Windows 平台的软件原型。其快速、易于使用以及不需要任何编码的优点，使其成为软件设计师、用户体验专家、业务分析师、开发人员、项目经理和咨询专家的首选原型设计工具。

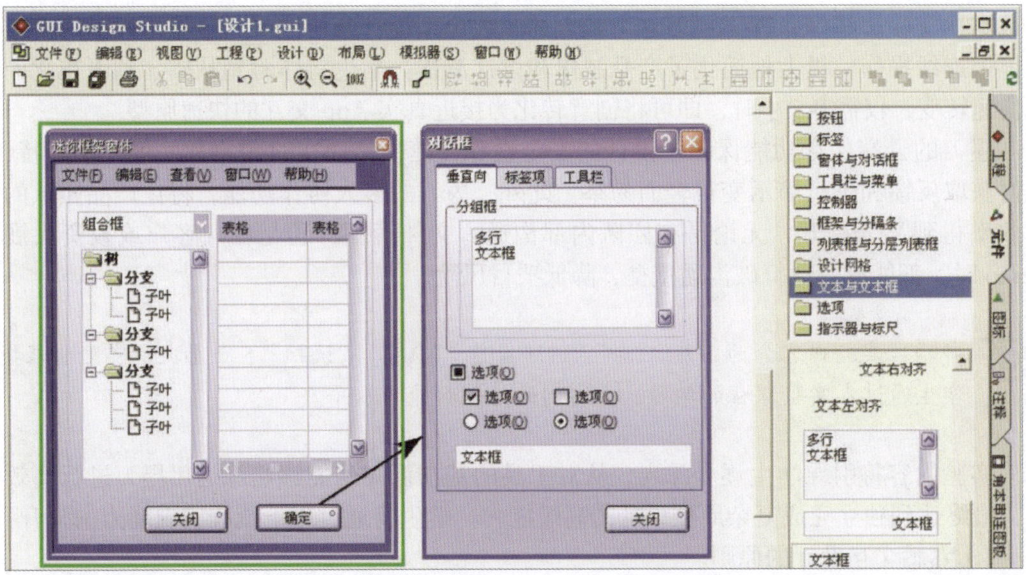

图 4-12　GUI Design Studio（软件官网：https：//www.carettasoftware.com）

4.4 实验 3：手机 App 原型开发设计

随着在交互设计的学习旅程中不断前行，我们的步履变得更加稳健。现在，即将开启一段新的探索——手机 App 原型开发设计实验。这将是一个将理论知识应用于实践，展现我们设计能力的舞台。

即将着手的项目是“天方单车”App。通过这个虚拟项目，读者将有机会将抽象的设计原则和理论转化为具体的、可视化的原型，学习如何将设计概念具体化，并探索如何将用户需求和体验融入设计中。

4.4.1 实验目的和类型

1. 实验目的

本实验旨在使学生通过设计一个虚拟的“天方单车”App，深入理解并实践交互设计的关键原则和流程。学生将掌握使用墨刀这个在线原型设计工具，来创建快速原型，学习如何在设计中考虑用户需求和体验。

1）理解并应用基本的交互设计原则。

2）熟练使用墨刀进行手机 App 原型设计。

3）学习如何通过原型来呈现和测试设计概念。

2. 实验类型

设计性实验。

4.4.2 实验内容

本次实验，将深入探索墨刀这个强大的在线原型设计与协同工具。墨刀以其用户友好的拖拽连线操作，极大地简化了产品制作和设计流程。学生将体验到从概念到可视化原型的快速转变，仅需 0.5 小时，即可将创意转化为接近真实 App 交互的快速原型。

墨刀的云端保存功能保证了设计的安全性和便捷性，而实时预览和一键分享的特性，使得获取反馈和进行演示变得轻而易举。此外，墨刀的多人协作功能，将让产品团队的工作效率得到显著提升，无论是在团队内部沟通、文件管理，还是在向客户或投资人展示 Demo 时，都能有效地打破沟通壁垒，降低项目风险。

说明：实验内容分为“能”“会”“熟练操作”“熟悉”“认知” 5 个层次。实验要求指学生通过本实验课程的学习，要达到的知识和能力水平。

实验内容将引导学生逐步深入，从对工具的基本认知到能够熟练运用墨刀进行高效设计，最终达到独立完成复杂原型设计的高级能力。学生将通过以下流程实现能力的提升：

1）熟悉交互设计的原则。

2）探索墨刀的基本操作和界面布局，建立起对工具的基本认知。

3）熟悉墨刀的组件库和图标库，掌握如何选择合适的 UI 元素构建界面。

4）学会配置组件的状态和交互链接，为原型添加必要的动态效果。

5）能够独立进行实时预览和一键分享，收集反馈并进行迭代优化。

6）综合运用所学技能，完成“天方单车”App 的快速原型设计。

通过本实验，学生不仅将掌握墨刀这个工具的使用，更将深入理解原型设计的重要性，以及在真实产品设计中所需考虑的用户体验和需求，为未来的设计工作和职业发展奠定坚实的基础。同时，学生将被鼓励在未来的设计实践中，继续探索墨刀的高级功能，如特效和手势操作，以进一步提升设计能力。

4.4.3　实验环境

1）墨刀（https：//modao.cc）。

2）Microsoft Edge 浏览器。

4.4.4　实验步骤

1. 创建 App 原型项目

1）登录墨刀官网后自动切换至“个人空间”，见图4-13，里面会列出所有自己的项目。

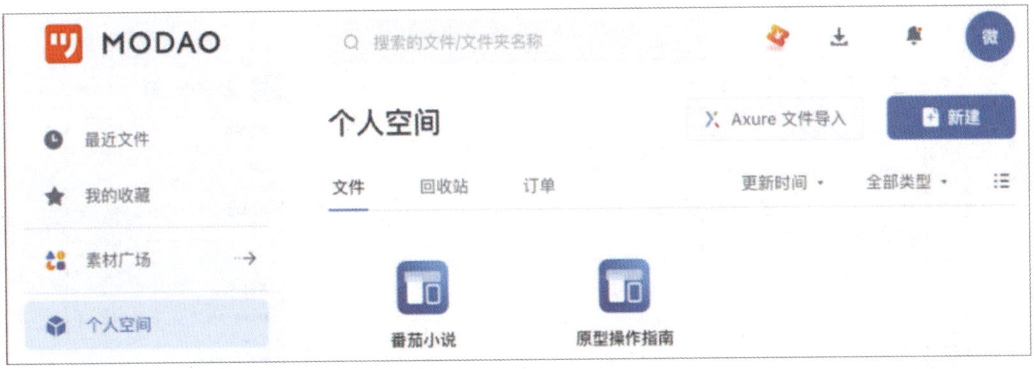

图 4-13　墨刀的个人空间

2）单击右上角的“新建”按钮，见图 4-14，在“App”类别下创建一个空白原型，手机模板选择一款主流设备，比如 iPhone 15，以确保设计的适配性。

注：也可以在下方选择现成的模板来创建项目。

3）项目创建完成后，自动进入项目的默认工作界面，见图 4-15。

墨刀的工作区主要由 5 部分组成，分别是：

① 快捷工具栏：这里列出了最常用的组件和一些工具。

② 工具栏：用于切换“控件区”显示的内容，例如在组件库、图标库、图片库之间进行切换，以便用户能够快速找到并使用所需的设计元素。

③ 控件区：包含丰富的组件库、图标库、图片库等资源。用户可以从这里选择各种预设的 UI 组件、图标和图片，拖拽到页面设计器中使用，以构建界面。

④ 属性面板区：属性面板区包含三个面板，状态设置面板、控件属性设置面板、交互链接设置面板。

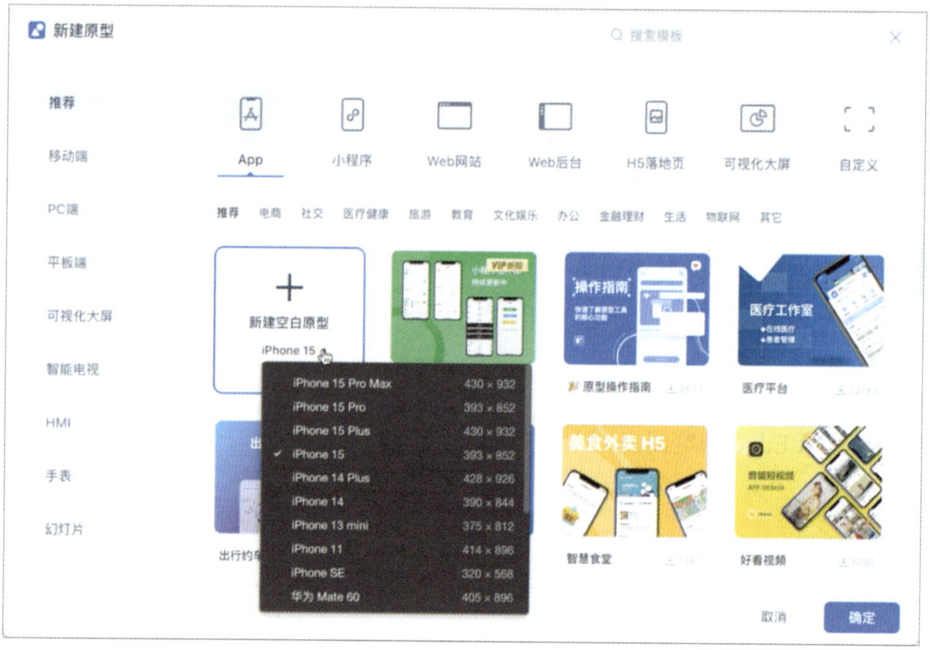

图 4-14　创建项目并选择设备

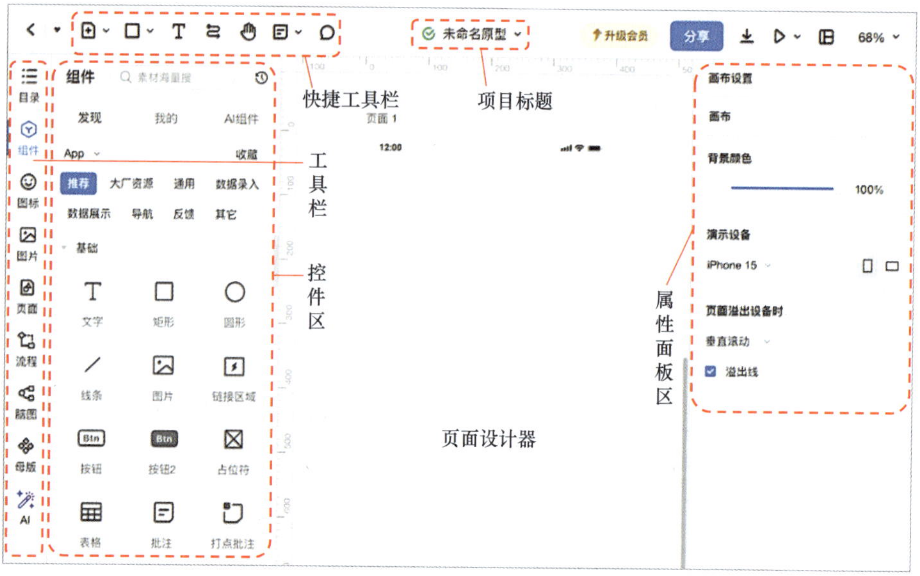

图 4-15　默认工作界面

⑤ 页面设计器：这是用户进行主要设计工作的地方，用户可以在这里自由地拖拽、调整组件的位置和大小，构建页面布局。

4）双击顶部的项目标题，更改为“天方单车”。

2. 制作“未登录”页

1）在界面的左侧“组件”选项卡中找到并拖拽“头部导航栏 1”组件到页面顶部。

导航栏中默认带有返回按钮和标题，可以双击标题进行编辑，将其改为“天方单车”。若需要调整字体大小或颜色，可以在右侧的属性面板中进行调整，见图 4-16。

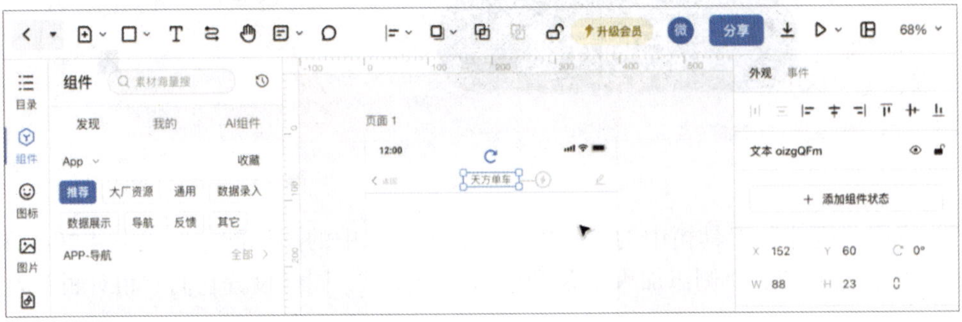

图 4-16　修改页面名称

2）左上角的返回按钮和右上角的编辑按钮在此页面不适用，双击选中后删除。

3）在左侧工具栏选择“图标”选项卡，找到图标和图标并分别拖放到导航栏的左右两端；再从“组件”选项卡中找到“地图”控件，拖放到“手机屏幕”中间，使其布满“手机屏幕”，见图 4-17。

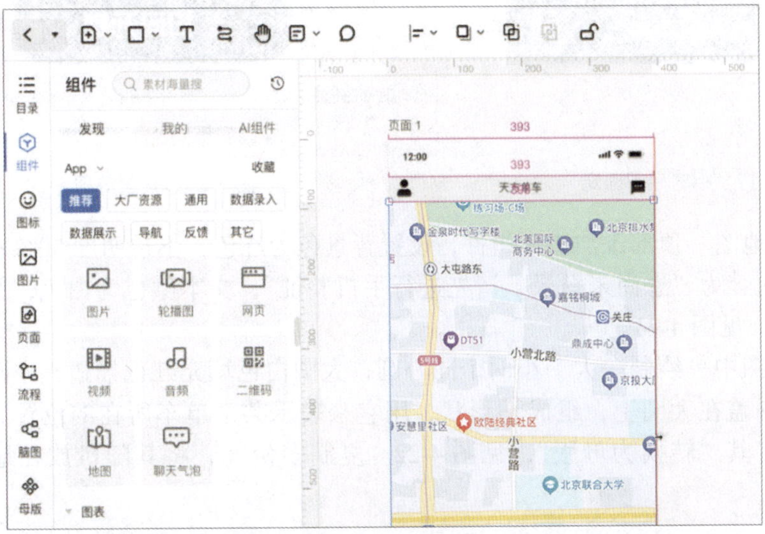

图 4-17　添加地图控件

4）在“组件”选项卡中找到“矩形”控件拖放到“手机屏幕”底部中央，并设置背景为黑色；增加其“圆角”属性，见图 4-18，使得按钮呈圆角矩形模样；在矩形中添加“文字”组件，将内容改为“扫码开锁”，并将字号放大，设置为白色。在按钮中添加一个图标并设置图标色为红色。将此圆角矩形、文字和图标选中，按 <Ctr+G> 键组合为一个整体。

5）不同品牌型号的手机屏幕的高度可能会不相同，底部的“扫码开锁”可能在有些手机上因超出屏幕尺寸而不能显示。为解决此问题，可设置其“滚动时”属性为“相对底部固定”，见图 4-19，从而适配不同分辨率的移动设备。

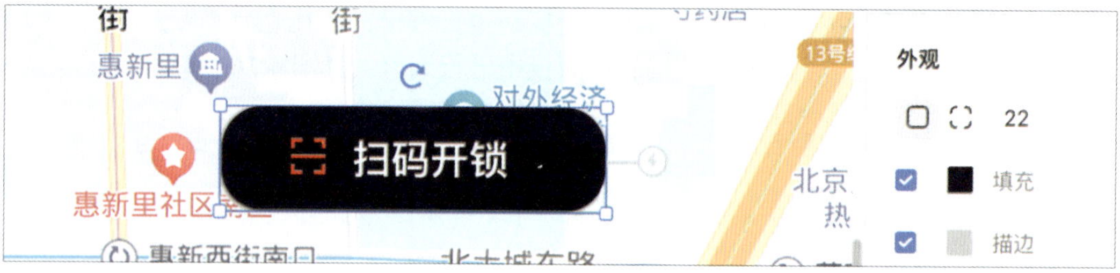

图 4-18　设置圆角

6）使用“组件”工具箱中的圆形组件，和图标库中的图标配合，见图 4-20，在“扫码开锁”按钮右侧和右上侧添加、和这三个图形，同样设置它们“相对底部固定”。

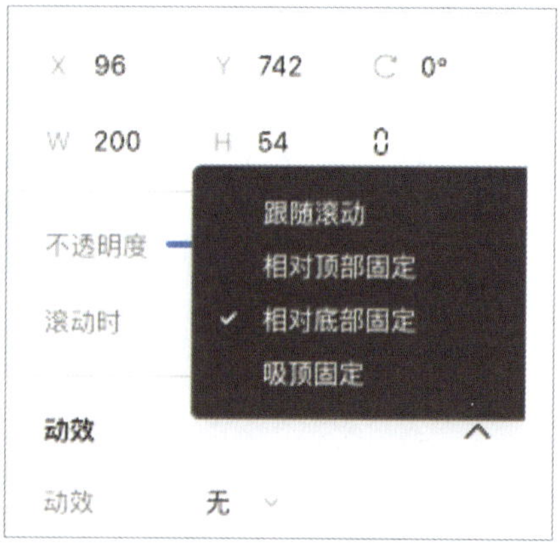

图 4-19　相对底部固定

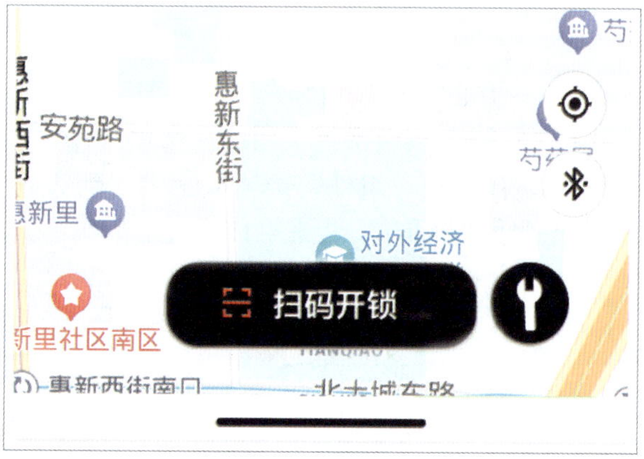

图 4-20　定位等图标

7）在“地图”顶部添加矩形组件，设置背景色为红色，不透明度 50%；在其中添加多行文本，内容为“您尚未登录，请先进行手机验证”，文本颜色为白色，并在右端添加“登录”按钮，见图 4-21。

8）在地图中央绘制一大一小两个同心圆，大圆白色填充红色描边，小圆红色填充没有描边，小圆盖在大圆上，组成形状，用它来表示共享单车所在的位置。选中这两个圆，右击，将其“转换为母版”，见图 4-22。复制多份，将其随机放在地图上的不同位置。

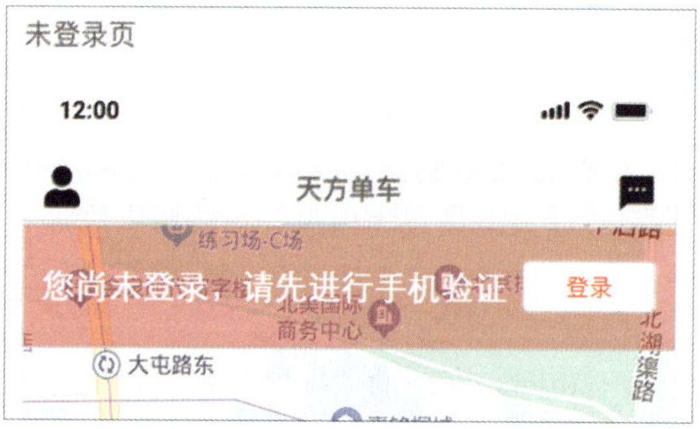

图 4-21　添加未登录提示

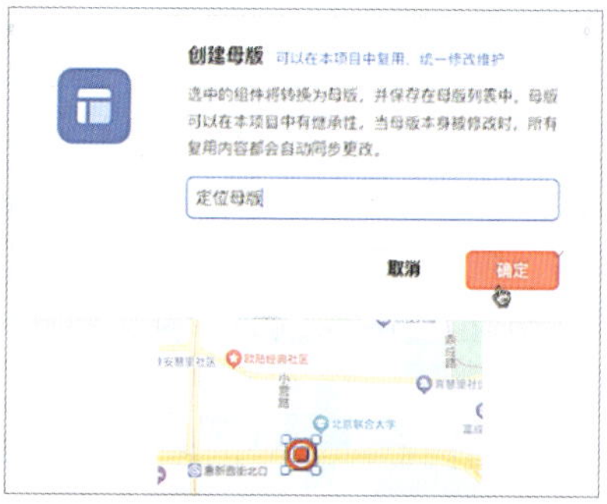

图 4-22　创建母版

9）如果此时觉得形状或颜色并不能让自己满意，则可右击它，选择“编辑母版”菜单进行调整。例如，可以更改图标的颜色以更好地适应 App 的整体视觉风格，见图 4-23。完成调整后，单击界面左上角的按钮退出母版编辑状态，此时，就会发现所有使用该母版的实例全都随之改变了，见图 4-24。这就是使用“母版”的好处，可以统一修改所有被复用的内容。

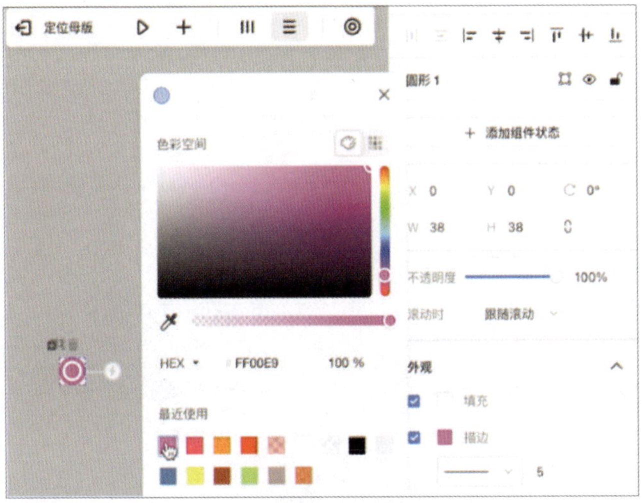

图 4-23　改变母版颜色

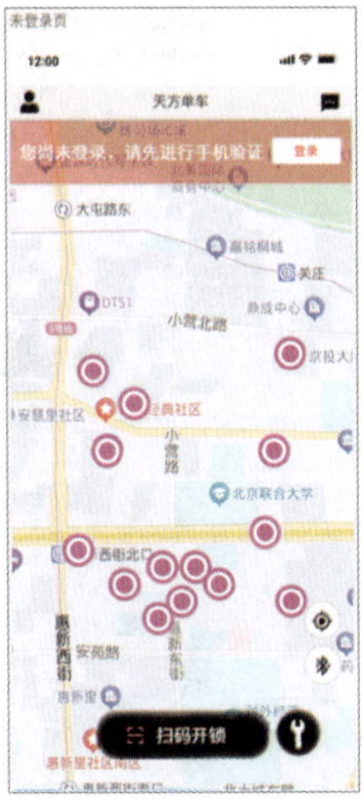

图 4-24　全体变色

上述变化体现了使用“母版”的显著好处：

一致性：确保 App 中所有相关元素在视觉上保持统一，便于塑造品牌形象。

效率：对母版进行一次修改，所有引用该母版的元素都会自动更新，避免了逐一修改的烦琐工作。

可维护性：集中管理设计元素，当需要迭代设计或进行较大规模的更新时，只需调整母版即可。

通过使用母版，设计师可以更加专注于创意和用户体验的优化，而不是重复性的工作，从而大幅提升设计流程的效率和质量。

10）再添加一个图标至地图的中心位置，设置合适的大小和位置。至此，“未登录页”就已经初步完成了。

3. 制作“手机验证”页

1）在左侧工具栏顶部单击“目录”按钮，在控件区的“页面”面板右上角单击“新建页面”按钮，添加新页面。将原本的“页面 1”重命名为“未登录页”，并将新页面重命名为“手机验证”。使用图标、文字组件、按钮组件、线条组件和图片组件，完成“手机验证”页的 UI 设计，见图 4-25。

2）为使“手机验证”页更加逼真，希望在填写了手机号码之后，让“获取验证码”按钮变得“可用”。选中页面中部的矩形框（及其内的文字）和按钮，见图 4-26，在右侧“外观”属性面板中单击“添加组件状态”按钮，则进入“动态组件设置”界面，见图 4-27。

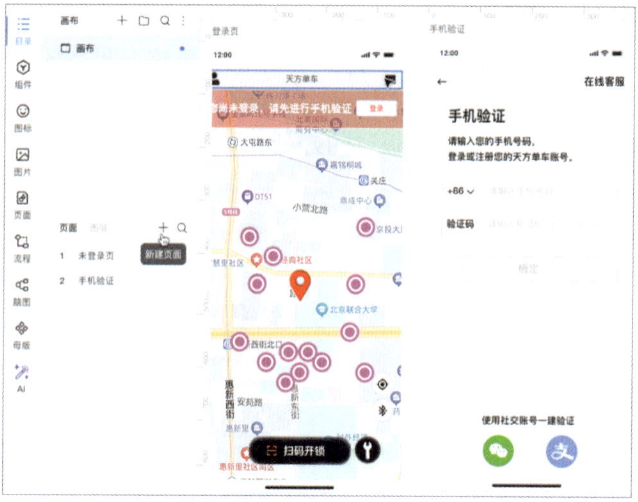

图 4-25　手机验证页

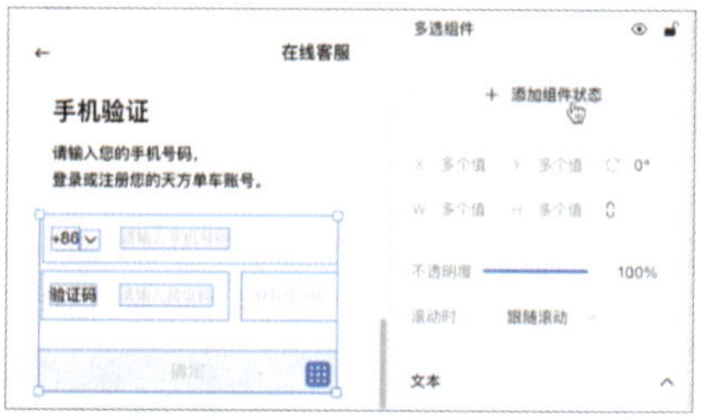

图 4-26　添加组件状态

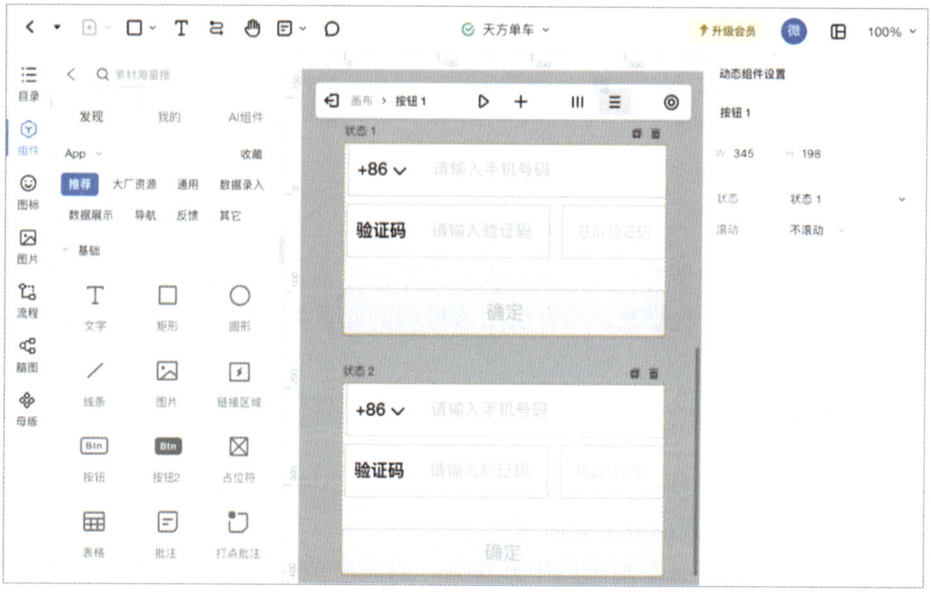

图 4-27　动态组件设置

3）默认情况下，“状态 2”与“状态 1”中的组件无论是位置还是外观，都是完全相同的，但它们的状态又是彼此独立的。在“状态 2”中，随便填写一个黑色的手机号码，见图 4-28，并设置“获取验证码”的文字为白色，背景色为红色。

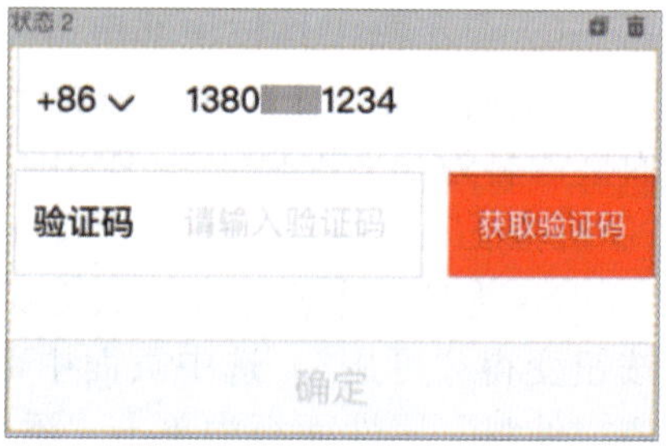

图 4-28　手机号码与状态 2

4）在“状态 2”面板右上角单击“复制”按钮，则生成与状态 2 完全相同的“状态 3”，见图 4-29。将“请输入验证码”随便改为一串黑色的验证码，将“确定”按钮文字改为白色，背景改为红色。

5）在“状态 1”面板中，选中“请输入手机号码”，将其右端的半透明⊙按钮向下拖至“状态 2”面板，见图 4-30，为其添加链接。如此，在项目的运行状态，单击“请输入手机号码”，则界面将自动由“状态 1”切换至“状态 2”。

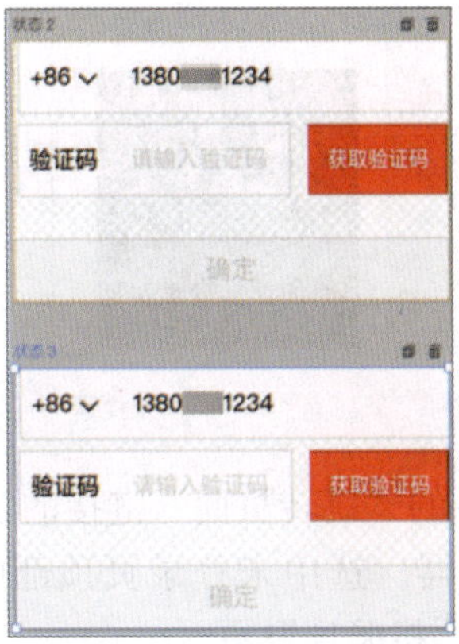

图 4-29　复制状态

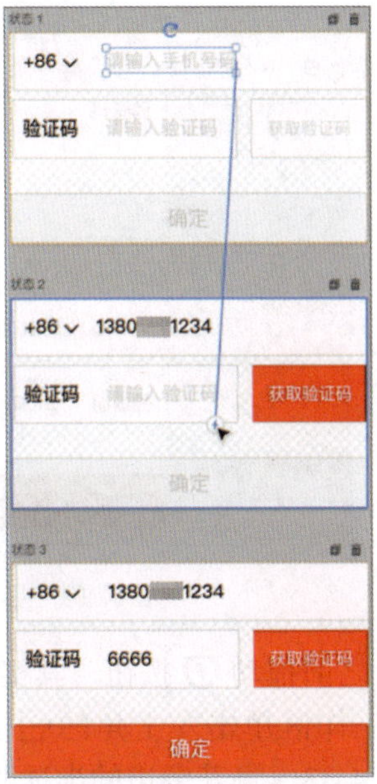

图 4-30　切换组件状态

6）在“状态 2”面板中，使用相同的方法，为“获取验证码”按钮添加链接至“状态 3”。

4. 制作“已登录”页

1）在左侧工具栏顶部单击“目录”按钮☰，在控件区的“页面”面板中选中“未登录页”，按 <Ctrl+C> 复制，再按 <Ctrl+V> 粘贴出一份内容相同的页面，并为新页面重命名为“已登录页”。由于在“天方单车”中登录后与登录前的页面非常相近，只需要删除“屏幕”顶部的未登录提示信息即可，见图 4-31。

图 4-31　首页设计

2）在“手机验证”页，双击前面创建的那个动态组件，在其“状态 3”中选中“确定”按钮，在右侧的“事件”面板中单击“添加事件”，为其“单击”事件设置“行为”为“跳转页面”，“页面”为“已登录页”，见图 4-32。

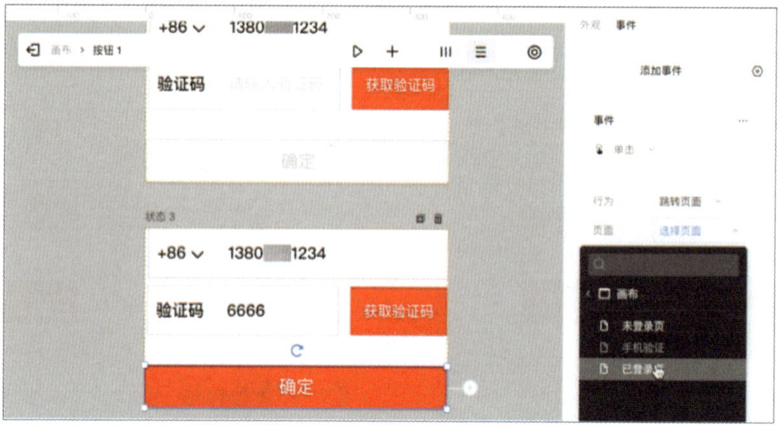

图 4-32　单击事件跳转页面

说明：之前拖动 按钮，其实是添加“单击”事件的“跳转页面”链接的快捷方法。

3）在工作区单击左上角的 按钮，返回页面设计器。选中未登录页顶部的“登录”按钮，见图 4-33，将其旁边的半透明 按钮向右拖至“手机验证”页。

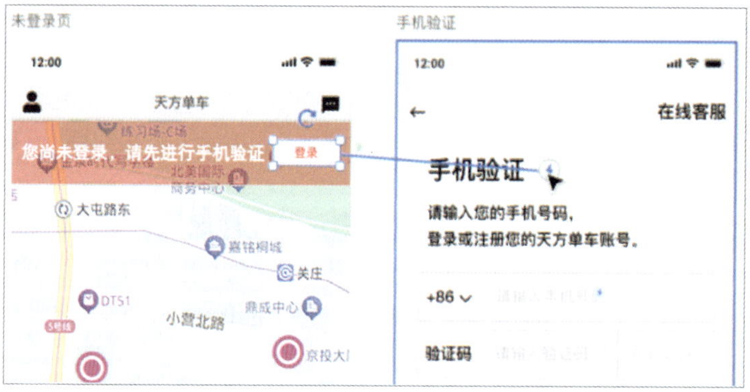

图 4-33　添加页面跳转链接

4）使用同样的办法，为“未登录页”左右端的 、 图标和底部的“扫码开锁”按钮添加页面跳转链接，让其皆跳转至“手机验证”页。

5）选中“手机验证”页左端的返回按钮←，在右侧的“事件”属性面板中为其添加“单击”事件，并设置“行为”为“返回来源页面”，见图 4-34。这样，在原型项目的演示模式中，无论是从哪个页面跳转至“手机验证”页的，单击该返回按钮，都将返回到之前的页面。

6）单击顶部工具栏右端的“演示”按钮 ▷，观察该原型在手机模拟器中的运行效果，见图 4-35。请测试各页面之间的交互效果是否符合自己的预期，如果存在问题，则返回之前的页面进一步修改。

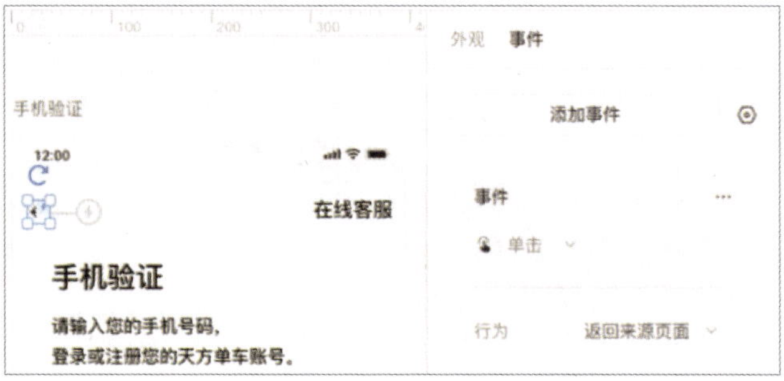

图 4-34　返回来源页面

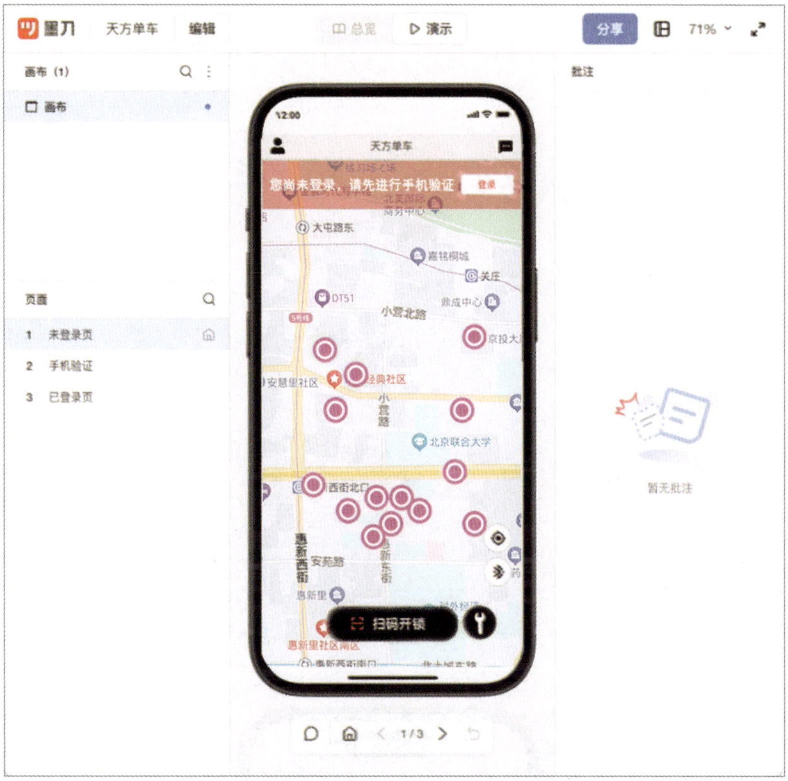

图 4-35　项目演示

5. 制作“个人中心”页

1）在右侧页面列表中单击“新页面”按钮，添加新页面并命名为“个人中心”，使用图标、文字组件、矩形组件和图片组件等完成 UI 制作，见图 4-36。

2）选中“已登录页”左上角的图标，为其添加链接到“个人中心”页面，见图 4-37，设置其动效为“左菜单”或“左抽屉”。

3）单击右上角的“演示”按钮▷，观看原型运行效果。当单击图标后，发现“个人中心”里的内容只展示出一部分，见图 4-38。退出演示模式，将“个人中心”页中的内容全选，向右移动一段距离，直至在演示模式中观看正常为止。

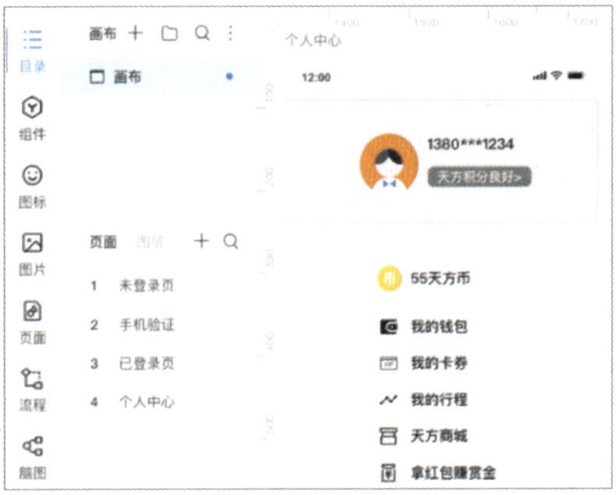

图 4-36　“个人中心”页界面设计

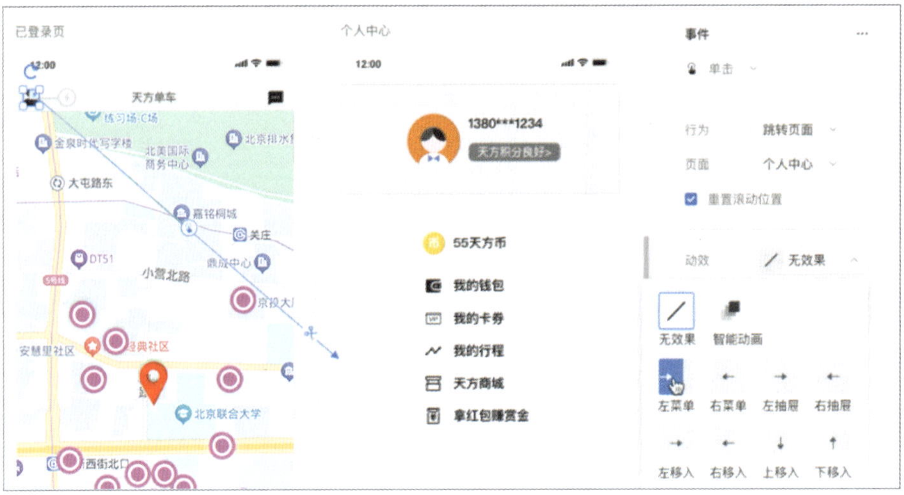

图 4-37　首页链接个人中心页

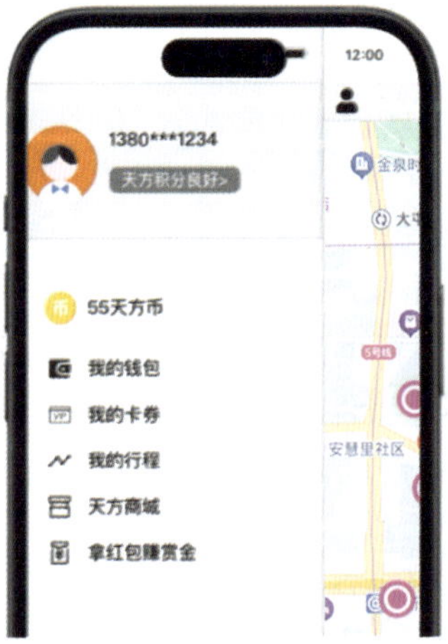

图 4-38　“左菜单”效果

6. 制作“我的消息”页

1）添加新页面，重命名为“我的消息”。在顶部添加导航栏，修改标题文字为“我的消息”，并删除其右端的按钮。由于本页的内容将会超长，向下拖动“屏幕”左上方的顶栏固定滑块至顶栏的底边处，见图 4-39。

注：设计器左侧有两个滑块，分别掌管顶栏及底栏的固定高度。将上滑块拖至顶栏底边处，即可实现内容区随意上下滚动而顶栏固定不动的效果。

2）将“我的消息 .png”图片素材拖入“我的消息”页，等比例缩放至与手机屏幕同宽。这是一张超长的图片，远远超出了屏幕的高度，可拖动页面底部调整页高，使之与图片素材匹配，见图 4-40。在页面下方的虚线，标示了原始屏幕底端的位置。

图 4-39　调整顶栏固定滑块

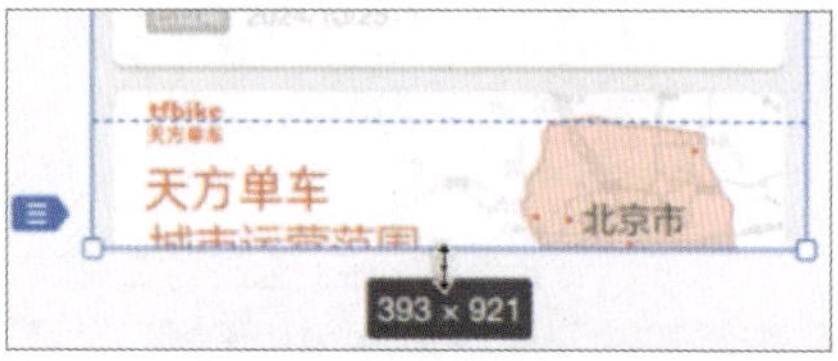

图 4-40　调整页面高度

说明： 如果页面内容超过了当前屏幕的默认高度，只需要像本例这样对屏幕高度进行扩展，就可以在演示模式下通过上下滚屏来查看超出屏幕部分的内容了。

3）在“已登录”页右上角选中图标，添加页面跳转链接到“我的消息”页面。

4）在“我的消息”页左上角选中“返回”按钮，在右侧的“事件”属性面板中为其添加“单击”事件，并设置“行为”为“返回来源页面”。

7. 制作“扫码开锁”页

1）添加新页面，重命名为“扫码开锁”。在页面中添加图片素材“扫码 .jpg”，这是街拍的天方单车二维码的照片，再在其上添加一张透明且中心镂空的图片“半透明 .png”，见图 4-41。

2）镂空区域的上下方各绘制一条水平的红线，见图 4-42。选中这两条红线，在右侧“外观”属性面板中单击“添加组件状态”按钮，将其转换为动态组件。在编辑状态中，删除“状态 1”和“状态 2”中底端的线条，再将“状态 2”中顶部的线条移至底端。

3）选中“状态 1”，在“全局事件”属性面板中添加“全局事件”为“定时器”，并设置“行为”为“切换组件状态”，见图 4-43，切换为“状态 2”，“动效时长”为 500ms，“定时器”为 100ms。

4）再选中“状态 2”，在“全局事件”属性面板中添加“全局事件”为“定时器”，并设置“行为”为“切换组件状态”，切换为“状态 1”，“动效时长”为 0，“定时器”为 100ms。如此，在演示模式时，红色线条将会不断地由上至下移动，模拟二维码扫描时的动画效果。

5）在“扫码开锁”页面底部添加矩形组件、圆形组件和图标，制作 UI，见图 4-44，并设置它们“相对底部固定”。

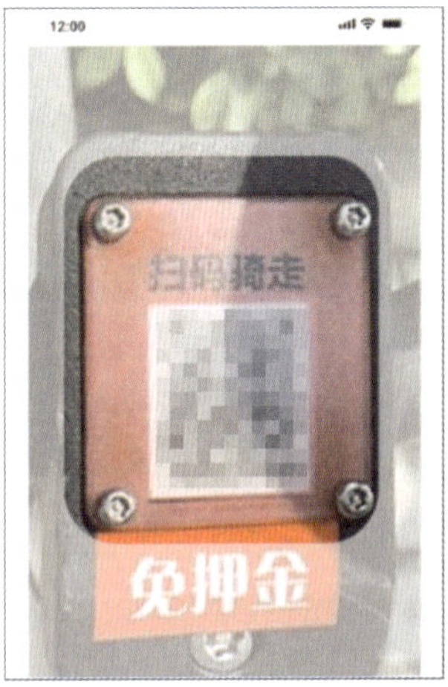

图 4-41　扫码图片

图 4-42　添加两根红线

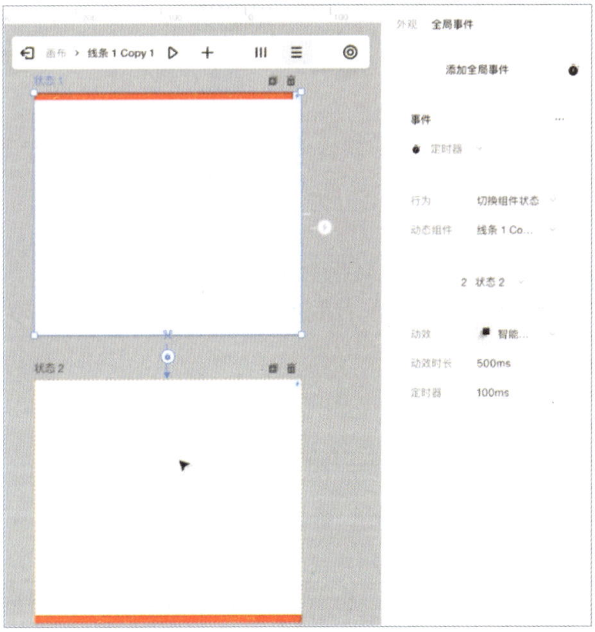

图 4-43　定时器事件

图 4-44　“扫码开锁”页底部

6）在页面左上角添加✕图标作为返回按钮，为其添加链接到“链接上一页”，并设置为“下弹出”效果；再返回“已登录页”，将底部的“扫码开锁”按钮链接改为到“扫码开锁”页，并设置“下弹入”效果。

8. AI 生成原型页面

1）在左侧工具栏单击“AI”按钮，在“AI 生成”选项卡中单击“生成移动端原型页面”菜单，弹出“AI 生成原型页面”对话框，见图 4-45。

2）AI 功能目前限时免费，在文本框中输入“设计一个共享单车故障报修页面”，稍候片刻，自动生成页面，见图 4-46。将该页面重命名为“故障报修”。

图 4-45　人工智能生成原型页面

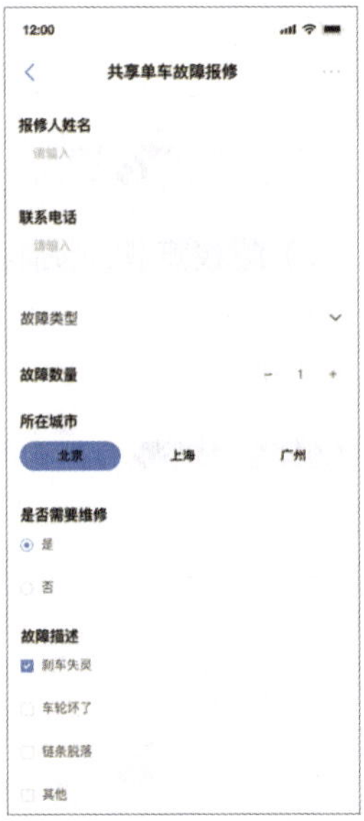

图 4-46　自动生成的页面

3）在“已登录页”单击右下角的按钮，设置其跳转页面链接至“故障报修”页面。

4）单击“故障报修”页左上角返回按钮，在右侧的“事件”属性面板中，为其添加“单击”事件，并设置“行为”为“返回来源页面”。

到此，整个原型制作就算完成了。单击右上角“演示”按钮，预览一下效果，如果发现不足则及时修改。尽管“天方单车”是一个虚构的产品，但所采用的设计流程和原则与现实世界中的产品设计相同。

4.4.5　实验报告要求

实验报告应全面反映学生在实验过程中的学习成果和创新能力。报告应包括但不限于以下内容：

1）产品概述：简要介绍设计的 App 原型，包括其目的、目标用户和核心功能。

2）使用者需求分析：详细阐述用户调研过程和用户需求的具体内容。将需求分类并汇总，以清晰展示需求的优先级和关联性。

3）产品说明：列出 App 的主要功能和特色。提供 App 的信息架构图或流程图，展示各功能模块之间的关系。

4）产品原型：展示设计的原型界面。

5）特色和难点分析：分析设计中的创新点和在实现过程中遇到的技术难题及其解决方案。

6）参考文献：列出实验报告中引用的所有文献和资料。

4.4.6　实验注意事项

在进行实验的过程中，请注意以下事项以确保实验的顺利进行和高质量成果的产出：

1）遵循设计原则：确保在设计过程中遵循用户中心设计原则，考虑用户体验和界面的易用性。

2）合理分工：小组成员应根据各自的专长和兴趣进行合理分工，确保每个成员都能充分发挥自己的能力。

3）技术规范：遵守墨刀等设计工具的使用规范，确保设计的专业性和一致性。

4）版权意识：确保使用的素材和引用的内容符合版权法规，避免侵权。

请注意，尽管“天方单车”是一个虚拟品牌，在设计过程中仍需严格遵循用户体验和交互设计的最佳实践，以确保原型的专业性和实用性。

为方便读者实验，相关资源下载请扫描本书前言中的“本书配套程序和组件下载”二维码。

4.4.7　考核办法和成绩评定

1. 考核办法

2 ~ 3 人学生小团队完成实验，提交实验报告和原型浏览二维码。

2. 成绩评定

成绩评定见表 4-2。

表 4-2　成绩评定

项目	成绩比例	备注
实验报告的完整性和质量	50%	报告内容的全面性、逻辑性、创新性和专业性
原型设计的创新性和实用性	25%	设计的创意、用户友好度和解决实际问题的能力
团队合作和分工	10%	小组成员之间的协作效率和分工合理性
实验过程记录	10%	实验过程中的记录、反思和问题解决能力的展示
演示和答辩	5%	在最终演示和答辩中的表现，包括对设计的理解和对问题的回答

4.5　习题

1. 画出从淘宝买东西的一个流程图，描述从将货物添加到购物车到确认订单中间的尽可能多的流程和反馈。

2. 画邮件发送流程图。在发送邮件过程中，若邮件小于 20MB，从正常邮件界面发送；若大于 20MB，进入超大附件界面，此时进行判断，条件一为开通手机邮件功能，条件二为安装手机邮件插件，只有在这两个条件都满足的情况下，才可以成功发送，否则不成功。

3. 某公司为合作客户建立信息列表，大约有 1000 名客户，近五年的记录都在其中。现请设计一个列表页面，用于显示客户信息。请画出原型并写出设计说明。

4. 设计一个用户研究计划，以收集目标用户对你设计原型的反馈，包括你将如何招募参与者、你将使用哪些方法来收集数据，以及你将如何利用这些数据来改进设计。

5. 比较 Axure RP、Sketch、墨刀和摹客这四种原型设计工具的优缺点。基于不同的项目需求，讨论你会选择哪种工具，并解释你的选择。

6. 选择一个你经常使用的移动应用程序，并分析其用户界面。基于你的分析，提出你认为可以改进的三个交互设计方面，并使用墨刀设计一个改进后的原型界面。

7. 描述一个你最近遇到的用户体验不佳的场景，并解释为什么它影响了你的体验。提出一个使用原型工具改善该体验的方案。

8. 选择一个当前的热门技术趋势（如增强现实、语音交互等），并设计一个交互原型，展示如何将上述技术融入一个新应用中。

9. 假设你是一个团队的交互设计师，团队成员分布在不同的地理位置。讨论如何使用墨刀或其他原型工具来促进团队协作和沟通，并确保设计一致性。

第 5 章　移动终端的交互设计实战

5.1　Android 操作系统

Android 是由 Google 公司和开放手机联盟共同开发的一款基于 Linux 的开放源代码操作系统，主要应用于移动设备，如智能手机和平板计算机等。Android 英文意为“机器人”，因此 Android 系统的代表形象也是一个小机器人，在国内一般把 Android 译为“安卓”。

Android 系统最初由 Andy Rubin 等人所创立的 Android 团队开发，2005 年 8 月被 Google 收购。2007 年 11 月，Google 与 84 家硬件制造商、软件开发商及电信营运商组建开放手机联盟，共同研发改良 Android 系统。之后 Google 以 Apache 开源许可证的授权方式，发布了 Android 的源代码。随后，第一部内置了 Android 系统的智能手机于 2008 年 10 月推出，该系统迅速被世人所熟知。随着 Android 系统不断发展和完善，越来越多的设备（诸如手机、平板计算机、机顶盒、电视机、车载设备、智能手表等）使用 Android 作为用户操作系统。

小趣闻：Apple 公司表示，Android 系统创始人 Andy Rubin 的有关 Android 系统的理念之一诞生于他供职 Apple 公司期间。

5.1.1　Android 系统特点与架构

自 2008 年以来，Android 系统得到了飞速的发展。在大量的智能硬件设备使用该系统的同时，硬件系统的不断升级换代也促使 Android 系统不断更新换代，其系统版本目前以每年至少推出一代的速度在更新，目前最新的版本为 Android 15。

1. Android 系统特点

Android 系统的快速发展与它自身特点和优势是分不开的。其主要特点和优势如下：

（1）开放性

Android 平台允许任何移动终端厂商加入到 Android 联盟中来，非常有利于用户、开发者、平台提供商和硬件厂商的参与，显著地推动 Android 产业链的完善和发展，同时对于软件开发者而言也有了更多的选择，采用众多的第三方支持技术，可以快速实现及部署应用程序。

（2）丰富的硬件选择

由于 Android 的开放性，众多的厂商已经推出种类繁多、各具功能特色的产品。Google IO 2011 上推出了 ADK（Accessory Development Kit）配件开发工具包，为扩展 Android 外设又前进了一大步，通过 ADK 可以控制所有能通过 USB、蓝牙等接入的设备（想象一下，用户用 Android 程序可以控制遥控机器人，可以控制摇摇椅），为开发者提供了足够的想象空间和可能性。

（3）开发者不受任何限制

Android 平台提供给第三方开发者一个十分宽泛、自由的环境，不受各种条条框框的限制，所以才会诞生众多新颖别致的软件。市集式的应用程序发布模式使单个的开发团队和大型开发公司有了相同的机会获得消费者。

（4）无缝集成互联网服务

如今叱咤互联网的 Google 已经走过了 20 多年，从搜索巨人到全面的互联网渗透，Google 服务（如联系人、地图、邮件、搜索等）已经成为连接用户和互联网的重要纽带。Android 平台手机可以无缝集成 Google 等服务。并且，由于其开放性和快速提升的市场占有率，几乎所有主流的互联网服务商都尝试将主流服务集成到 Android 平台上，更多的互联网提供商甚至通过深度定制 Android 平台推出自己的云服务终端。

（5）不断进行的交互体验创新

Android 从系统版本的更新换代过程中，不断尝试新功能的推进，如全景相机、指纹解锁、传感器支持、新颖的界面交互方式等，系统功能的推陈出新使用户对系统总保持着新鲜感，感觉不会过时。

2. Android 系统架构

Android 是一种基于 Linux 的开放源代码软件栈，可用于多种设备和机型。Android 系统的架构（又称体系结构）与其他操作系统类似，采用了分层的体系结构进行定义并划分功能，整个层次结构分为四层：Linux 内核层、系统运行层、应用框架层以及应用层，见图 5-1。

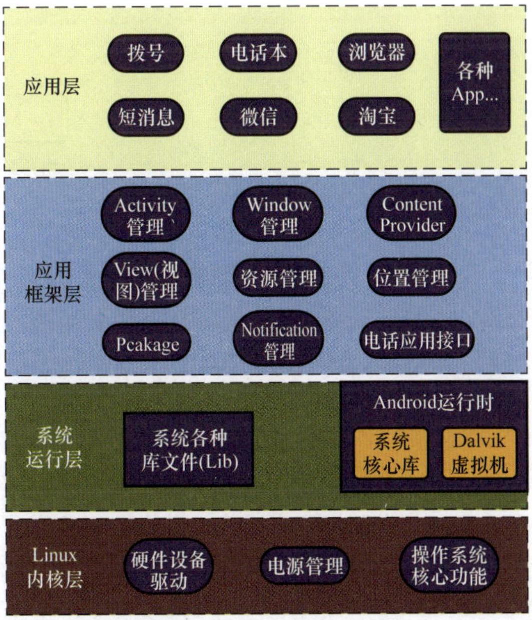

图 5-1　Android 系统架构图

Linux 内核层：Android 作为一个操作系统，其底层是基于 Linux 内核的。这一层主要完成操作系统所具有的功能，比如硬件设备的驱动程序。

系统运行层：该层提供了 Android 的运行环境。学过 Java 的读者都知道，Java 程序的运行需要 Java 核心包的支持，然后通过 JVM 虚拟机来运行应用程序。Android 运行中的系统核心库就相当于 Java 的 JDK

（Java Development Kit），是运行 Android 应用程序所需要的核心库。Dalvik 虚拟机就相当于 JVM，这是 Google 专为 Android 开发的运行 Android 应用程序所需的虚拟机。另外，该层还包含了各种库文件，例如我们访问 SQLite 数据库的库文件等。

应用框架层：该层提供了应用程序运行所需的框架支持。对该层的理解能够很好地帮助我们开发应用程序，对该层运行机制的学习也是掌握 Android 开发理念的基础，应用程序就是通过这些框架来实现其功能逻辑。

应用层：该层是应用程序（Application）所在的层级，Android 系统包括自带的系统应用（诸如电话本、浏览器等）以及开发者所开发的应用（App），这些应用均运行于此。

3. Android 的四种常用组件

目前推崇的主流软件开发一般基于组件开发。组件就类似于计算机的硬件一样，比如要组装一台计算机，可以直接通过购买各个硬件然后将其组装在一起。对于软件来说，组件就类似于各种现成的硬件，开发一个软件时，可以直接将这些组件组合。这种软件开发方式既统一了软件风格，又加快了开发进度。

Android 有四种常用的基本组件：Activity、Service、Content Provider、Broadcast Receiver。它们之间通过一个叫作 intent 的媒介进行通信及消息传输，见图 5-2。

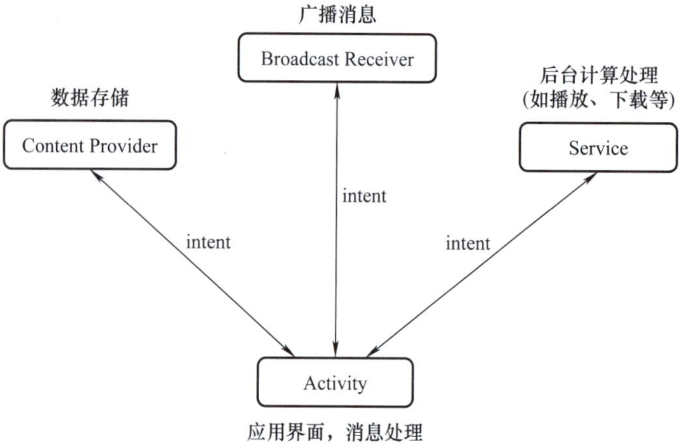

图 5-2　Android 四大组件

Activity：应用程序的界面（或页面），主要用来将程序功能展示给用户及与用户进行交互。比如一个登录界面，上面有输入用户名、密码的文本框和登录按钮，这些元素所显示的页面就是 Activity。Activity 可以将用户输入的数据传递到系统，然后再显示出来。一般来说，应用程序具有一个或多个 Activity。

Service：系统提供的服务，对于绝大部分数据的处理，业务的处理都通过 Service 来完成。举个例子，开发一个录音软件，录音功能就是由 Service 提供。

Content Provider：类似于档案馆，里面存放了程序的各种数据，例如通讯录中的电话本数据等。这个组件的功能就是运行程序对其进行访问，得到其中的数据。

Broadcast Receiver：广播接收器，主要用来监听系统行为，例如当电量不足时会给我们发送一条广播信息，由程序处理显示给用户知晓。

4. Android 的基本开发思路及运行机制

在了解了 Android 的体系结构后，这里介绍一下 Android 应用程序的开发及运行机制。

一个最简单的 Android 应用程序至少需要具备 AndroidManifest.xml、Activity.java 以及 Activity.xml 几个文件。

其中，AndroidManifest.xml 可以理解为应用程序的配置文件，在该文件中需要定义程序的基本属性，例如程序图标放在哪里；需要定义具体的组件及属性，用到了哪些 Activity；需要定义系统权限，比如是否用到了网络连接、蓝牙等。

Activity.xml 是布局文件，文件中可以使用代码或图形界面两种方式绘制界面中的颜色、背景、控件等多种效果，它是 Activity 页面的基本显示效果。

Activity.java 就是拥有 Activity 的程序源码，里面至少需要有 OnCreate（ ）方法来处理界面创建功能，该方法需要调用 Activity.xml 用以启动程序界面。

最基本的 Android 应用的启动流程见图 5-3。当运行 Android 应用程序时，Android 系统首先找 AndroidManifest.xml 文件，根据该主配置文件所定义的启动顺序启动 Activity 对象，然后 Android 系统找到这个 Activity 对象后，调用其 OnCreate（ ）方法，该方法中 SetContentView（ ）方法的参数值即为加载的布局文件（这里是 Activity.xml），最后 Activity.xml 布局文件中的各个控件显示在屏幕上。

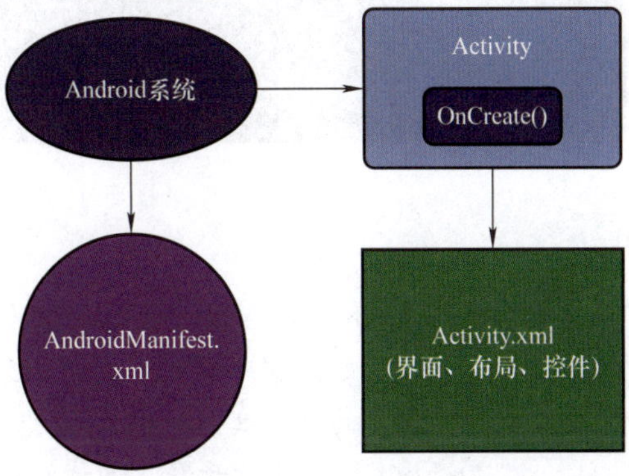

图 5-3　Android 应用调用关系

5.1.2　Android 开发工具简介

Android 应用程序原生开发的主要工具是 Android Studio，使用 Java 语言进行开发，因此需要首先安装 JDK，并配置环境变量用以适应 Java 开发环境。Android Studio 集成了 Android SDK，建立环境相对简单，只需在安装之前配置 JDK 和环境变量即可。Android Studio 的启动界面见图 5-4。

图 5-4　Android Studio 启动界面

Android Studio 作为一个专门针对 Android App 开发的集成开发环境来说，最重要的就是方便开发者的开发行为，它的代码编写、布局的绘制、程序的运行调试以及发布都非常方便，见图 5-5。另外，Android Studio 很好地解决了多分辨率问题，Android 设备拥有大量不同分辨率和尺寸的屏幕，开发者可以很方便地使用 Android Studio 调整各种分辨率的设备上的应用。同时，Android Studio 还解决了语言问题，多语言版本（尽管没有中文版本支持）、支持翻译都让开发者更适应全球开发环境。Android Studio 还提供了 Beta Testing 功能，可以让开发者很方便地试运行所开发的应用程序。

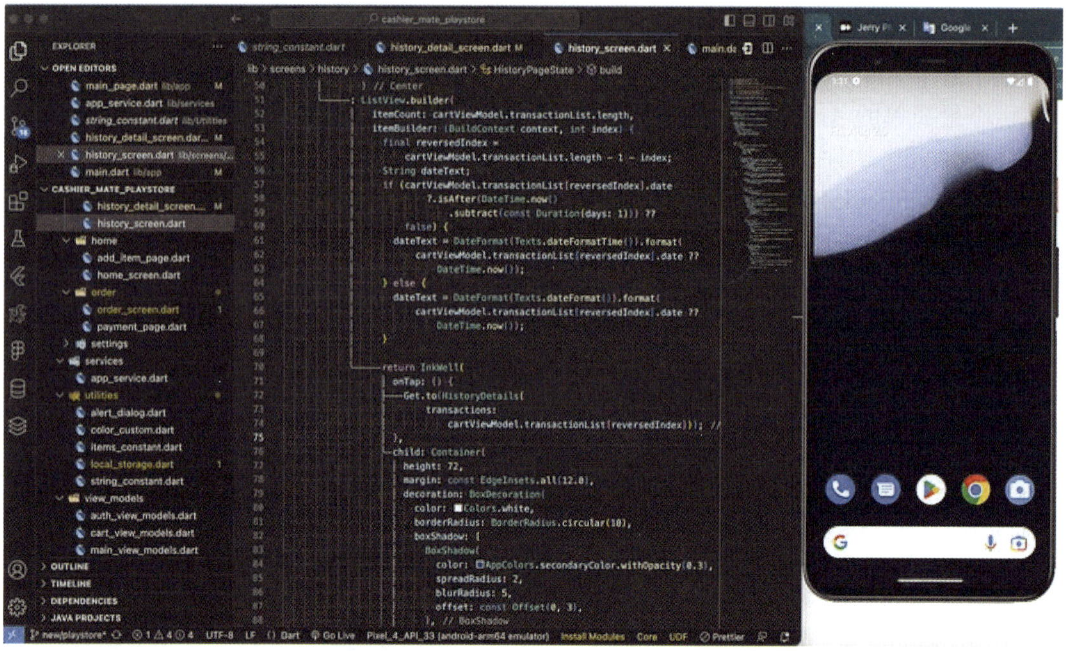

图 5-5　Android Studio 开发界面

说明：因 Android App 都是运行在移动设备（如手机、平板计算机、智能电视机等）中的，为了方便程序调试，Android SDK 中内置了 Android 模拟器。Android 模拟器是非常重要的开发工具，它允许程序开发者在没有物理设备的情况下，在计算机上对 Android 程序进行开发、调试和仿真。

Android 模拟器可以仿真手机的绝大部分硬件和软件功能；支持加载 SD 卡映像文件，更改模拟网络状态、延迟和速度，模拟电话呼叫和接收短信等；支持将屏幕当成触摸屏使用，可以使用鼠标单击屏幕模拟用户对 Android 设备的触摸操纵；在 Android 模拟器上有普通手机常见的各种按键，如音量键、挂断键、返回键和菜单键等。

5.1.3　Android 应用设计规范

作为当前主流的移动操作系统之一，Android 系统因其系统开放性、硬件支撑的丰富性、开发便利性及众多开发人员的参与，使其在近几年得到了迅猛的发展。随着数以百万级的应用程序被开发出来，Android 应用程序的开发被总结出了一套行业公认的应用程序设计规范。本节主要描述这些设计规范中关于应用程序界面的部分，掌握这些设计规范能够帮助程序界面设计者设计出令人满意的应用程序。

1. Android 常用单位

ppi（pixels per inch）：数字影像的解析度，也就是每英寸（in）[㊀] 所拥有的像素数，即

㊀　1in = 25.4mm。

像素密度，其计算公式为

$$像素密度=\frac{\sqrt{长度像素^2+宽度像素^2}}{对角线英寸数}$$

dpi（dots per inch）：指印刷上的计量单位，也就是每英寸上能印刷的网点数，例如96dpi 的显示器实际显示标准为 96 像素 /in。

屏幕尺寸（screen size）：一般是指我们所说的移动设备（如手机）的屏幕尺寸，比如4in、5.5in 等，都是指对角线的长度，而不是手机的面积。

像素 px（pixel）：显示屏的显示点阵数。

分辨率：指手机屏幕垂直和水平方向上的像素个数，比如分辨率为 720×1280，是指设备水平方向有 720 个像素点，垂直方向有 1280 个像素点。

pt（point）：一个标准的长度单位，是一个专用的印刷单位“点”，1 点 =0.376mm。

sp（scaled-independent pixels）：缩放无关的抽象像素，常用于 Android 的字体单位。

dp（density-independent pixels）：指设备的独立像素，不同的设备有不同的显示效果，它与设备硬件有关系。

sp 和 dp 基本一样，是 Android 开发里特有的单位，都是为了保证文字在不同密度的显示屏上显示相同的效果，一般情况下可认为 sp=dp。例如：textSize="20sp"、layout_width="20dp"，分别定义了文字大小和控件的宽度，虽然单位不同，但一般情况下大小是一样的。

2. 单位换算关系

Android 开发中，文字大小的单位是 sp，非文字的尺寸单位用 dp，但是在界面的设计稿标注用的单位是 px。这些单位如何换算，是设计师、开发者需要了解的关键。

dp：以 160ppi（即像素密度为 160）屏幕为标准，则 1dp=1px。这里以 PPI 代表像素密度，即 PPI=160ppi。

对于 160ppi 的屏幕，dp 和 px 的换算公式为：1dp=PPI/160ppi=160ppi/160ppi=1px。

对于 320ppi 的屏幕，1dp=320ppi/160ppi=2px。

sp：它是安卓的字体单位，以 160ppi 屏幕为标准，当字体大小为 100% 时，1sp=1px。

sp 与 px 的换算公式（以 PPI=160ppi 为例）：1sp=PPI/160ppi=1px。

对于 320ppi 的屏幕，1sp=320ppi/160ppi=2px。

简单理解的话，px 是界面设计师在绘图时使用的，同时也是手机屏幕上所显示的，dp 是开发界面布局时使用的尺寸单位。

假设在同一面积里放太阳，1 个太阳图案为 1px，面积就相当于 1dp，所以该面积里能放多少太阳，即 1dp 等于多少 px，这就是单位面积的密度。见图 5-6a、b，两个区域面积都是 1dp，那么图 5-6a 所示区域因为密度大，所以像素值就大，图 5-6b 所示区域因为密度小，所以像素值就小。我们可以把像素值（单位为 px）看成单位个数，独立像素（单位为 dp）看成单位面积，所以像素值（个数）/ 独立像素（面积）= 密度，而密度 =PPI/160，所以像素值 / 独立像素 =PPI/160。图 5-6b 的 PPI=640ppi，其像素值为 4px，独立像素为 1dp，因此像素值 / 独立像素 =PPI/160ppi=4，即 1 个独立像素中包含 4 个像素值。

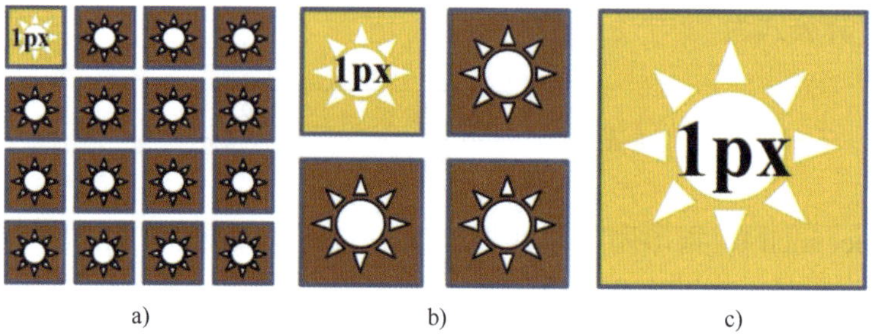

图 5-6　dp 和 px

为什么要用 sp 和 dp 代替 px？因为它们不会因为像素密度的变化而变化，在相同物理尺寸和不同像素密度下，它们呈现的高度大小是相同的，也就是说更接近物理呈现，而 px 则不行。

根据单位换算方法，可总结出表 5-1。

表 5-1　dp 和 px 的换算关系

模　式	换算公式
ldpi 模式	1dp=0.75px
mdpi 模式	1dp=1px
hdpi 模式	1dp=1.5px
xhdpi 模式	1dp=2px
xxhdpi 模式	1dp=3px
xxxhdpi 模式	1dp=4px

基于表中描述：

1）当运行在 mdpi 模式下时，1dp=1px，也就是说，设计师在 PS 里定义一个 item 高 48px，开发就会定义该 item 高 48dp。

2）当运行在 hdpi 模式下时，1dp=1.5px，也就是说，设计师在 PS 里定义一个 item 高 72px，开发就会定义该 item 高 48dp。

3）当运行在 xhdpi 模式下时，1dp=2px，也就是说，设计师在 PS 里定义一个 item 高 96px，开发就会定义该 item 高 48dp。

几种不同 dpi 模式的显示比例对比见图 5-7。Android 的界面设计一般采用主流移动设备屏幕进行设计，例如目前手机的屏幕主流为 1080px × 1920px。

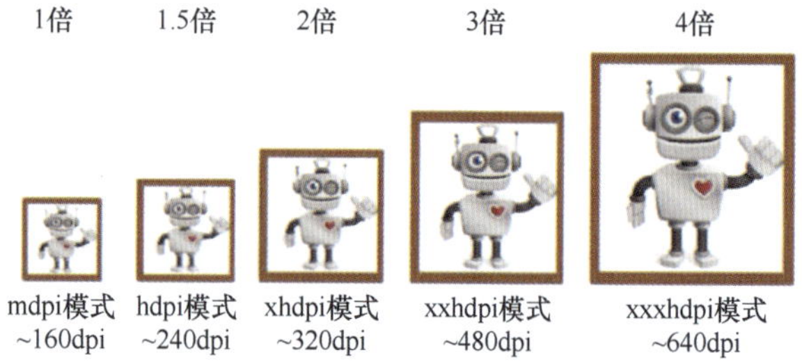

图 5-7　不同 dpi 下的显示效果

3. Android 界面元素

Android 的 App 界面和 iPhone 的界面基本相同，包含状态栏、标题栏、底部导航和内容区，见图 5-8。所有的界面元素均有标准的高度定义，这里除非具备较丰富的界面设计经验，否则不建议自定义特殊的高度。

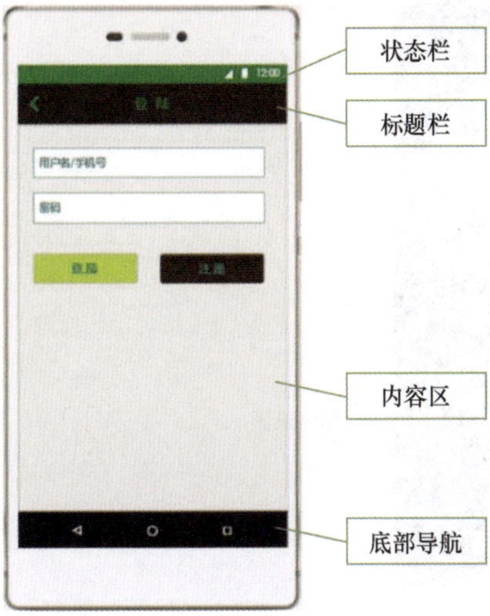

图 5-8　界面基本元素功能划分

根据前面对于常用单位的划分，我们列出当前主要的界面元素尺寸，见表 5-2。

表 5-2　Android 常用界面元素尺寸

密度 / 内容	MDPI	HDPI	XHDPI	XXHDPI	XXXHDPI
分辨率 /px	320 × 480	480 × 800	720 × 1028	1080 × 1920	1440 × 2560
屏幕尺寸 /in	3.2~3.5	4	4.3~5.5	4.7~6.4	5.5 以上
图标	48 × 48	72 × 72	96 × 96	144 × 144	192 × 192
状态栏高度 /px	25	38	50	75	100
标题栏高度 /px	48	72	96	144	192
底部导航栏 /px	48	72	96	144	192
内容区高度 /px	359	630	1038	1557	2076

4. Android 界面中的图标

界面中图形的实现主要有两种方式：一种是用图片作为背景实现，另一种是用 Android 中自带的标准图或代码实现。代码的方式比较耗费程序员脑力和代码量，图片则耗费空间，增加 App 的体积。为了界面的美观，一般推荐使用图片，但是一些简单形状的按钮或者动态的信息展示图可以直接让开发者使用开发工具或程序代码实现。

图 5-9 表示某品牌车辆的互联网车主服务应用程序界面，中间的车辆图标使用图片完成，下方的数据展示由开发人员使用程序代码绘制完成，左上角的扫码按钮可选择图片或由开发人员编写代码完成。

另外，还需注意，应用界面中的图标尺寸与实际图标的有效范围是不同的。如图 5-10 所示，为了美观，扫码按钮图标尺寸为 32 × 32px，但过小的图标不利于用户点击操作，因此定义了触摸范围为 48 × 48px。程序的开发者以此原型可完成程序的设计，并实现较为便利的交互界面开发。

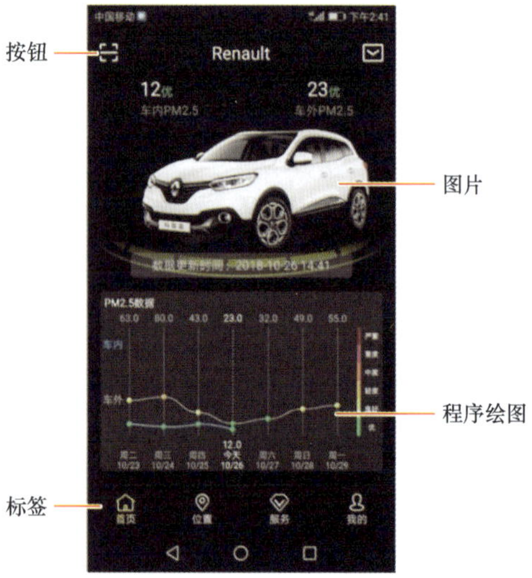

图 5-9　界面中的图标举例

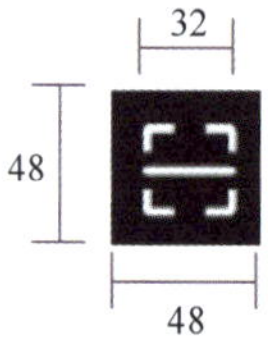

图 5-10　图标的有效范围

5.2　图形化编程开发 Android 程序

App Inventor 是一款采用拖拽操作的可视化编程工具，主要用于构建运行在 Android 平台上的 App 应用。App Inventor 提供了基于 Web 的图形化用户界面设计工具，可以设计应用的界面 UI，然后再像玩拼图游戏一样，将块语言拼在一起，来定义应用的具体行为。App Inventor 通过网络进行设计，所有的设计方案都储存在云端服务器上，方便用户在任何一台机器上进行设计。App Inventor 主要有三大模块：

1）组件设计：主要作用是界面设计，组件布局与组件属性设定。

2）逻辑设计：主要作用是通过搭建积木块的方式，将封装好的程序代码进行连接，可以同时操作不同属性的元素组件、行为组件和函数组件等来进行“程序设计”，当然这些操作都不涉及直接编辑代码。

3）模拟器：在没有 Android 设备时，可用模拟器来进行案例测试，但模拟器在部分功能上无法提供测试（如重力传感器等）。不过此模拟器功能较简单，见图 5-11，不太建议使用。

图 5-11　App Inventor 自带模拟器

App Inventor 可以在几分钟之内就构建完成一个简单的 App，组件和逻辑编辑工作都可以完全在浏览器中进行，并且能够实现实时调试。

5.2.1　App Inventor 开发环境

App Inventor 2 需要连接 Internet 网络在 Web 浏览器上运行，通过 Wi-Fi 或者 USB 数据线连接 Android 手机，或用自带模拟器就能创建你想要开发的 Android App。App Inventor 对于计算机的操作系统没有要求，支持 IE 以外的多种主流浏览器。

App Inventor 的官方网址是 http：//ai2.appinventor.mit.edu，通过浏览器进行访问。由于国内网络环境存在差异，目前暂时还不能顺畅地在 App Inventor 的官网平台进行开发。不过 MIT App Inventor 团队和广州市教育信息中心（广州教科网）合作，于 2015 年 1 月在国内部署了一个同步的开发网站，即 App Inventor 广州服务器 http：//app.gzjkw.net，这是中国大陆最早由麻省理工学院授权的 App Inventor 官方服务器。不过，后来由于一些原因，该网站的服务变得不太稳定，有时会出现不能登录的现象。

因此，这里更推荐另一个 App Inventor 开发网站（https：//code.appinventor. mit.edu/login?locale=zh_CN），它同样由麻省理工学院维护，并且支持汉语。此外，还有华南理工大学杨道全老师的先研性开发网站（https：//app.wxbit.com），但此为“收费增强版”，加入了一些独有的新功能和特性，与前两者的版本和源文件都不保证兼容。下文将以 code.appinventor.mit.edu 为开发平台，介绍用 App Inventor 开发 Android 程序的步骤。

5.2.2　App Inventor 简单操作

打开 App Inventor（以下简称 ai）开发网站，见图 5-12。初次使用者单击“Continue Without An Account”按钮即可直接使用该平台，之后系统会生成一个 12 位的访问码提供给开发者。开发者应妥善保存此访问码，因为它是自己再次进入平台并继续项目开发的唯一凭证。如果是老用户，则可直接在“Your Revisit Code”中输入自己的 12 位访问码登录。

图 5-12　App Inventor 登录界面

创建一个新项目，比如叫“Demo”，并在 Toolkit（模式选择）中选择“Expert”（专家模式），如图 5-13 所示。

图 5-13　新建项目

完成后看到界面如图 5-14 所示。

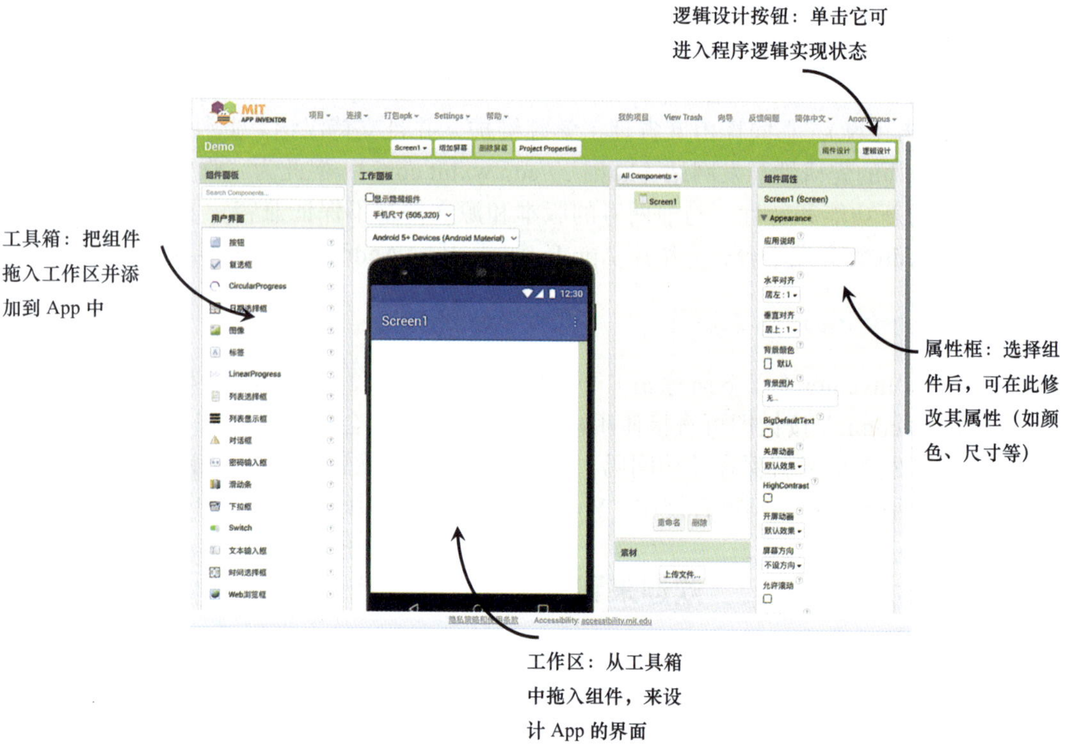

图 5-14　App Inventor 开发界面

1）工具箱：选中所需的组件后，使用鼠标拖拽到中间的手机界面区域，就能在项目中使用该组件了。单击组件右边的问号②，可查看组件的介绍。熟悉 ai 内置组件后，若发现组件不够用，那么还可以通过上传“扩展”（Extension）加入第三方开发的组件，扩展 ai 的功能，从而制作更加丰富的应用。

2）工作区：界面设计和程序功能逻辑的设计主要就在这里进行。

3）属性框：不同组件会有不同的属性，比如“Screen1”组件，可以设置应用安装到手机中的显示名称、应用图标等。属性具体的用途，往往可以通过属性名称来描述。少数不能理解的属性，可以查看帮助文档或设置后连上 AI 伴侣，经过调试后观察功能。

4）ai 中有“组件设计”和“逻辑设计”两项重要功能。在“组件设计”视图中，选择合适的组件设计应用界面；在“逻辑设计”视图中，设计组件对应的事件逻辑，例如，单击按钮更新标签的显示文本等。

在项目编辑界面，单击“连接”菜单中的“AI 伴侣”，则在网页中会弹出一个页面，类似图 5-15 所示，其中会显示一个二维码和 6 位字符的连接码。

在手机中启动“AI 伴侣”，见图 5-16，扫描二维码或者在文本框中输入连接码并点击“connect with code”按钮，即可在“AI 伴侣”中看到正在制作的应用，此时运行的 App 界面是只有一行标题文字“Screen1”的空白窗口。

图 5-15　连接到 AI 伴侣

图 5-16　AI 伴侣

注：为方便调试程序，最好能够在 Android 手机（或 Android 模拟器）上安装一个名为“AI 伴侣”的 App，该 App 可以从开发网站的“帮助 /AI 同伴信息”菜单中找到。使用 AI 伴侣，可以很方便地在手机上同步并调试 App。

在“组件列表”中选中“Screen1”，见图 5-17，设置“水平对齐”和“垂直对齐”属性为“居中”，将“应用名称”属性设置为“测试应用”，窗口大小设置为“自适应”。然后再单击组件面板中的“按钮”，拖拽进工作面板，并将按钮的文本属性设置为“点击”，UI 效果见图 5-18。

注：从美观考虑，笔者在工作区选择了“iOS 13 Devices”模式。该设置并不会影响最终生成 App 的外观。

在右上角单击“逻辑设计”按钮，将切换到功能实现界面，见图 5-19。

1）内置代码块列出了 ai 内置的逻辑程序代码块，分为 9 大类，是制作应用的重要支撑。点开查看，从文字即可理解每个逻辑块的作用，比如加减乘除可以在“数学”栏下找到，文字大小写转换可以在“文本”栏下找到，至于归类不太明确的，比如 if 语句等，则大多可以在“控制”栏下找到。

2）组件代码区位于内置代码块下方，列出了当前屏幕中所有的组件，Screen1 是整个 App 的入口。单击组件，可以看到该组件的事件块、获取设置属性值的块，以及组件的其他功能块。

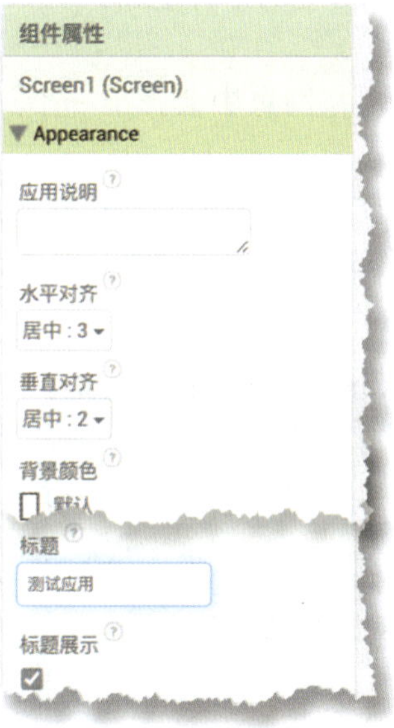

图 5-17　属性设置

图 5-18　添加按钮

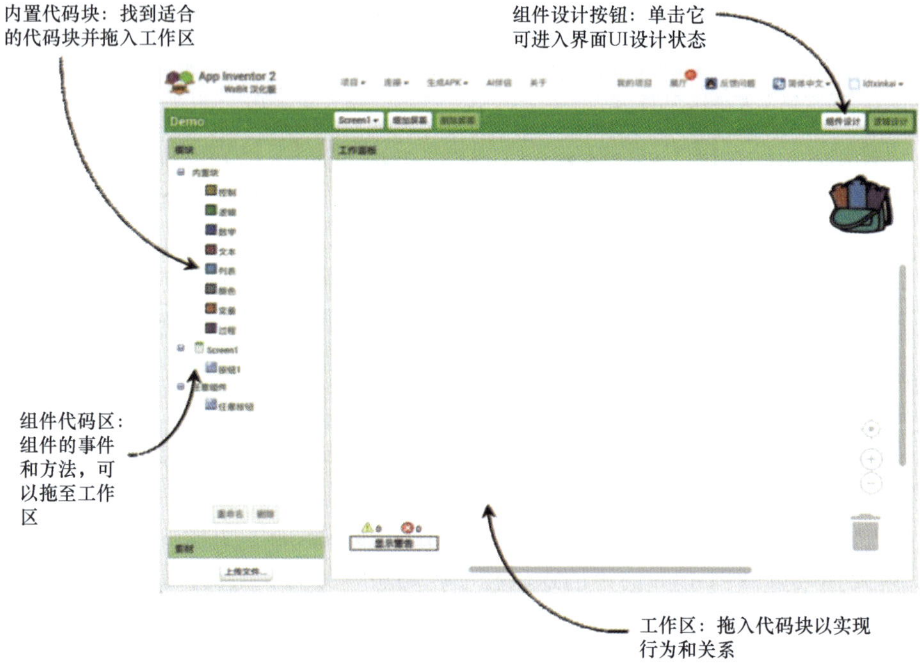

图 5-19　逻辑设计

3）工作区中可以摆放逻辑代码块，通过拼接代码块来实现功能逻辑。下凹槽为逻辑块，左凹槽接收属性值，见图 5-20。

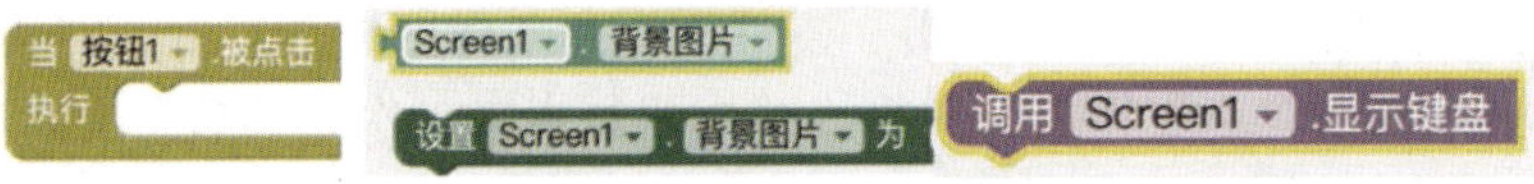

a) 事件　　b) 属性的获取和设置　　c) 行为

图 5-20　事件、属性、行为代码块示例

注：将逻辑块拖动到右下角的垃圾桶图标，可删除所拖动逻辑块。将逻辑块拖动到右上角的背包图标，可以在多个屏幕中共享逻辑块，也就是逻辑块的“复制”与“粘贴”功能。

本 App 希望实现如下功能：当单击按钮时，让按钮的名称变更为“点击：次数”的形式，即每次单击，在按钮文本中的次数都增加 1。

单击的次数，以一个全局变量的形式保存在程序中，见图 5-21，在“内置块”中将“变量”栏下的“初始化全局变量”块拖入工作区。为方便识别，将“变量名”改为“次数”。然后再如图 5-22 所示，从“数学”栏下将“0”块拖至刚才的代码块右侧。

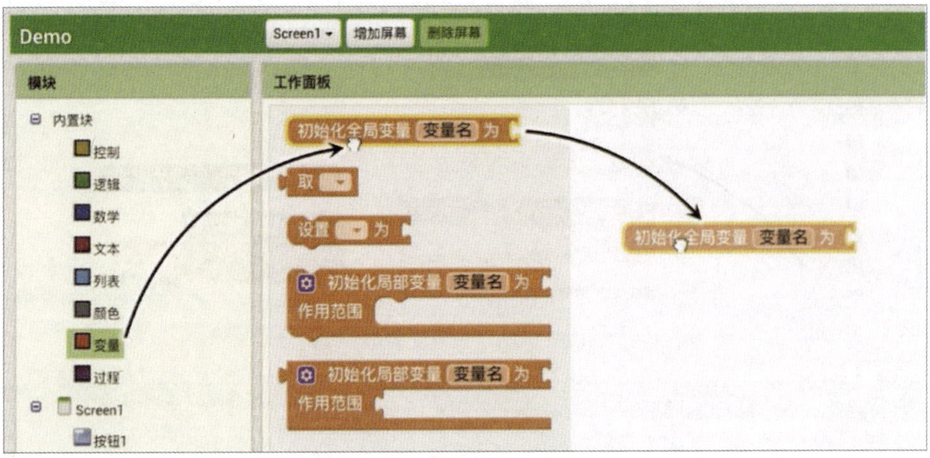

图 5-21　添加变量代码块

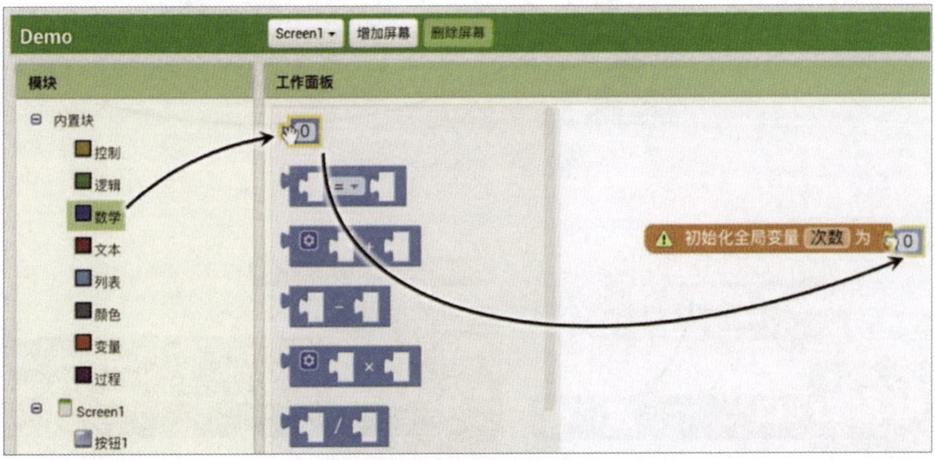

图 5-22　变量赋值为 0

从“按钮”的逻辑块中将“被点击”事件块拖到工作区域，然后分别从“变量”“数学”“文本”块中拖出对应逻辑块，拼接成“按钮每点击一次，其名字显示 +1”的逻辑，见图 5-23~ 图 5-27。

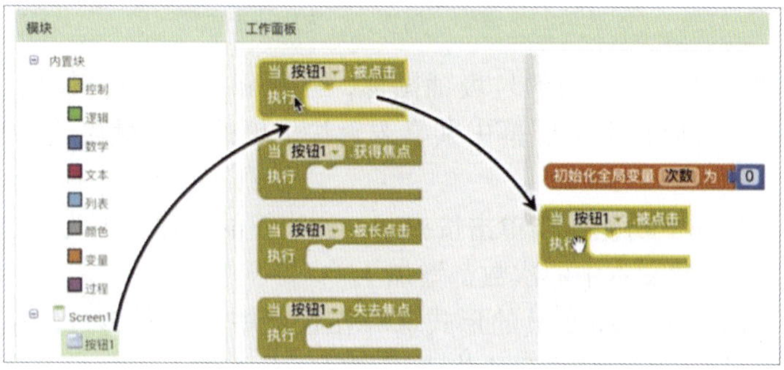

图 5-23　添加按钮事件块

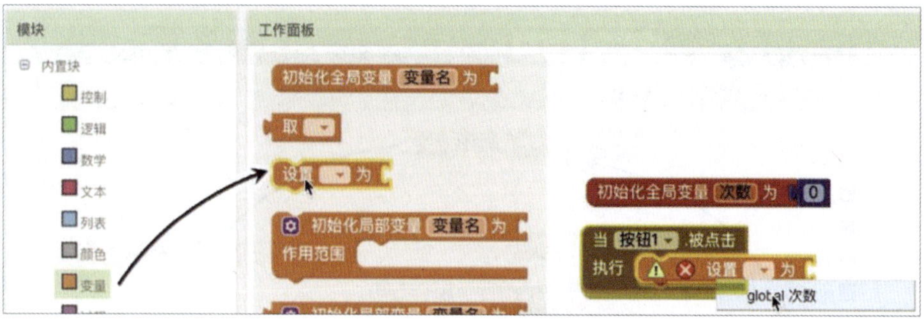

图 5-24　设置变量值

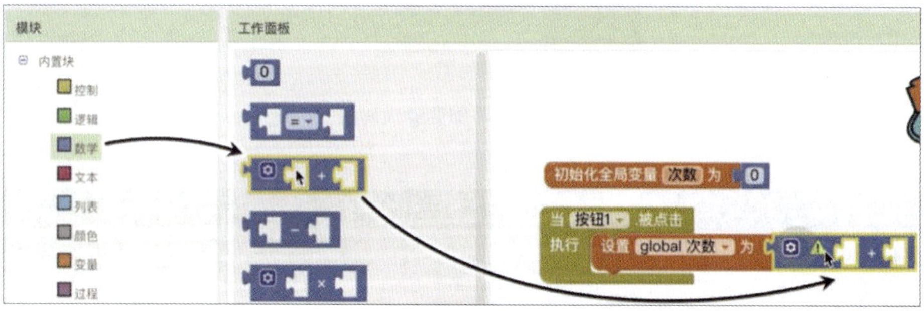

图 5-25　添加加法运算

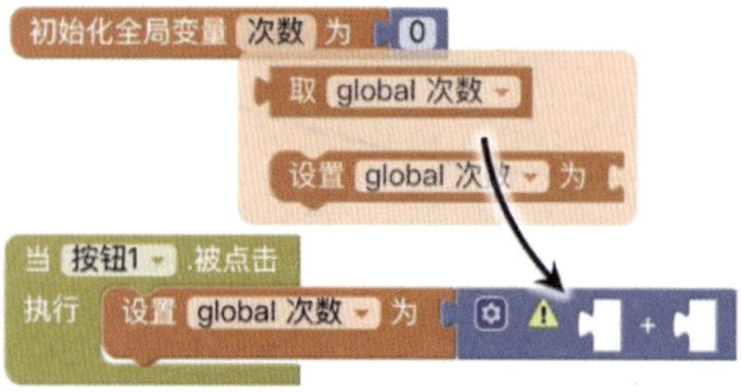

图 5-26　获取变量值

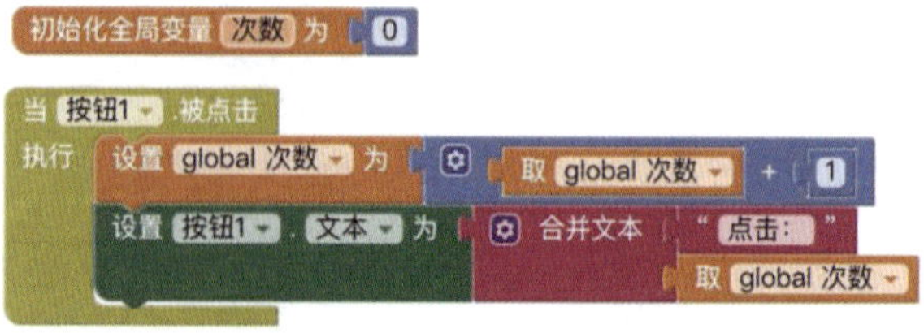

图 5-27　完整代码

至此，第一个 Android 应用制作完成。

单击“生成 APK/ 显示二维码”菜单，ai 平台会生成 Android 的 App 安装文件，见图 5-28，使用手机扫描二维码即可下载安装到手机中。由于二维码的有效时间只有 2h，一般只用于自己安装测试。若选择“下载到电脑”菜单，可将生成的 APK 文件下载到电脑，运行效果见图 5-29，从而可以通过其他方式传播，或者在“应用市场”上架。

图 5-28　运行效果

图 5-29　运行效果

5.3　实验 4：移动端网络接口调用的实现

5.3.1　实验目的和类型

1. 实验目的

熟悉网络接口调用的方法，学会在移动端调用网络接口。

2. 实验类型

验证性实验。

5.3.2　实验内容

> 说明：实验内容分为“能”“会”“熟练操作”“熟悉”“认知”5 个层次。实验要求指学生通过本实验课程的学习，所要达到的知识和能力水平。

1）认知 HTTP 协议与 GET、POST 方法，熟悉 JSON 格式。

2）熟悉移动端调用网络接口的办法。

3）熟练操作 App Inventor 调用简单的网络 API 接口。

5.3.3 实验仪器、设备

1）App Inventor（https：//code.appinventor.mit.edu/login?locale=zh_CN）和 AI 伴侣。

2）Android 手机一部（或计算机上安装网易 Mumu 等 Android 模拟器）。

3）Microsoft Edge 浏览器和 PostWoman 扩展程序。

5.3.4 实验原理

Web API 接口是网站提供的一种功能，可以让不同的软件或设备之间进行数据交换。就像两个朋友通过语言交流一样，软件和设备通过 API 接口“说话”、分享或请求信息。

1. 一言网 API

一言指的就是一句话，可以是动漫中的台词，也可以是网络上的各种小段子。一言网（hitokoto.cn）的 API 十分简单易用，这里把它作为一个网络 API 入门的例子十分合适。

接口文档：http：//hitokoto.cn/api。

请求网址：https：//v1.hitokoto.cn。

调用方法：GET。

返回值是 JSON[1] 格式，表 5-3 为返回值参数说明。

表 5-3 返回值参数说明

返回值参数名称	描　述
id	本条一言的 id，可以链接到 https：//hitokoto.cn?id=[id] 查看这个一言的完整信息
hitokoto	一言正文，编码方式 unicode，使用 utf-8
type	a：Anime——动画；b：Comic——漫画；c：Game——游戏；d：Novel——小说；e：Myself——原创；f：Internet——来自网络；g：Other——其他
from	一言的出处
creator	添加者
created_at	添加时间

2. Web 客户端组件

从功能上讲，App Inventor 的 Web 客户端组件与浏览器相类似，遵从 HTTP 协议与 Web 服务器进行通信，只是它不提供用户界面。在 App Inventor 中，需要在编程视图中设置 Web 客户端组件的网址等属性，然后向服务器发出请求，并处理服务器返回的数据。Web 客户端组件的几个主要代码块的功能见表 5-4。

[1] JSON（JavaScript Object Notation）是一种流行的轻量级数据交换格式，它采用完全独立于编程语言的文本格式来存储和表示数据。简洁和清晰的层次结构使得 JSON 成为理想的数据交换语言，易于阅读和编写，同时也易于机器解析和生成，并有效地提升网络传输效率。

表 5-4　Web 客户端组件代码块简介

Web 客户端组件代码块	说　明
网址	用于设置将要访问的 API 的网址（包括资源名称及参数）
编码指定文本	将非 ASCII 码转换为 ASCII 码。计算机中的 Web 浏览器可以将网址中的非 ASCII 码自动转换为 ASCII 码，但 Web 客户端组件目前尚不具备这一功能，因此需要用该块进行编码的转换
执行 GET/POST 请求	以 GET/POST 方式向服务器发出请求
当收到文本时	当服务器对请求做出响应，并将数据返回给请求者时，触发该事件
解析 JSON 文本	对返回 JSON 格式的数据进行解码处理，将其转换为 App Inventor 列表

对于初学者来说，使用 Web 客户端组件访问 Web API 有两个难点。

首先是对请求指令的设置，有些 API 只要求正确地设置网址，有些 API 还需要设置请求消息首部（也称请求头），要仔细阅读 API 提供方编制的开发文档，才能正确设置请求信息，保证请求的成功。

其次是对返回数据的处理。Web API 通常以 JSON 或 XML 的格式返回数据，因此 Web 客户端组件提供了解析这两类数据的功能，但依然要小心地分析返回的数据结构，才能将信息合理地呈现出来。此外，多数 Web API 的开发应用，开发者需要向 API 提供方申请开发权限，也就是申请密钥，具体的申请方法都可以在 API 提供方的文档中找到。

3. PostWoman 软件工具

在开发或者调试网络或网页（B/S 模式）程序时，可以通过一些网络监视工具或网页调试工具辅助开发测试，PostWoman 就是此类工具中的一种，通过使用它可以完成发送接收 HTTP 请求时的大量调试测试工作。PostWoman 程序适用于诸如 Windows、macOS、Linux 等许多操作系统，下文将使用基于 Microsoft Edge 浏览器的 PostWoman 插件进行 Web API 接口的调试测试工作。

5.3.5　实验步骤及要求

1. 准备工作

Web API 的接口调用往往是复杂的，而编程往往也是困难的，这两件事遇到一起，就更容易出现问题。所以在处理类似程序的时候，通常先把 Web API 的参数等调试通了，获得意料中的结果后，才开始正式编程。

PostWoman 是一款功能强大的网页调试与发送网页 HTTP 请求的 Microsoft Edge 浏览器插件。在 Microsoft Edge 浏览器中安装 PostWoman 插件并打开，单击打开“接口调试”窗口，输入“一言”API 的网址，见图 5-30。

图 5-30　接口调试

说明：GET 方法是网络请求的一种方式，用于从服务器获取数据。你可以想象它是从网上“拿取”信息的。

在 PostWoman 中单击右上角的“发送”按钮，返回结果如下文所示：


```
{
"id" : 8081,
"uuid" : "ba8451c0-dae3-4cc0-9f6b-d0e8b3a606db",
"hitokoto" : " 人生三大错觉，我能反杀，下一发能出金，她喜欢我。",
"type" : "l",
"from" : " 现实 ",
"from_who" : " 林清凝 ",
"creator" : "Soiltary、K",
"creator_uid" : 3915,
"reviewer" : 1,
"commit_from" : "app",
"created_at" : "1630990186",
"length" : 24
}
```


注：从服务器端获得的响应文本有时候看上去会有些奇怪，因为它是 JSON 格式的，需要进行解析后才能正确地获得用户想要的内容。

接口测试工作并不是必要的，但第三方提供的 Web API 接口有时会不可用，有时和接口文档描述不太一致，所以，在正式开始写程序之前，确认 Web API 是否可用，还是很有必要的。

2. 界面设计

登录 App Inventor，创建新工程，在屏幕正中添加一个标签和一个按钮，并设计 Screen1 的水平对齐和垂直对齐属性为“居中”，此时界面见图 5-31，并添加“通信连接”工具箱下的“Web 客户端”组件（此为不可见组件）。

3. 逻辑设计

1）切换到逻辑设计工作区，为按钮添加“被点击”事件，Web 客户端的“网址”属性为一言网的接口 URL，并执行 GET 请求，见图 5-32。

图 5-31 界面设计

图 5-32 发出网络请求

2）在左侧组件代码块区域中找到 Web 客户端组件，为其“获得文本”事件添加代码块，见图 5-33，即当调试程序，单击“发送请求”按钮后，会在标签中显示服务器的响应内容，见图 5-34。

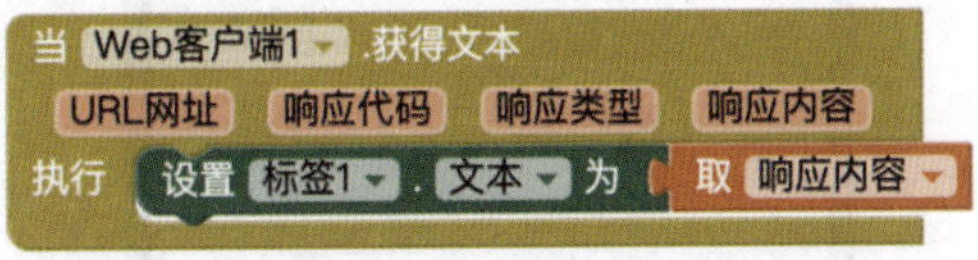

图 5-33 接受响应文本

图 5-34 服务器响应内容

注：每次调用一言网的接口，得到的文本内容皆会不同。

3）在 App Inventor 中存在专门的 JSON 解析方法，其位于 Web 客户端组件中，可以将 JSON 文本解码为列表，再调用“字典”内置块栏下的“get value for key”即可自响应文本中获得 hitokoto 字段的内容，具体程序逻辑见图 5-35。运行程序后，将会在标签中正确显示解析后的文字，结果类似图 5-36。

图 5-35 解析 JSON 并获取 hitokoto 字段

说明：JSON 结构中的字典就像是一个小本子，上面写了很多词语和它们对应的解释。词语是键（key），解释是值（value），可以通过键来查找对应的值。

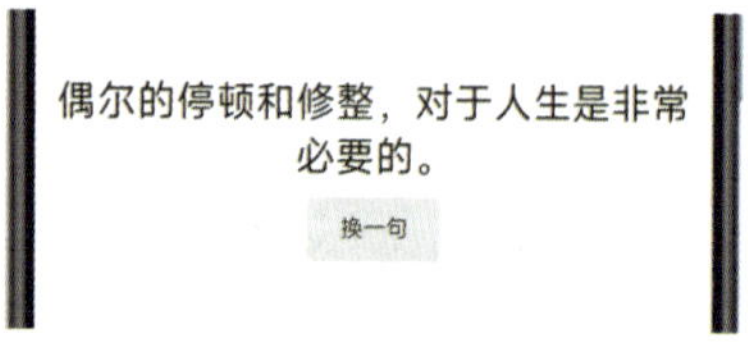

图 5-36 解析 JSON 后的运行结果示例

5.3.6　实验报告要求

1）实验报告里应介绍 HTTP 请求中的 GET 和 POST 方法。
2）实验报告里包含设计的 UI 及用到的控件。
3）实验报告里应包含所有核心代码。

5.3.7　实验注意事项

注意 JSON 结构的解析，及其中字段内容的正确提取方法。

5.3.8　思考题

1. 上网查资料，认识 GET 方法和 POST 方法的区别。
2. 如果参数中出现中文，会出现问题吗？如果遇到此种情况，该怎么办？
3. 上网了解更多实用的公开 API。

5.3.9　考核办法和成绩评定

1. 考核办法

学生独立完成实验，提交实验报告、aia 源文件和 apk 安装包。

2. 成绩评定

成绩评定见表 5-5。

表 5-5　成绩评定

项　　目	成绩比例	备　　注
实验报告	30%	结构完整，功能齐全，排版正确
apk 安装包	70%	UI 美观，功能皆已实现
aia 源文件	0	缺少源文件扣 20% 成绩

5.4　实验 5：移动端人脸检测实验

5.4.1　实验目的和类型

1. 实验目的

了解人脸检测的基本原理，熟悉常见的人脸识别开源项目，掌握调用百度大脑 API 接口进行人脸检测的方法。

2. 实验类型

设计性实验。

5.4.2　实验内容

> 说明：实验内容分为“能”“会”“熟练操作”“熟悉”“认知”5 个层次。实验要求指学生通过本实验课程的学习，所要达到的知识和能力水平。

1）了解人脸识别的基本原理，熟悉常见的人脸识别开源项目。
2）熟悉操作 App Inventor 调用旷视 API 接口进行人脸识别。

5.4.3　实验仪器、设备

1）App Inventor（https：//code.appinventor.mit.edu/login?locale=zh_CN）和 AI 伴侣。
2）Android 手机一部（或计算机上安装网易、Mumu 等 Android 模拟器）。
3）Microsoft Edge 浏览器。
4）百度大脑 AI 开放平台及开发者账号（https：//ai.baidu.com）。

5.4.4　实验原理

百度大脑 AI 开放平台提供了许多人工智能方面的开放能力，见图 5-37。本实验使用百度公司提供的免费 API 检测人脸，其人脸检测与属性分析开放能力可以检测图片中的人脸（支持一至多张人脸），并标记出边框，也可以对尺寸最大的几张人脸进行分析，获得面部关键点、年龄、性别、头部姿态、微笑检测、眼镜检测以及人脸质量等信息。

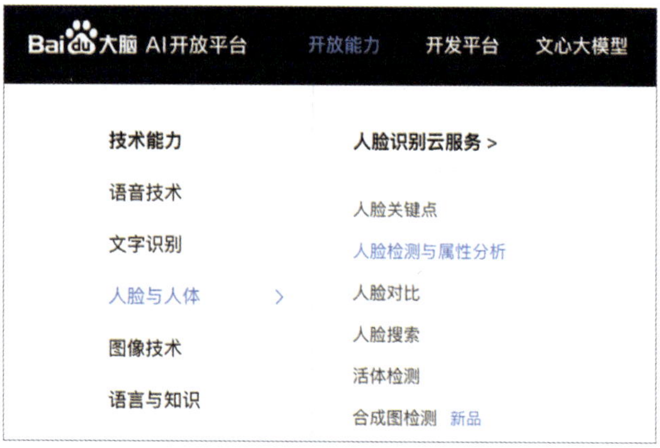

图 5-37　百度大脑 AI 开放平台

本实验利用该人脸检测接口来判断照片中人物的年龄和性别（从篇幅考虑，本实验只考虑照片中存在一个人物的情况，若存在多人，则只判断人脸区域最大的那张脸）。

人脸检测 API 文档：https：//ai.baidu.com/ai-doc/FACE/yk37c1u4t。

请求网址如下，其末尾还应有 URL 参数 access_token，该值通过 API Key 和 Secret Key 获取。（https：//aip.baidubce.com/rest/2.0/face/v3/detect）

请求头：参数为 Content-Type，值为 application/json。

调用方法：POST。

请求参数，见表 5-6。

表 5-6　请求参数

是否必选	参数名	类型	参数说明
必选	image	string	图片信息（总数据大小应小于 10MB，分辨率应小于 1920×1080 像素），图片上传方式根据 image_type 来判断
必选	image_type	string	图片类型 BASE64：（推荐）图片的 BASE64 值，BASE64 编码后的图片数据，编码后的图片大小不超过 2MB FACE_TOKEN：调用人脸检测接口时，会为每个人脸图片赋予一个唯一的 FACE_TOKEN，同一张图片多次检测得到的 FACE_TOKEN 是同一个
可选	face_field	string	是否检测并返回根据人脸特征判断出的年龄和性别等属性，合法值为 age、gender 等

图片要求见表 5-7。

表 5-7　图片要求

内　容	说　明
图片格式	JPG（JPEG），PNG
图片像素尺寸	最小 48×48 像素，最大 4096×4096 像素
图片文件大小	2MB
最小人脸像素尺寸	系统能够检测到的人脸框为一个正方形，正方形边长的最小值为图像短边长度的 1/48，最小值不低于 48 像素。例如图片尺寸为 4096×3200 像素，则最小人脸像素尺寸为 66×66 像素

返回值：当人脸检测 API 返回文本时，需要从中提取符合要求的内容。由于有时图片中并没有人脸，或者人脸识别失败，则列表中的 face_list 序列长度为 0，可通过判断该列表的长度来判断是否成功识别人脸。

根据百度官方文档，返回的 JSON 结构大致见表 5-8。

表 5-8　返回值说明

字　段	类　型	说　明
face_num	int	检测到的图片中的人脸数量
face_list	array	被检测出的人脸列表，具体包含内容见表 5-7 和表 5-8 注：如果没有检测出人脸则为空列表

face_list 中单个元素的结构见表 5-9。

表 5-9　单个 face 元素的结构

字　段	类　型	说　明
face_token	string	人脸图片的唯一标识（人脸检测 face_token 有效期为 60min）
location	array	人脸在图片中的位置，包括以下属性，每个属性的值都是整数： top：人脸框左上角像素点的纵坐标 left：人脸框左上角像素点的横坐标 width：人脸框的宽度 height：人脸框的高度 rotation：人脸框相对于竖直方向的顺时针旋转角，[-180，180]
age	float	年龄，当 face_field 包含 age 时返回
gender	array	性别，face_field 包含 gender 时返回
……	……	……

5.4.5　实验步骤及要求

1. 准备工作

1）在 https：//ai.baidu.com 注册账号，找到“人脸检测与属性分析”页面，见图 5-38。

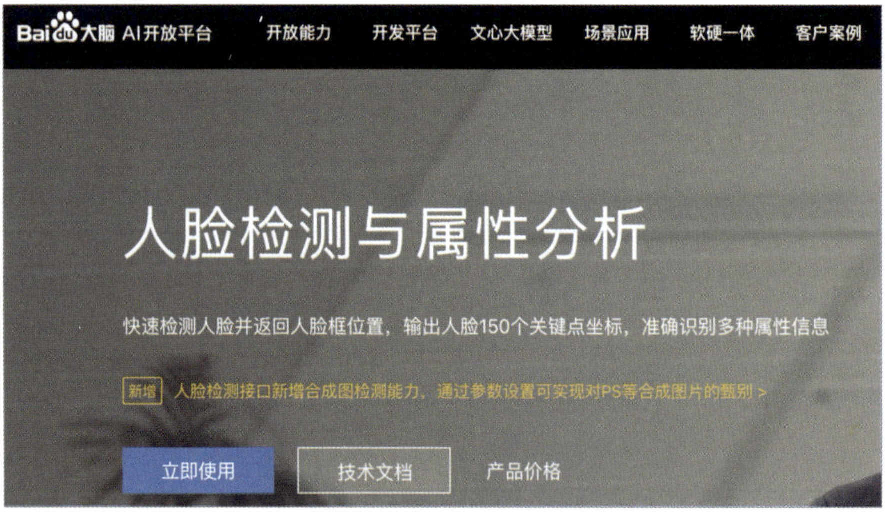

图 5-38　人脸检测与属性分析页面

2）单击“立即使用”按钮并登录后进入“控制台”。首先根据“操作指引”先单击“免费尝鲜”领取百度提供的免费测试资源，见图 5-39。有了免费的测试资源，开发者就可以尝试着调试人脸检测功能了。

3）在上述页面中再单击“创建应用”，在百度大脑 AI 开放平台中创建一个支持人脸检测的应用，见图 5-40。

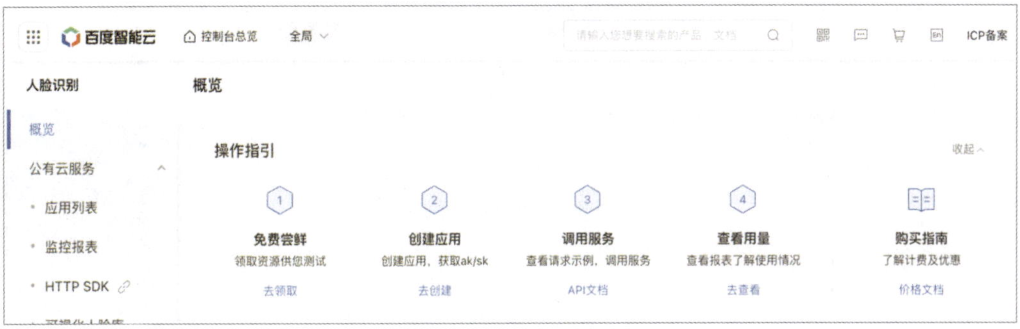

图 5-39　操作指引

图 5-40　创建应用

4）应用创建成功之后，则会生成相应的 API Key 和 Secret Key，见图 5-41。这些都是后继开发中要使用的，注意不要外传。

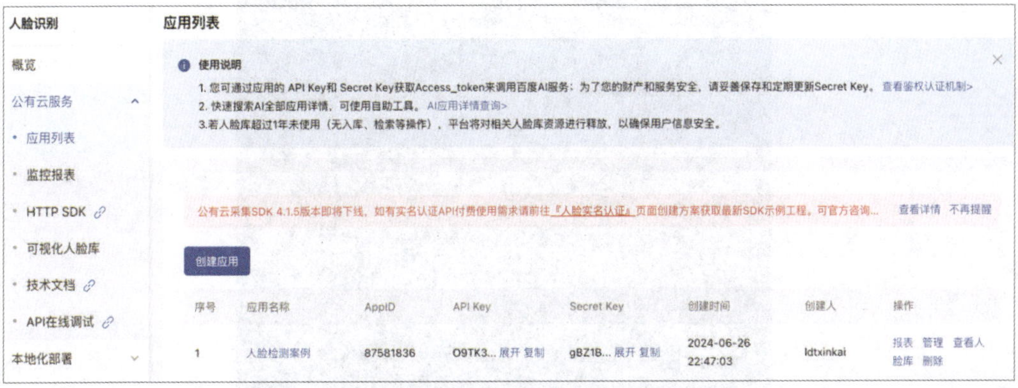

图 5-41　应用列表

5）在左边栏单击“API 在线调试”菜单，在“人脸基础 API”菜单下找到“人脸检测”，在 Body 下 image 上传一张有人脸的照片，并选择 image_type 为 BASE64。单击上方的“调试”按钮后，见图 5-42，右半部分的“调试结果”中显示调试成功后的响应数据。

图 5-42 接口调试成功

6）使用 JSON 格式化工具查看生成的响应数据，可看到其结构，见图 5-43。

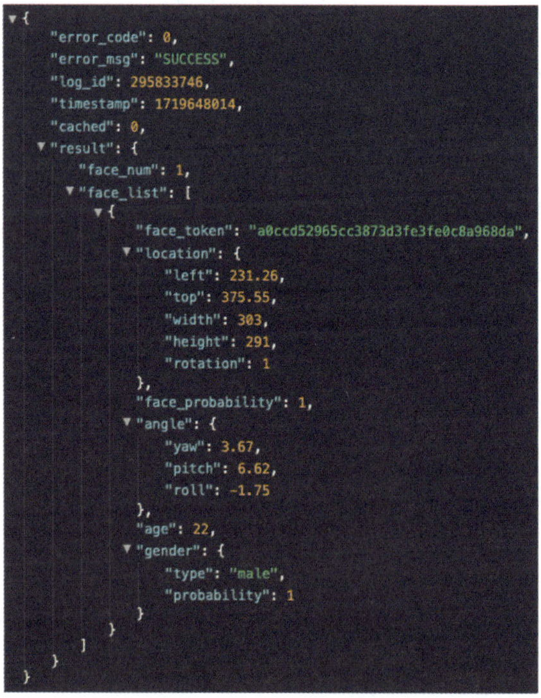

图 5-43 生成的响应数据结构

由此可以观察到，百度的人脸检测 API 文档写得并不是很完善，它漏写了 result 字段，并且也错写了 gender 字段的类型和结构。经过事先调试，在后继开发中，可以规避掉一些可能的麻烦。

2. 欢迎页面设计

1）在 App Inventor 中创建新工程，并设计界面见图 5-44。其中，“微数据库”组件可在左侧工具箱中“数据存储”栏找到。而“BaiduApiAccess”组件是笔者委托 ColinTree 开发的扩展组件，专门用于百度开发者身份鉴权使用，在左侧工具箱底部的“Extension”栏导入此扩展组件，然后再拖入工作区。

图 5-44　Screen1 界面设计

2）在顶部单击“增加屏幕”按钮，在弹出的“新增屏幕”对话框中为新屏幕起名为“ScreenFace”。

3）回到 Screen1，切换至逻辑设计界面，在屏幕初始化的时候调用 BaiduApiAccess 组件的获得异步鉴权方法，见图 5-45，随后在其获得鉴权的事件中，将鉴权信息保存至微数据库中，并通过代码打开刚才建好的屏幕 ScreenFace。

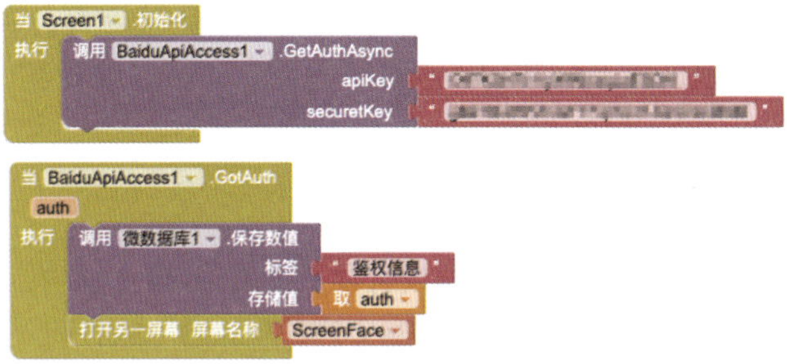

图 5-45 Screen1 逻辑设计

说明：鉴权就是网络请求时，证明用户的身份是否合法和有权访问的过程。就像去图书馆借书，需要出示借书证一样。

3. ScreenFace 页界面设计

1）来到 ScreenFace 屏幕，设计界面见图 5-46。其中，“水平布局”组件可以在左侧工具箱中的“界面布局”栏找到，“照相机”和“图像选择框”组件皆可在左侧工具箱中的“多媒体”栏中找到。SimpleBase64 和 TaifunImage 组件同样是第三方组件，需从外部导入再添加。

图 5-46 Screen2 界面设计

2）ai 中的控件默认只能垂直排列，而图 5-46 中屏幕下方的拍照按钮、标签和图像选择框是要求水平排列的。可以通过工具箱里“布局”中的“水平布局”组件来达到上述目的。

> 提示：若想让几个按钮保持间距，可在它们中间放上无字但指定宽度的标签组件。

4. ScreenFace 页逻辑设计

1）当单击“拍照按钮”时，希望使用手机的摄像头进行拍照；而拍照成功之后，则希望将得到的照片显示到图像组件中，实现代码见图 5-47。

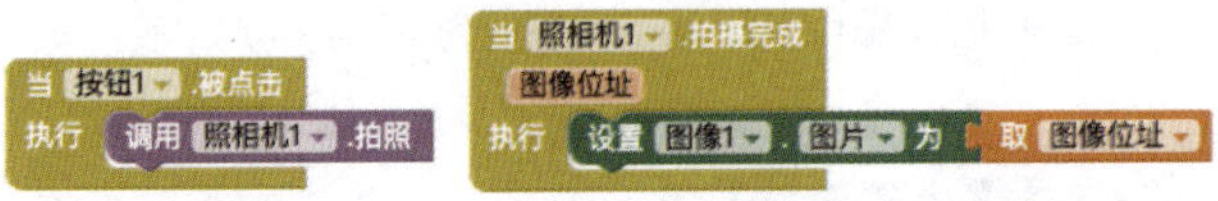

图 5-47　将得到的照片显示到图像组件中的实现代码

2）图像选择框的功能是打开手机相册来选择图片，而选中的图片则将是其“选中项”。实现图片选择的代码见图 5-48。

图 5-48　实现图片选择的代码

3）在左侧“内置块”下选择“过程”，见图 5-49，添加一个没有返回值的过程（即函数）进工作区。

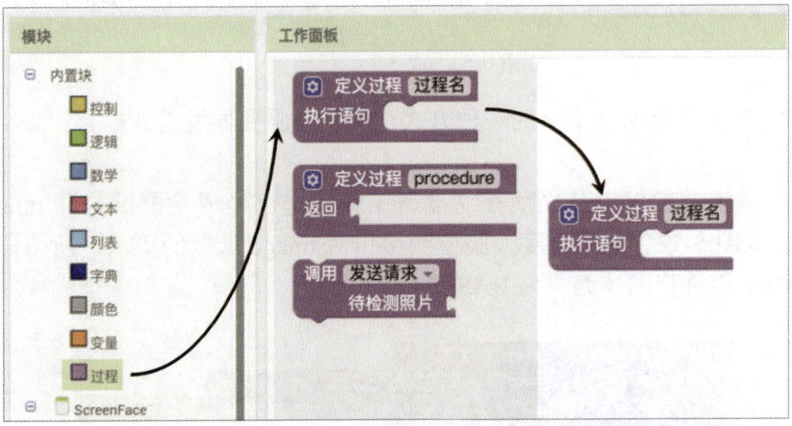

图 5-49　添加一个没有返回值的过程进工作区

4）单击“定义过程”块左上角的蓝色齿轮按钮，并在弹窗中移动一个输入参数至输入项下，见图 5-50。然后修改过程名称为“发送请求”，参数名称为“待检测照片”。

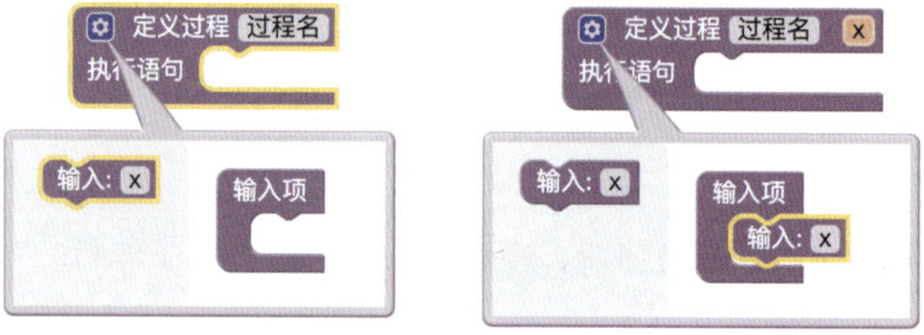

图 5-50　移动输入参数至输入项下

5）生成“发送请求”的代码见图 5-51（右半部分代码稍后呈现）。首先显示进程对话框（以免用户等得着急），再根据百度人脸检测的 API 文档设置网址（URL 参数为 Screen1 获得的鉴权字符串）和请求头。最终执行 POST 请求，由于只能发出文本请求，所以还需要将相应字典内容通过 JsonObjectEncode 方法转换为文本。

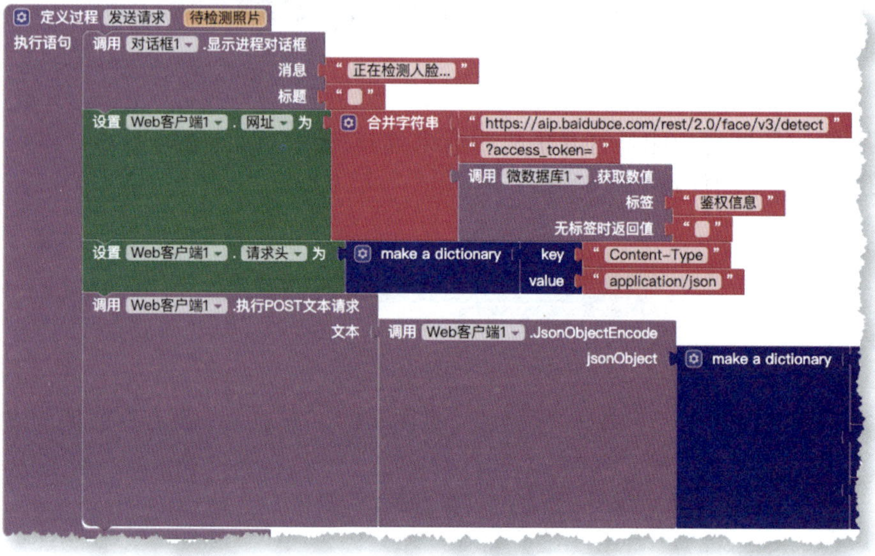

图 5-51　发送 POST 请求

说明：POST 方法是网络请求的一种方式，用于向服务器发送数据，比如上传信息或提交表单。

6）POST 请求的数据就是之前在“准备工作”里已经成功测试过的 image 和 image_type 等参数，见图 5-52。由于百度人脸检测接口对 image 参数的要求，所以这里使用第三方的 SimpleBase 组件将图片编码为 BASE64 格式。

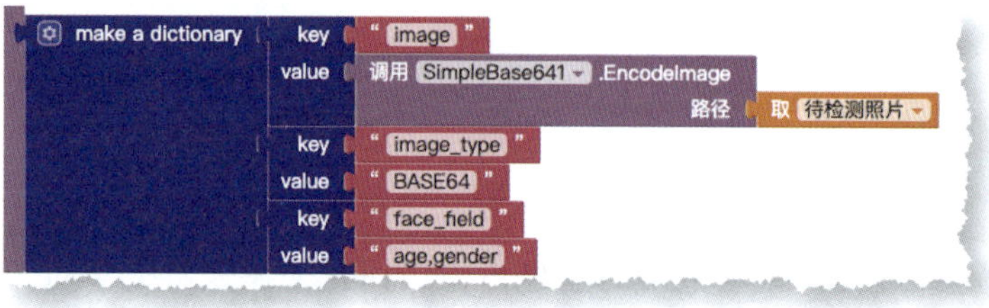

图 5-52　POST 请求的内容

说明：BASE64 编码就是把一些不能直接在计算机里显示或传输的字符，转换成能在计算机里显示和传输的 64 个特殊字符。这样，原本不能显示或传输的内容就能安全地传递了。

7）为 Web 客户端组件添加“获得文本”事件。其逻辑是首先关闭进程对话框，然后解析从服务器获得的响应内容文本：如果其中得到的 face_list 列表为空，则显示错误信息；否则从中获得第一个人脸的检测数据放入“最大人脸”字典变量，从中分别取得 gender 和 age 对应的性别和年龄信息，拼接文本后显示在“标签 1”组件。事件代码见图 5-53。

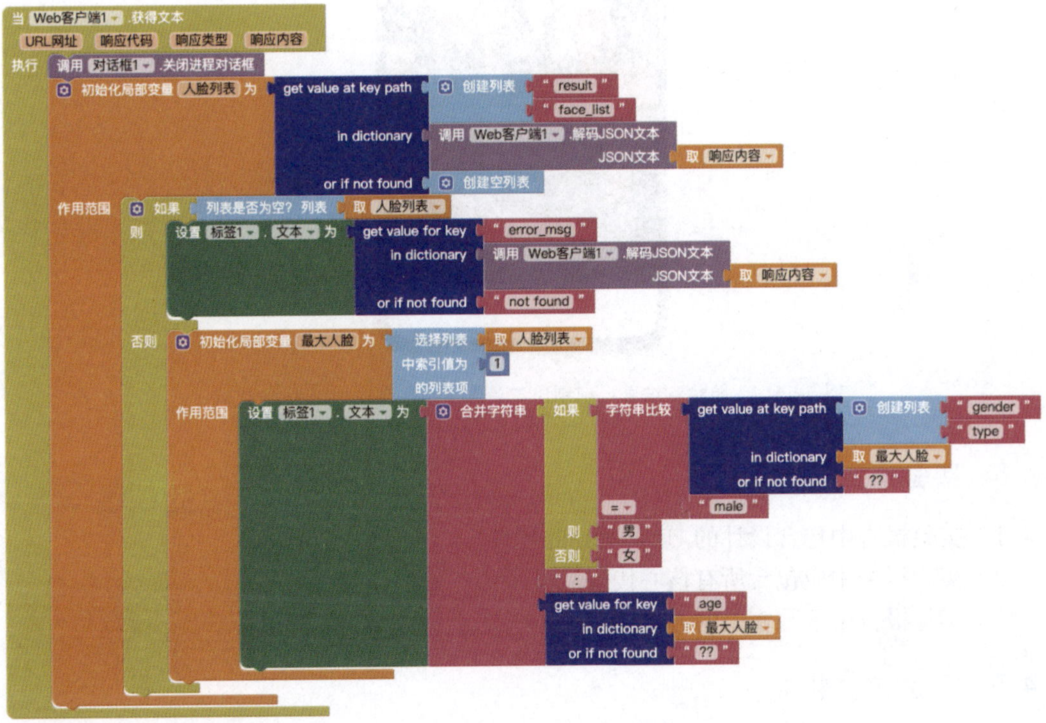

图 5-53　获得服务器反馈文本事件处理

8）为照相机“拍摄完成”事件和图像选择框“选择完成”事件的添加，调用“发送请求”过程，见图 5-54，这样，代码就完成了。

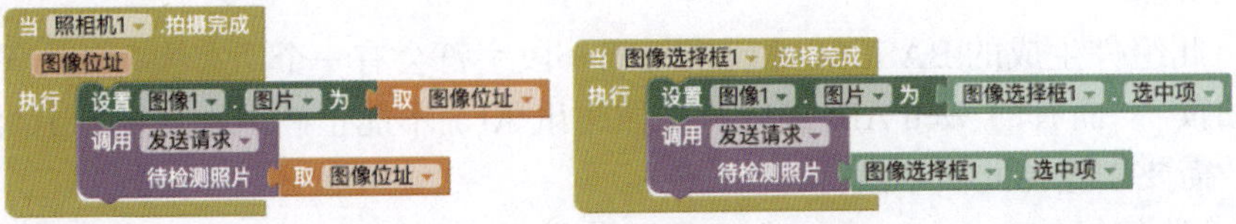

图 5-54　调用“发送请求”过程

9）使用该 App 检测一张照片，最终运行效果见图 5-55。检测后，在屏幕的下方显示了该人的年龄及性别。

图 5-55　人脸检测结果：识别出年龄和性别（图中人物为 AI 生成）

5.4.6　实验报告要求

1）实验报告中包含设计的 UI 及用到的控件。

2）实验报告中应包含所有核心代码。

3）实验报告中请写实验的心得体会。

5.4.7　实验注意事项

为了进行人脸识别，如果使用的不是 wxbit（https：//app.wxbit.com）而是其他的 App Inventor 平台，则需要导入以下三个拓展组件：

1）图片 BASE64 编码 / 解码组件 SimpleBase64：为了人脸识别 API 的调用方便，将图片编码为 BASE64 上传。相关资源下载请扫描本书前言的“本书配套程序和组件下载”二维码。

注意：此组件生成的 BASE64 编码中每隔一段字符会有一个回车换行符（笔者猜测是为了方便阅读），而有的 Web API 接口（比如腾讯 AI）不能正确识别这样的 BASE64 编码后的图片，需要剔除掉此回车换行符。

2）百度鉴权组件 BaiduApiAccess：用于获得百度鉴权所需的 token。

3）图片处理组件 TaifunImage（下载地址 https：//puravidaapps.com/image.php）：用于修改图片尺寸。

4）组件下载：相关资源下载请扫描本书前言的“本书配套程序和组件下载”二维码。

5.4.8　思考题

1. 如果图片尺寸过大，如何使用 TaifunImage 组件将图片缩小后再进行人脸检测。
2. 如果还希望给照片人脸的魅力值打分，应该如何实现？
3. 当照片中存在多张人脸，且都想判断其性别和年龄时，应该如何设计程序？

5.4.9　考核办法和成绩评定

1. 考核办法

学生独立完成实验，提交实验报告、aia 源文件和 apk 安装包。

2. 成绩评定

成绩评定见表 5-10。

表 5-10　成绩评定

项　目	成绩比例	备　注
实验报告	30%	结构完整，功能齐全，排版正确
apk 安装包	70%	UI 美观，功能皆已实现
aia 源文件	0	缺少源文件扣 20% 成绩

5.5　习题

1. 关注“旷视 AI 体验中心”“百度 AI 体验中心”“腾讯优图 AI 开放平台”“讯飞 AI 体验栈”这 4 个微信小程序，查看它们有哪些好用或好玩的 AI 功能。

2. 在上述 4 个微信小程序中，挑选一个（或几个）自己感兴趣的 AI 功能，在计算机上查阅其开发文档。

3. 试使用上述 API 接口，自行设计并实现一个 App。（其中百度和腾讯优图的鉴权接口比较复杂，相关资源下载请扫描本书前言的“本书配套程序和组件下载”二维码。）

第 6 章　智能语音交互设计

6.1　语音交互技术发展

自 2011 年 Apple 公司发布 Siri 语音助手以来，为抢占智能交互技术商业市场，包括谷歌、Apple、Microsoft、亚马逊、Facebook、三星、阿里、百度、腾讯、华为等国内外巨头纷纷涉足语音交互领域，语音交互作为人工智能席卷万物的突破口，已经成为业内共识。在巴黎举办的智能语音大会（Smart Voice Summit）上，来自谷歌的 Lionel Mora 表示："我们，正处于语音变革元年"。据《2023—2028 年中国智能语音行业市场发展现状及投资方向研究报告》的数据显示，全球智能语音市场规模由 2017 年的 110.3 亿美元增长至 2022 年的 351.2 亿美元，增长幅度为 218.4%，复合增长率为 26.1%。

在智能时代，界面设计或将突破现有的格局，不再局限于滑动、轻触和点击，而由更加自然的人类语言来替代。语音用户界面（Voice User Interface，VUI）代表了这一变革的前沿，它使用户能够利用最自然的交流手段——语言，与机器进行无缝对话。随着大语言模型的融入，VUI 正在变得更加智能和直观，它们通过深入学习人类的语言模式，提供更加精准和个性化的交互体验。

从命令行界面（Command Line Interface，CLI）的精确控制到图形用户界面（Graphical User Interface，GUI）的直观操作，人机交互的发展历程为 VUI 的设计提供了丰富的经验和教训。见图 6-1，VUI 的发展经历了从早期的交互式语音应答系统向现今高度复杂和智能的对话系统的演进。

VUI 的前身是交互式语音应答（Interactive Voice Response，IVR），它诞生于 20 世纪 70 年代，普及于 2000 年。电话用户只要拨打移动运营商所指定的号码（比如 10086），就可根据语音操作提示收听、点播或发送所需的语音信息以及参与聊天、交友等互动式服务。IVR 存在的主要缺点有：

1）通常用于单轮任务。

2）交互方式较为单一。

3）不能进行中途打断。

在与 IVR 系统的交互过程中，如果出现了失误，用户只能挂断重来，这使得整个交互过程极不流畅。

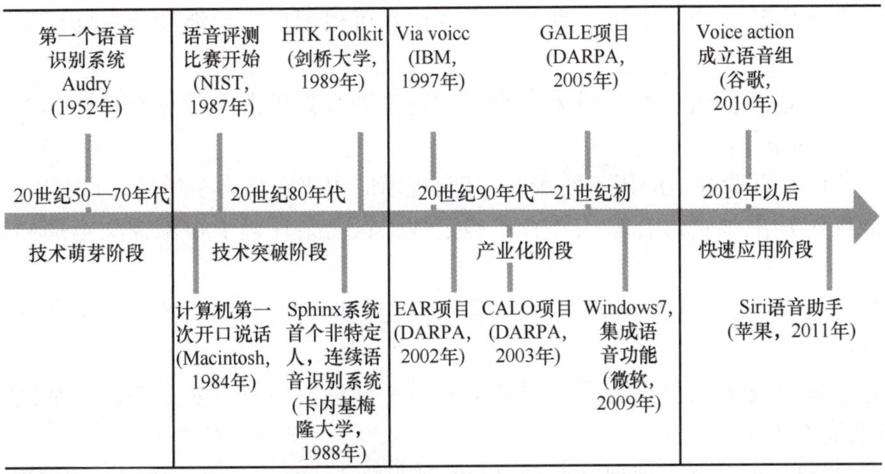

图 6-1　VUI 简史

现在的 VUI 是人通过自然语言与计算机进行交互，所以可以认为 VUI 是人工智能时代下的人机交互代表。其实，在深度学习发力之前，纯语音交互几乎是一件不靠谱的事情。以语音识别为例，从 2008 年到 2011 年，误字率一直高达 23%~24%；而从 2011 年开始应用深度学习时起，误字率从 23.6% 陡降至 5.5%，甚至 5.1%，而人类的专业速记员的误字率则是 5.9%。

此外，大模型时代的智能语音技术是人工智能领域的一项革命性进步，它通过深度学习和自然语言处理技术的应用，实现了对人类语音的高精度识别和理解。这些系统不仅能够将语音转化为文本，还能将文本流畅地转换为接近人类自然语调的语音输出。它们能够理解复杂的语境和指令，提供个性化和情感化的交流体验。与此同时，智能语音技术还支持多语言，能够实时响应用户需求，并被广泛应用于智能手机、智能家居、车载系统等多种设备中，极大地提升了用户体验和生活便利性。同时，随着技术的不断进步，智能语音系统也在不断学习和适应，以更好地满足用户需求，同时注重用户隐私和数据安全，确保交互的安全性。

6.2　语音交互的优缺点

语音交互如此受人期待，是因为它有巨大的想象空间，能够使我们的生活更便捷。想象一下，如果只是说一声“请将我的车从地库自动驾驶开到楼门口”，车主的汽车就按时到达，这样的生活该有多便捷。

6.2.1　语音交互的优点和痛点

语音交互的优势在于提供了一种更自然、更直观的交互方式，是未来人机交互的关键方向。

1）高效便捷：GUI 下设置一个闹钟可能需要 3min，而语音交互下只需要 30s。

2）自然无束缚：释放双手，不需要去烦琐地打开 App，找到一首歌，然后点击播放，可以一边看书，一边说“放音乐”“下一首”。

3）个性化体验：通过上下文理解，语音交互可根据用户习惯和背景知识做出个性化响应。

4）低成本普及：语音交互只需麦克风、扬声器和处理器等常见硬件，成本低廉，具备规模化应用的条件。

然而，“语音百般好，应用一时难”，其大规模应用仍面临诸多挑战。

1）准确识别困难：语音输入具有不确定性，在嘈杂环境下很难像文本那样精准识别语义信息。

2）模拟人类交互难度大：要像人一样自然连贯地进行双向交流、上下文理解等，技术门槛极高。

3）意图理解及知识积累滞后：语音交互需深刻理解用户真实意图，并掌握大量领域知识，目前尚有不足。

因此，尽管语音交互已展现巨大潜力，但要实现“能听、会说、懂你”的理想人机对话体验，仍需在多方面持续突破。作为新一代的交互模式，人们可通过VUI自然地给机器下达指令，但是要真正达到“能听、会说、懂你”的能力，与实际需求还有很大差距。所以，VUI是一种以人类内心意图为中心的人机交互方式，以交谈式为核心的智能人机交互体验。

6.2.2 智能语音交互核心技术

实现自然、流畅的语音人机交互是一个错综复杂的系统工程，需要多项核心技术的支撑：

1）语音识别技术：是语音交互的基础，将语音信号转化为文本。传统的隐马尔可夫模型等统计方法已很难满足要求，而深度学习技术如卷积神经网络、循环神经网络等能够自动学习语音的高维特征，显著提升了识别精度。除了硬件条件，语音识别还需要处理语音中的停顿、重音、语速变化等因素，以及噪声、重音等环境干扰，提高在复杂场景下的稳健性。

2）语音合成技术：是将文本转化为自然语音的过程。从基于拼接合成和参数合成到现在的深度神经网络模型，语音合成的自然度和实时性有了极大提升。其中，序列到序列模型可直接从文本到语音信号端到端建模，生成质量极高；而基于神经编码器－解码器－合成器框架的模型，能控制语音的抑扬顿挫，表现出情感语气。

3）语音语义理解：即使语音被正确识别，也不能保证被正确理解含义。自然语言理解是关键，需要结合上下文、语境、知识库等，理解语音的潜在意图和语义信息。序列到序列、注意力机制、记忆网络等技术大幅提升了语义理解的能力。

语音交互是否可以广泛应用，取决于对场景的深刻理解和人工智能技术的进步。通俗地说，语音交互是否好用，取决于语音交互式机器人是否可以像人一样正常地与其他人进行语言交流。这里主要需要语音交互式机器人解决两个问题：一方面是语音识别的准确性，它不仅取决于硬件设备的识别精度，还需要在各种场景下进行语义理解；另一方面，需要在与人语音会话时能实现对等知识的交流，这反映了对知识的掌握程度。

语音交互与图形文本交互不同，图形文本交互可以实现准确识别，例如与机器人客服的对话，只要用户的输入信息无误，则机器可以识别并理解它。但语音在识别时通常会产生多种含义，机器很难准确地识别出这种具有较大人类语言不准确性的内容。并且在各种嘈杂的环境中，如果要像人一样自然、持续、双向、可打断地交流，整个交互过程需要解决更多问题。

目前，语音交互技术仍然面临着巨大的挑战，在复杂环境和不确定的情况下，语音交互式机器人也很难理解用户的行为和真实意图。若要在不同的场景中，为用户提供满意的语音交互服务，软硬件技术都还任重道远。

6.3　实验 6：语音识别和语音合成

6.3.1　实验目的和类型

1. 实验目的

了解语音合成的原理，熟悉常用的 TTS（语音合成）引擎，掌握移动端语音播报功能的实现办法。

2. 实验类型

演示性实验。

6.3.2　实验内容

说明：实验内容分为“能”“会”“熟练操作”“熟悉”“认知” 5 个层次。实验要求指学生通过本实验课程的学习，所要达到的知识和能力水平。

1）了解语音识别的原理，熟悉常用的 ASR（语音识别）引擎。
2）熟练操作 App Inventor 实现 Android 端语音识别功能。
3）了解语音合成的原理，熟悉常用的 TTS（语音合成）引擎。
4）熟练操作 App Inventor 实现 Android 端语音合成功能。

6.3.3　实验仪器、设备

1）App Inventor（https：//code.appinventor.mit.edu/login？ locale=zh_CN）和 AI 伴侣。
2）Android 手机一部（Android 模拟器难以实现语音识别功能）。
3）Microsoft Edge 浏览器。

6.3.4　实验原理

1. 语音识别

App Inventor 官方自备的语音识别器组件本身并没有语音识别的功能，而是通过调用其他程序来实现语音识别功能。如果手机中没有安装其他语音识别程序，运行该组件则会报错。

2. 语音合成

App Inventor 官方自备的语音合成器组件默认调用 Android 自带的 TTS 引擎。

6.3.5　实验步骤及要求

1. 准备工作

准备如图 6-2 所示的图片素材，分别表示汽车是否开门、是否开灯的 4 种状态。

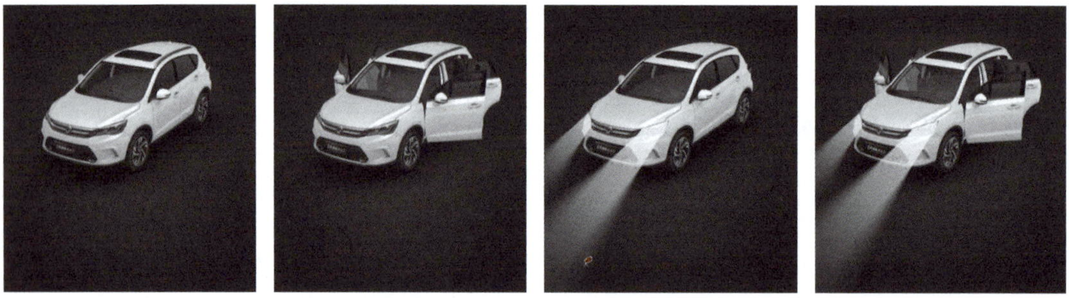

falsefalse.jpg　truefalse.jpg　falsetrue.jpg　truetrue.jpg

图 6-2　图片素材

2. 界面设计

1）在 App Inventor 中创建新工程，设置屏幕的背景色为自定义的 #0f0f0fff（接近黑色），并设计界面见图 6-3。其中语音识别器、文本语音转换器和音效组件都可以在左侧工具箱中的“多媒体”栏找到。

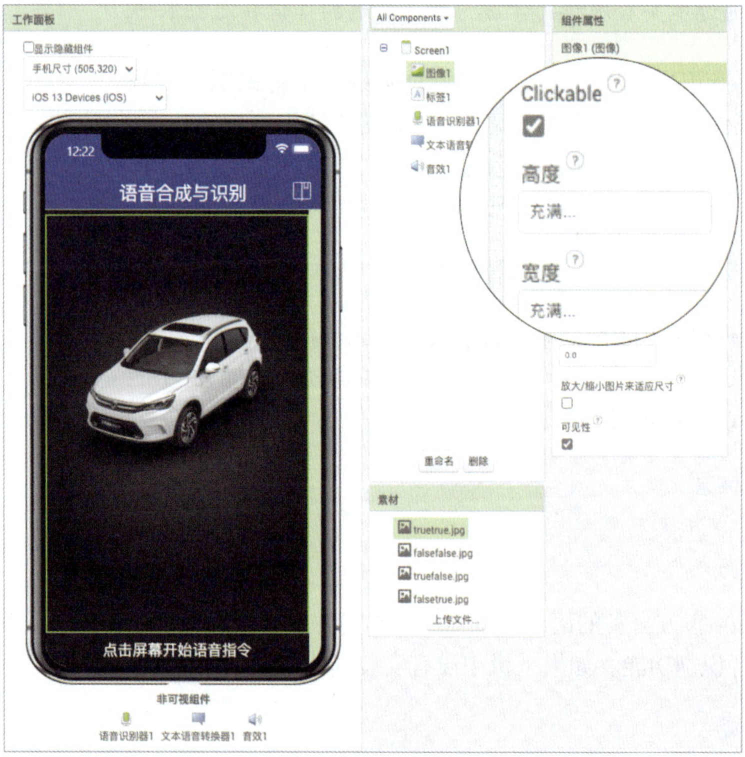

图 6-3　界面设计

2）图像框组件的宽度和高度都设置为“充满”，并且 Clickable 属性勾选中，这样它就可以响应点击事件了。

3）在右下方“素材”栏上传代表车辆不同状态的 4 张图片，并设置图像框的图片属性为“falsefalse.jpg”。

3. 逻辑设计

1）切换到逻辑设计工作区，从左侧内置块“变量”下添加两个全局变量，见图 6-4，分别命名为“车门”和“车灯”，并设置它们的值为“逻辑”下的“假”。

2）为图像框添加点击事件，见图 6-5，使得程序运行时，点击图片即开始识别工作。

图 6-4　初始化变量

图 6-5　调用语音识别功能

3）为语音识别组件添加事件，见图 6-6，使得语音识别过程开始时，标签文字为“开始语音识别”。

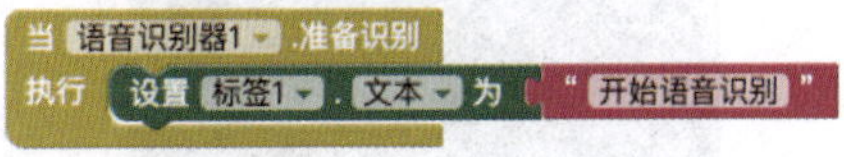

图 6-6　语音准备识别事件处理

4）当语音识别完成时，将识别出的内容显示到标签上，然后判断该内容是否为“开门”“开灯”，若是则设置对应的变量为真或假，并顺便让“文本语音转换器”念读“车门已开启”等文字，见图 6-7；再根据这两个变量值拼出图片素材名称，从而设置图像框中显示的图像；最终，再通过音效组件，让手机震动一下，让用户有更好的交互体验。

5）运行程序，当点击屏幕中心图像后，喊出“开门”“开灯”“关门”“关灯”等指令，则屏幕图像将会切为对应的图片，见图 6-8。

6.3.6　实验注意事项

由于 Android 手机的多样性，很可能有些品牌或机型并未内置语音识别引擎，这时候可以通过安装“讯飞语记”等第三方 app 的方式来解决，见图 6-9。

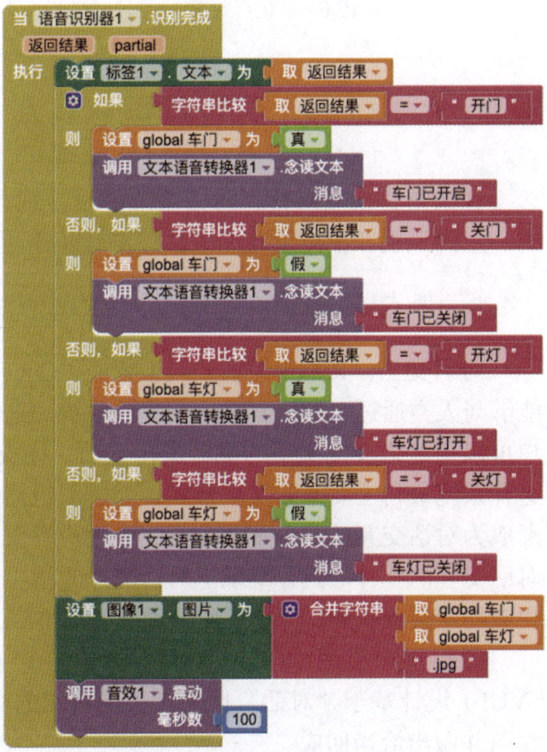

图 6-7　语音识别完成事件处理

6.3.7　思考题

文本转语音作为语音输出，可以丰富软件的应用，如自动朗读短信、朗读小说等，特别适合不方便阅读（如做饭时）时使用。

图 6-8　运行效果

图 6-9　开启讯飞语记体验

6.4　大模型时代的智能语音交互

在大语言模型时代，对话系统的设计理念和方法发生了根本性的变革。传统的基于规则、意图识别和槽位填充的方法逐渐让位于更加灵活、智能的对话交互范式。

6.4.1　从 GUI 到 VUI 再到 LLM 驱动的对话系统

对话交互，又称为对话式人工智能（Conversational AI），是指利用人工智能技术实现的，能够与人类通过自然语言进行交流的系统。这种系统模拟了人与人之间的对话过程，使得用户可以通过语音或文字与机器进行互动，完成信息查询、任务执行、服务获取等多种功能。这种系统最初主要基于文本形式，如聊天机器人和消息应用。随着技术的发展，语音交互逐渐成为对话交互的一个重要分支，为用户提供了更自然、更便捷的交互方式。语音交互作为对话交互的一种形式，继承了对话交互的核心目标：理解用户的意图、情感和需求，并提供相应的反馈或服务。但它还面临着额外的挑战，如准确的语音识别、自然的语音合成等。

图形用户界面（GUI）的设计理念在语音交互领域已不再完全适用。语音用户界面（VUI）设计基于“对话”这一人类最自然的交流方式，要求在有限的对话中准确分析用户意图并做出恰当回应。

传统的语音交互系统往往是由多个独立模块组件串联而成，如语音识别、语义理解、对话管理、响应生成等，每个模块都需要专门设计和训练。这种管线式架构不仅效率低下，也难以在各模块间形成良好协同。而基于大模型的语音交互系统则可以打破管线式的瓶颈，实现端到端的建模。LLM 驱动的对话系统不再局限于预定义的意图和槽位，而是能够理解更广泛的语境和复杂的用户表达。通过在海量语料上进行预训练，大模型不仅捕捉了语言的丰富性和复杂性，还学习到了语言的深层语义，为文本和语音交互提供了强大的基础。这种系统更接近于人类的认知方式，能够进行多轮对话、理解上下文，并生成连贯、富有信息量的回应。例如，Meta 提出的 Data2VecAudio 模型能够直接从原始语音数据中学习语义表示，一次性完成从语音到语义的映射。谷歌的通用语言模型（Generalist Language Model，GLaM）则在单一模型中集成了语音识别、语义理解、文本生成等不同能力，大幅简化了系统结构。

值得一提的是，大模型本身不仅拥有强大的泛化能力，而且可以通过少量数据微调，快速适配新领域、新任务。Anthropic 的 InstructGPT 大模型在微调后展现出了出色的语音指令理解能力。而 OpenAI 的 GPT-4 等更先进的大模型，甚至可以直接从原始语音中生成自然语言响应，使得语音交互系统变得前所未有地简单。现有大模型的实例格式化说明以及构建指令格式化实例的三种不同方法如图 6-10 所示。

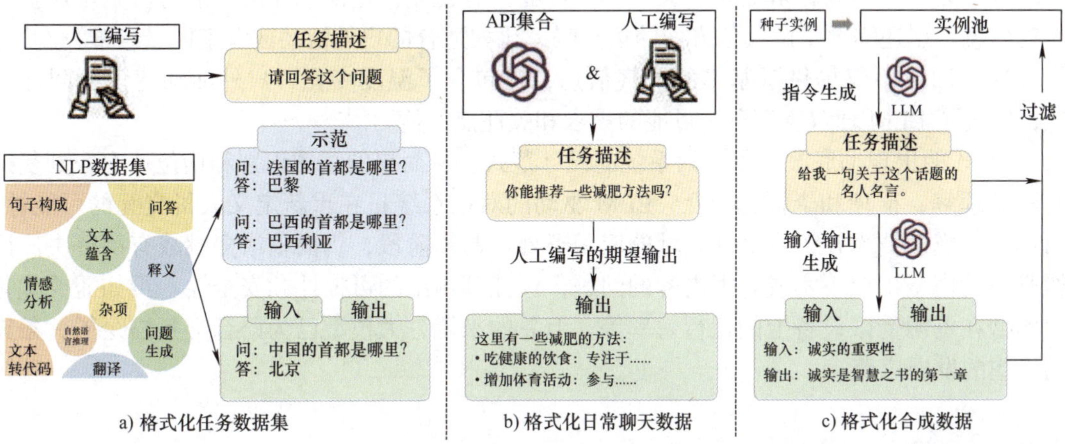

图 6-10　实例格式化的说明以及构建指令格式化实例的三种不同方法

除了简化架构、提升泛化性外，大模型更重要的贡献是为语音交互带来更自然、更流畅的交互体验。由于预训练语料的广博性，大模型能较好地掌握人类的表达习惯、对话逻辑，从而生成更符合人类语用习惯的交互语言。例如，Anthropic 公司的一项最新研究发现，他们的大模型 Constitutional AI 在与用户对话时，能自动学习并展现出礼貌、坦诚，同时避免产生带有攻击性或争议性的内容。再如 DeepMind 的 Chinchilla 大模型，在模拟用户查询时展现出了近乎人类的上下文理解和多轮交互能力。这种更自然、更人性化的交互体验，正是追求语音交互理想的关键所在。

6.4.2　语义理解的新范式

在 LLM 时代，传统的自然语言理解（Natural Language Understanding，NLU）概念已经发生了根本性的变化，不再局限于简单的意图识别和槽位填充，现代对话系统的语义理解能力更加深入和全面。

1）深度语义理解：LLM 能够理解语言的细微差别、隐喻和上下文含义，而不仅仅是表面的语义。

2）推理能力：系统可以基于给定信息进行逻辑推理，回答需要多步骤思考的复杂问题。

3）常识推理：LLM 在预训练过程中积累了大量知识，能够利用这些知识进行常识性推理。

4）情感理解：能够捕捉用户表达中的情感色彩，并做出适当的情感响应。

5）意图动态识别：不再局限于预定义的意图集合，而是能够动态理解和分类用户的多样化意图。

例如，对于“北京明天的天气怎么样？”这样的查询，现代 LLM 不仅能理解基本的意图和实体，还能提供更丰富的响应：“根据您的询问，我理解您想了解北京明天的天气情况。让我为您查询最新的天气预报信息。北京明天的天气预报如下：温度最高气温 25℃，最低气温 18℃，天气状况多云，局部地区可能有短暂阵雨，风向东北风，风力 3 ~ 4 级，空气质量良好，AQI 指数预计为 80 ~ 100。考虑到明天的天气状况，建议您出门时携带一件轻薄外套，以防天气转凉或遇到阵雨。如果您有户外活动计划，最好在上午进行，因为下午降雨概率略高。需要提醒的是，天气预报可能会有变化，建议您在出门前再次确认最新的天气信息。您还需要了解其他方面的信息吗，比如适合的户外活动或者室内景点推荐？”

这个回答不仅提供了基本的天气信息，还包含了温度变化、户外活动建议等附加信息，体现了 LLM 理解查询背后可能的需求和关注点的能力。

LLM 的出现彻底改变了对话系统的设计范式。从简单的意图识别和槽位填充，到复杂的语义理解、推理和个性化交互，LLM 驱动的对话系统正在重新定义人机交互的可能性。当然，大模型技术在语音交互领域的应用还处于起步阶段，仍面临诸多挑战有待解决。比如避免大模型生成不实或有害内容的问题，保证其输出的可控性和安全性；再如需要优化大模型在资源受限设备上的运行效率等。但总的来说，大模型已为语音交互描绘了一条充满希望的发展道路。

6.5　实验 7：对话交互

6.5.1　实验目的和类型

1. 实验目的

了解 VUI 和 GUI 的区别，熟悉 VUI 设计的基本规范，基本掌握移动端 VUI 设计的流程和方法。

2. 实验类型

设计性实验。

6.5.2　实验内容

说明：实验内容分为“能”“会”“熟练操作”“熟悉”“认知” 5 个层次。实验要求指学生通过本实验课程的学习，所要达到的知识和能力水平。

1）了解 VUI 和 GUI 的区别。
2）熟悉 VUI 设计的基本规范。
3）掌握移动端 VUI 设计的流程。
4）熟悉国内常见的对话式人工智能开发平台。

6.5.3　实验仪器、设备

1）App Inventor（https：//code.appinventor.mit.edu/login？ locale=zh_CN）和 AI 伴侣。
2）Android 手机一部（Android 模拟器难以实现语音识别功能）。
3）Microsoft Edge 浏览器。
4）Kimi 开发平台（https：//platform.moonshot.cn）及开发者账号。

6.5.4　实验原理

Kimi 是由北京月之暗面科技有限公司开发的人工智能助手，它具备强大的语言处理能力，能够进行多语言对话，尤其擅长中文和英文。Kimi 能够阅读和解析用户上传的文件内容，包括 TXT、PDF、Word 文档、PPT 幻灯片和 Excel 电子表格等格式，以及解析用户发送的网页链接内容。此外，Kimi 还具备搜索能力，可以结合搜索结果为用户提供更加全面和准确的回答。

Kimi 的 API 开发平台为开发者提供了一个强大的工具，使得他们能够将 Kimi 的智能对话能力集成到自己的应用程序和服务中。通过 Kimi 的 API，开发者可以轻松实现文本分析、语言翻译、情感分析等功能。同时，Kimi 的 API 还支持自定义模型，以满足特定需求。Kimi 对话 API 文档：https：//platform.moonshot.cn/docs/api/chat#api- 说明。

请求网址如下：https：//api.moonshot.cn/v1/chat/completions。

请求头：参数为 Content-Type，值为 application/json；参数为 Authorization，值为 Bearer API_KEY。

调用方法：POST。

请求参数，见表 6-1。

表 6-1　请求参数

是否必选	参数名	类型	参数说明
必选	messages	list	这是一个字典列表，每个元素类似如下：{"role"："user", "content"：" 你好 "}。role 只支持 system, user, assistant 其一，content 不得为空
必选	model	string	目前是 moonshot-v1-8k, moonshot-v1-32k, moonshot-v1-128k 其一
可选	temperature	float	使用什么采样温度，介于 0 和 1 之间。较高的值（如 0.7）将使输出更加随机，而较低的值（如 0.2）将使其更加集中和确定性

返回值：当人脸检测 API 返回文本时，需要从中提取符合要求的内容。由于有时图片中并没有人脸，或者人脸识别失败，则列表中的 face_list 序列长度为 0，可通过判断该列表的长度来判断是否成功识别人脸。

根据百度官方文档，返回的 JSON 结构见表 6-2。

表 6-2　返回值说明

字　段	类　型	说　明
choices	list	每个元素是个字典，每个字典中 message 内容类似如下：{"role"："assistant", "content"："123+456 等于 579。如果你有其他问题，请随时提问 !"}
usage	dict	消耗的 token 等信息
……	……	……

6.5.5　实验步骤及要求

1. 准备工作

1）打开 Kimi 开发平台官网（https://platform.moonshot.cn），登录后单击左上方的“用户中心”，经过实名认证后，即可在“API Key 管理”中新建 API 密钥，见图 6-11。

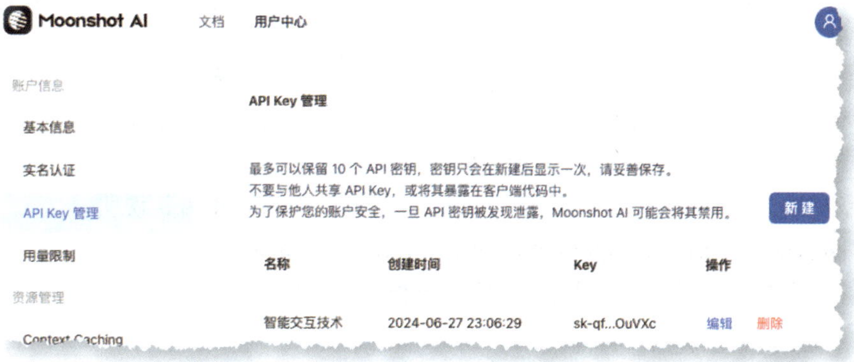

图 6-11　新建 API 密钥

注：Kimi 的密钥只会在创建的时候显示一次，之后就再也看不到了，所以请务必做好保存工作。

2）在 Microsoft Edge 浏览器中打开 PostWoman 插件，单击打开“接口调试”窗口，输入 Kimi 对话 API 的网址，见图 6-12 和图 6-13。

图 6-12　创建“语音交互”应用

请求头　参数

○ x-www-form-urlencoded;charset=UTF-8　◉ 自定义格式　application/json

```
{
  "model": "moonshot-v1-8k",
  "temperature": 0.5,
  "messages": [
    {
      "role": "assistant",
      "content": "- Role: 风趣幽默的AI伴读 - Background: 学生需要的不仅是学术辅导，更希望在学习之余得到一些轻松愉快的交流体验。 - Profile: 你是一个知识渊博且风趣幽默的AI，能够用轻松的方式帮助学生解决问题。 - Skills: 快速理解问题、提供简洁有趣的答案、调动学习积极性。 - Goals: 在解答学术和生活问题的同时，为学生带来轻松愉快的交流体验。 - Constrains: 保持回答的准确性和适当性，避免不适当的幽默。 - OutputFormat: 简洁有趣的文本回复。 - Workflow:  1. 快速捕捉学生的问题核心。  2. 以幽默风趣的方式提供解答或建议。  3. 鼓励学生保持积极态度，享受学习过程。 - Examples:  学生：微积分太难了，我快疯了！  AI伴读：别担心，微积分可能看起来像迷宫，但跟着我，咱们一步步找到出口！  学生：考试周压力山大，怎么办？  AI伴读：考试周就像健身房，虽然累，但过后你会变得更强大！试试深呼吸，合理安排时间，别忘了休息哦。 - Initialization: 你好呀，学习的小烦恼统统交给我，咱们用幽默打败它们，一起轻松学习，快乐生活！"
    },
    {
      "role": "user",
      "content": "大学生应该买笔记本电脑吗"
    }
  ]
```

图 6-13　接口调试之请求体

3）在 PostWoman 中单击右上角的“发送”按钮，返回结果见图 6-14。

```
{
    id: "chatcmpl-95823f70c7c04c0b8b7ef7f7b899b453",
    object: "chat.completion",
    created: 1719971541,
    model: "moonshot-v1-8k",
  - choices: [
      - {
            index: 0,
          - message: {
                role: "assistant",
                content: "哈哈，这个问题就像是问“大学生应该吃饭吗？”一样，笔记本电脑可是现代学生的“电子饭盒”呢。不过，选择合适的“饭盒”要根据你的“口味”和“营养需求”。如果你的专业或兴趣需要处理大量数据、编程、设计或者你是个游戏爱好者，那么一台性能强劲的笔记本电脑就很有必要。如果只是用来写写论文、浏览网页，那么一台轻便的笔记本或平板电脑也能满足需求。\n\n记得，买笔记本就像选朋友，要选能陪你一起成长的那款哦！别忘了预算，毕竟不是每个学生都有“土豪”的背景。最后，记得保养好你的“电子饭盒”，它可是你大学生活中的重要伙伴呢！"
            },
            finish_reason: "stop"
        }
    ],
  - usage: {
        prompt_tokens: 286,
        completion_tokens: 143,
        total_tokens: 429
    }
}
```

图 6-14　返回内容

2. 界面设计

1）在 App Inventor 中新建项目，设计界面见图 6-15。

图 6-15　聊天机器人之界面设计

2）上传图片素材“idle.gif”“speak.gif”和“listen.gif”，见图 6-16，并设置图像框的图片属性为“idle.gif”，图像框的宽度为“充满”，高度为“35%”。

图 6-16　机器人表情图片

3）对于标签 2，勾选“HTML 格式”属性，则该标签中将按网页的格式显示内容。

4）在左侧工具箱底部找到“Extension”扩展栏，分别导入 com.KIO4_AniGif.aix 和 com.puterblade.markdowntools.aix 组件，并添加进工作区。前者可让图像框中显示 GIF 动画，后者可将 Markdown 格式的文本（Kimi 返回的 content 内容，往往是 Markdown 格式的）转换为 HTML 格式。

5）勾选 Screen1 的“允许滚动”属性，这样，当 Kimi 回复的内容篇幅很长时，可以滚动屏幕中的内容，让屏幕下方的文字显露出来。

3. 逻辑设计

1）切换到逻辑设计，为 Screen1 添加初始化代码，并为 KIO4_AniGif 组件添加 Frames 事件处理，使得图像框中的动画动起来，见图 6-17。此时，UI 上半部分的机器人的大眼睛就变得灵动起来，给用户一种“活着”的感觉。

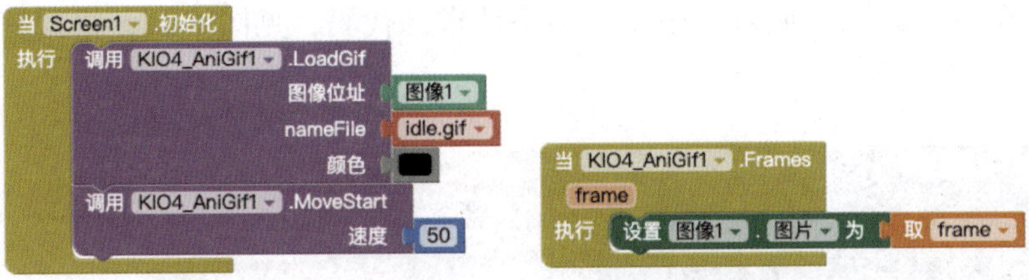

图 6-17　让 GIF 动画动起来

2）为按钮 1 组件添加点击事件处理代码，使其首先停止文本语音转换器的工作（以打断可能正处于的念读状态），然后开始语音识别任务。见图 6-18，在语音识别开始时，将机器人切换为倾听动画（listen.gif）。

图 6-18　开始语音识别

3）添加全局变量“聊天记录”，见图 6-19。该变量中将存储所有的聊天对话的全部内容，这是根据官方 api 文档，实现多轮对话的必要内容。

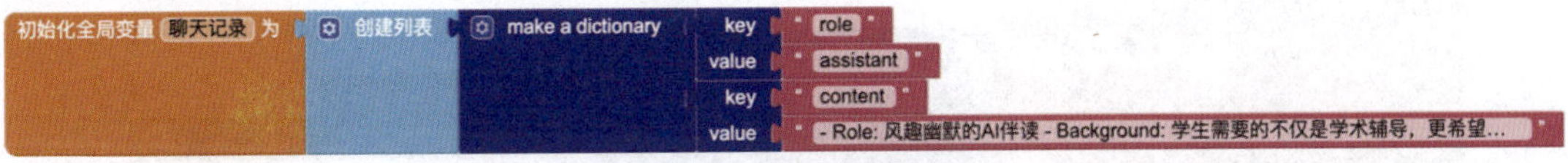

图 6-19　全局变量

值得注意的是，随着对话的进行，Kimi 模型每次需要传入的 token 都会线性增加，必要时，需要一些策略进行优化，例如只保留最近几轮对话。

4）处理语音识别完成事件。首先将识别到的内容显示在标签 1 中，之后如果发现语音识别已全部结束，则开始显示进程对话框“让我想想”（以免用户等待得着急），将识别出的文字放入“聊天记录”，见图 6-20。

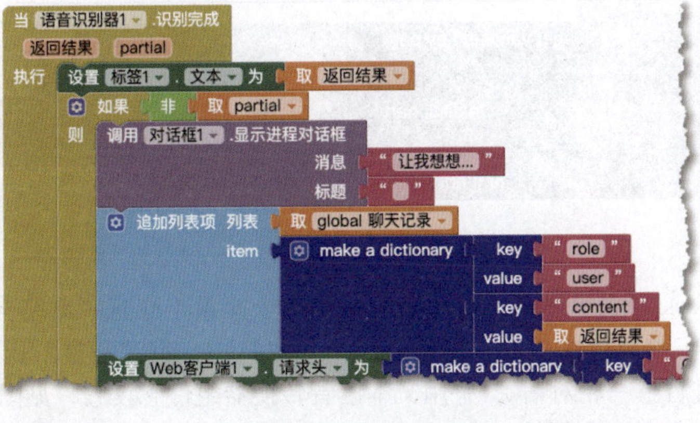

图 6-20　语音识别完成

5）继续在语音识别完成事件中添加网络请求的代码，见图 6-21，根据官方文档设置请求头、网址和请求体。

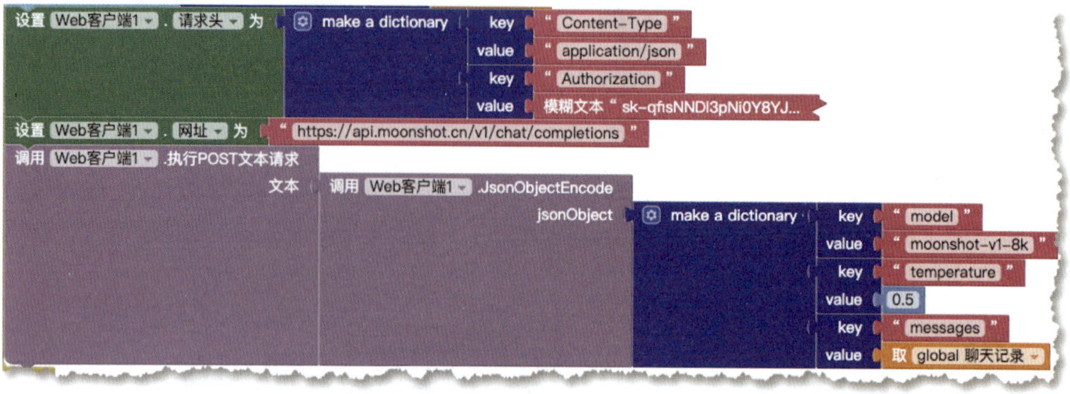

图 6-21　发送 POST 请求

6）处理 Web 客户端组件的“获得文本”事件。首先关闭进程对话框，然后解析响应内容为字典，如图 6-22 所示，并从中获取 choices 字段对应的列表并生成相应的变量。

图 6-22　获得文本事件处理

7）如果发现 choices 列表是空列表，则弹出警告信息，该信息来自响应内容解析出的字典下 error 下的 message 字段对应的值，如图 6-23 所示。

图 6-23　错误处理

8）如果 choices 列表不为空，则从中取出第 1 个元素（亦是字典结构），将其下 message 下的 content 字段对应的值放入局部变量“消息”中。将“消息”内容放入“聊天记录”列表（方便进行下一轮对话），并用文本语音转换器组件念读它，见图 6-24，最后将其格式转换为 HTML，显示到标签 2 中。

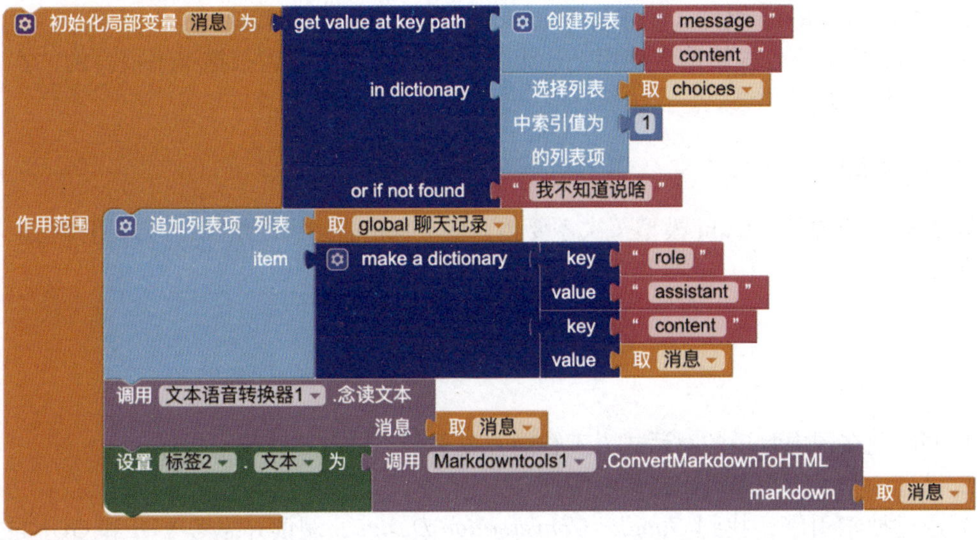

图 6-24　获得 ai 反馈消息并念读和显示

9）为了让聊天机器人的表情更加真实，在文本念读之前将图像框中的动画图片换为“speak.gif”，如图 6-25 所示，并在念读结束之后再将动画图片换回“idle.gif”。

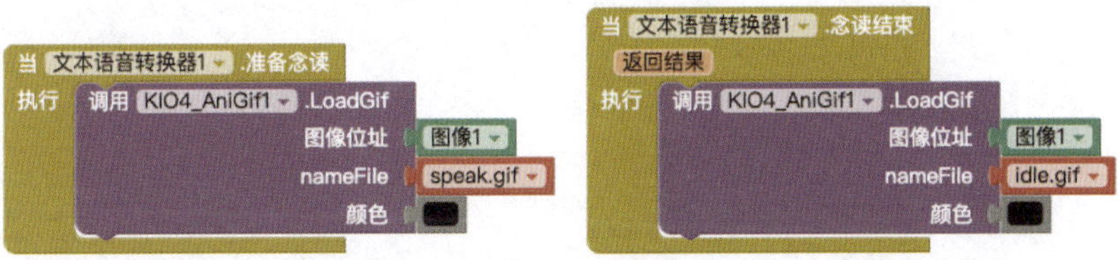

图 6-25　设置“说话”时候的表情

10）打包生成 apk，安装在 Android 手机上后的运行效果，见图 6-26。

图 6-26　对话交互运行效果

6.5.6　实验注意事项

为了做好本案例，则需要导入以下三个拓展组件：

1）KIO4_AniGif 组件：用于在图像框中显示 GIF 动画。相关资源下载请扫描本书前言的“本书配套程序和组件下载”二维码。

2）Markdowntools 组件：用于将 Markdown 和 HTML 互相转换。

3）组件下载：为方便读者使用上述组件，相关资源下载请扫描本书前言的“本书配套程序和组件下载”二维码。

6.5.7　思考题

随着对话的进行，Kimi 模型每次需要传入的 token 都会线性增加，可采用哪些策略进行优化？

6.6　习题

1. 调研现在国内常用的对话式人工智能开发平台，试对比其技术指标。

2. 设计一个好听且不易出错的唤醒词。

3. 通过搜索引擎，找到 *Google: Conversation Design*，阅读并思考 VUI 和 GUI 的关系和区别。

4. 调研并思考车载语音交互的界面设计。

第 7 章　智能交互技术的设计与评价

7.1　智能交互技术设计思路

当前，智能交互技术在多通道、多媒体的智能人机交互方面取得了丰硕的研究成果，越来越多的智能交互产品出现在人们的生活中。这些产品在视觉交互、语音交互或是其他新奇的智能交互形式上带给人们更多的便利。它们在智能家居、智能交通、智能办公等领域推陈出新，也是目前人机交互发展的必然趋势。

智能化人机交互产品已经逐渐开始改变人们的行为方式和生活方式，随之出现了新的人机关系。智能化交互产品的发展不仅依赖于人机交互技术的发展，更依赖于不断发展的交互设计。实现优质的、智能化的交互设计涉及多方面的问题，厘清智能交互产品的设计思路，能为产品的设计和开发提供捷径。

智能交互设计是一个系统的解决方案，包括服务模式、商业模式、产品平台和交互界面的一体化设计。

可以通过一系列的设计方法，帮助完成某项产品的交互任务。对于智能交互产品，交互设计所解决的问题就是在产品的全部使用过程中，为用户的各种需要提供明确、周到的操作引导和结果反馈，并按照提供产品服务的流程，解决用户在使用前、使用中和使用后遇到的各种困难，从而在操作效率、认知、情感等方面满足人们的要求，提高智能交互产品的易用性、满意度和用户体验。

这里以一个平开门的门锁作为一个交互产品实例进行描述，见图 7-1。要打开一个平开门需要一个把手作为操作工具，若将门把手做成弯折、凸出的横向圆柱形器物，就会给用户提供明确的操作引导——手握把手向下旋转，这符合人体工程学的操作逻辑。用户操作旋转时听到“咔嚓”的响声就得到了一个反馈——门锁被打开，可以知道随之拉动门把手可打开房门。紧挨着门把手的锁孔清楚地提示用户：如果旋转门把手无法打开房门便需要钥匙插孔开锁。这种设计就从引导和反馈两种模式带给人们清晰的、方便的交互设计体验。从使用角度出发进行人机交互设计是该类产品设计的主要思路。

智能交互设计的展开是一个从交互研究到交互设计的过程。它包括了需求分析、用户研究、设计服务流程、智能交互接口定义和设计交互原型界面几个环节。

图7-1　易用的门锁交互设计

7.1.1　需求分析

需求分析就是搞清楚要设计的交互产品所要解决的问题。设计被用户所认可就是解决用户在使用和体验上的痛点，满足他们的需求并给予惊喜。需求分析不单单是针对智能交互产品，对于所有产品几乎都适用。进行需求分析的方法有很多，例如通过问卷调查、访谈或调研获取需求数据，找准市场定位及面向的用户。需求分析可以使我们更加准确地获得用户特征以及现有产品中设计的不足，从而为下一步的用户研究工作提供基础。

7.1.2　用户研究

对于智能交互产品设计，用户研究是指对产品使用者的研究。其中产品主要面向的使用者是用户研究的主要对象，而其他少数使用者和其他关联人员是用户研究的次要对象。用户研究的目的是了解和掌握特定交互产品的使用人群的功能需要、使用动机、认知和行为习惯、安全性要求、个性化要求等。

用户研究需要选择适当的方法，并进行数据统计和分析。用户研究的第一个步骤是要完成用户调研，采取调查法、实验法等获得相关数据，并做相关性分析，发现对使用效率和用户体验影响最大的因素。用户研究涉及个性因素、心理因素、生活方式因素、环境因素等。

7.1.3　设计服务流程

智能交互提供的服务是涉及多环节、多场景、多对象的系统过程，产品服务流程是将服务过程中涉及的人、物、环境等联系起来的线索。在进行交互产品设计之前，必须厘清产品服务的流程，将每个环节涉及的人、物、环境以及他们之间的互动关系进行详细分析。在以智能交互产品为设计主体的服务设计研究中，则要将产品所能提供的服务流程进行分解，指出流程中每个环节完成的任务，从而为进行实际的功能设计提供支持。

7.1.4　智能交互接口定义

在现实生活中，智能交互产品提供的服务往往通过人机交互接口实现，这涉及人与产品进行交互的软件界面或硬件设施。在进行产品设计之前，要首先考虑人机交互接口的定义，优秀的接口定义为产品服务环节提供强有力的承接和引导。

在为智能交互产品定义交互接口时，要从服务前、服务中和服务后三个阶段考虑，分析每个阶段的不同服务内容，画出服务流程图。根据流程图，设定产品与人的最优交互方式来提供最有效的人机交互接口。将这些接口作为产品交互硬件或界面设计的节点，从用户体验的角度出发，应用多通道设计的理念，简化认知难度，给予接受服务者充分的信息引导和愉悦的心理体验。

从产品的动态服务角度看，智能交互产品为人提供的服务不仅在其使用过程中，产品的购买、学习使用、维护、废弃等也属于服务设计的范畴。给予用户愉悦的使用体验也同样包含了这些环节。

7.1.5　设计交互原型界面

智能交互产品提供的服务主要通过产品界面的设计来初步实现。在完成了用户研究之后，根据用户调研得到的结论对智能人机交互产品进行设计。本书第 4 章介绍的交互界面的原型设计的主要内容是信息架构和交互流程及方式的设计。要按照功能需求和服务流程，进行交互流程界面设计，绘制交互流程界面草图，并对流程图进行优化测试，使流程达到最简便、高效和自然的效果。

智能交互产品的服务设计实质上仍然是以实现服务为目的的产品设计，它主要通过交互界面的设计来实现。而交互界面的设计又是以服务流程、服务接触点、用户研究为设计依据。因此，要完成智能交互产品的服务设计必须要做好充分的前期研究工作，根据具体的产品做出服务流程规划，设计完善的服务接触点。同时在系统原型界面设计时结合设计美学、设计心理学等，考虑人们的认知特点和行为习惯，设计出美观、高效的原型界面。

7.2　智能交互产品设计的相关因素

人机交互设计涉及与产品服务提供过程相关的一系列因素。这些相关因素包括产品使用者、交互设施和产品、产品服务过程和交互产品的服务环境等。

智能交互产品服务： 在特定的环境下，智能交互产品为产品使用者提供完备的产品服务过程。可以看出，产品设计的因素就是人、物、服务和环境。

7.2.1　产品使用者

产品使用者即产品面向的用户，是产品交互的直接参与者。产品为用户提供服务时，直接的产品使用者以及在服务过程中所涉及的其他人员都可称为用户。服务中所涉及的其他人员，指与服务接受者共同处在服务环境中，能感知到服务过程，并受到服务过程影响的人。

例如，人们在公共场所使用提款机、购票机、查询机等交互产品时，这些设施的直接使用者和附近的非使用者都能够通过听觉、视觉等感觉器官感受到服务过程，并受到服务过程的影响，因此，这些直接或间接的产品使用者都是交互设计需要考虑的因素。举例来说，人们进入影院看电影前需要购票，传统的方式是人工售票。现在有了自动售票机，设计者希望通过感官体验吸引从未使用过的用户参与体验。由于当前影院观影还是以年轻人为主，为吸引青年人，售票机的交互设计需要针对该类用户设计出时尚、便利、多媒体、多支付模式的售票交互模式。图 7-2a 所示为一种影院自动售票机的设计，多媒体大屏带来时尚感，二维码支付带来便利性，现金和银行卡入口提供多种支付手段，另外，提供优惠券能够更多地吸引年轻用户前来体验多种消费服务（如小食、休息厅娱乐设施等）。

根据面向主要用户的年龄、性别、知识水平、经验、行为习惯、认知能力等基本信息，不同的产品设计会影响服务的效率和结果。这些因素对产品设计的交互模式、操作难易程度、信息反馈通道等有直接的决定作用。如医院化验单自动打印机主要针对老年人用户使用，这类用户使用交互产品的经验较少，反应能力下降，在使用该类交互产品时，复杂的交互设计易发生错误，并由此会产生一些负面的产品体验。图 7-2b 所示为针对老年用户的医院化验单自动打印机交互设计，插入诊疗卡或医疗卡便可打印化验报告，简便的交互设计更能够方便老年用户体验。

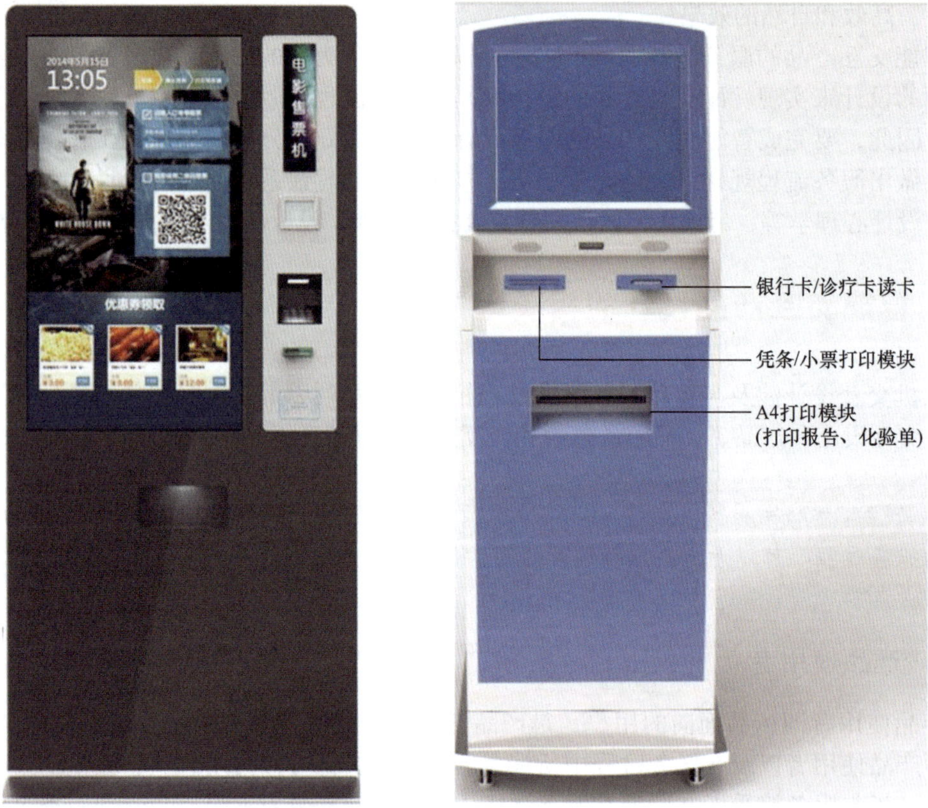

a)　　b)

图 7-2　针对年轻用户的影院售票机与针对老年用户的化验单打印机交互

因此，在服务设计展开之前，要先完成对产品服务所提供的用户研究，针对用户的特点提供符合他们能力的服务设计方案。

7.2.2　交互设施和产品

人机交互需通过载体来实现，对于通过人机交互产品提供的服务，产品本身就是服务的载体，用户通过与产品的交互来接受服务。因此，产品中的交互硬件（人机接口）及交互软件是服务提供的主要途径。产品本身的交互接口、交互界面的设计是服务设计考虑的重要因素。此外，产品造型所体现出的亲和、友好的感觉，乃至产生趣味、象征等联想，从心理方面会给用户提供积极的情绪和情感体验。

另外，实现一项服务可能需要多个智能人机交互产品共同完成，这些产品存在着使用的先后顺序关系或并行选择关系，因此在构思每一个产品的服务设计时不能孤立地考虑其中一个产品，而需要将服务系统中涉及的各个产品构成一个系统，在交互方式、流程等方面做系统设计，以提高服务的实现效率和易用的用户体验。如一个完整的智能家居服务系统，见图 7-3，应用于家庭的安防、智能电器、环境调节、照明控制等的智能家居交互，通过图形化应用界面、语音、手势等多种交互模式进行人机交互。因此，该系统需进行统一的交互模式设计，否则会降低服务实现效率，并且对使用的正确率产生一定的阻碍。

图 7-3　多智能产品关联的人机交互系统——智能家居

7.2.3　产品服务过程

产品服务是一个系统性的工程，它通过服务过程将与服务相关的人和物连接起来。服务过程中的任何环节都可以影响服务的效率和效果，因此，在服务设计中需要研究和分析服务过程，设计合理的服务环节，优化服务内容，使服务实现高效和便捷。如图 7-2 中的化验单打印机，屏幕上要有必要的说明来提示用户插卡取化验单；插卡后提示用户当前是否可以打印，以及如果不能打印需给出估计等待的时间；打印单据后提示用户拔出卡片取走单据。这是一整套交互产品的服务流程，交互设计必须按照流程进行以提供给用户便捷的操作体验。

7.2.4　交互产品的服务环境

智能交互产品的服务环境，包含产品与人所处的物理环境。不同的场所，人的交互手段需求也是不同的。服务环境对服务关联者的情绪、情感、认知水平、体验效果等有显著的影响。因此，在对智能交互产品进行服务设计时，需要综合考虑服务环境因素。例如，在应用于智能网联车辆的交互设计时，需考虑车辆行驶时，驾驶员对于车辆的交互控制，方便的语音交互是该类产品重点考虑的内容，见图 7-4。

图 7-4　语音交互在驾驶环境中是重要的交互方式

7.3　智能交互产品设计的质量评价

概括地说，用户使用产品的目的是能够方便高效地完成产品提供的、用户期望完成的任务，而不在于产品设计的本身。因此，交互产品的质量评价必须以任务为基础、由用户作用于服务对象来进行。根据智能交互产品设计的不同阶段，交互产品设计的评价也分别可以描述为交互需求评估、交互设计评价、服务任务评价及交互性评价。

7.3.1　交互需求评估

在做交互产品初期，需进行功能的需求分析，这决定了产品设计的方向和预期目标。交互需求评估主要评价需求分析的有效性和合理性，因此在交互产品的需求分析完成后进行，也可以与需求分析同时交叉进行。交互产品最终的成败在于用户使用时的满意程度，这是以用户为中心的产品的基本需求评估思路。因此，要达到满足用户满意的目标，就要从用户使用的需求出发，评估需求满足度。

产品的设计者无须关心产品使用者的身份信息，而是需要了解使用者区别于其他人群的具体特征，例如主要的年龄区间、对于知识的掌握程度及文化背景等。这是因为产品设计、开发的局限性以及不同用户需求的互斥性，单一产品往往不能满足所有用户的需求。

因此，交互产品往往针对特定用户群体进行精准设计。需求分析必须对交互产品的用户特征进行细致的描述，分析用户的行为习惯并应用到产品需求分析中。好的产品需求分析往往有针对、有侧重，不一定是面向大人群，只需重点满足特定人群需求即可。另外，尽管交互产品需求分析的重点是要以用户为中心，满足用户基本需求，但也要对产品使用场景进行细致的描绘，即产品功能的需求是特定的人在特定的环境下完成特定的任务。用户在使用产品时，短期内可能会随着外在条件影响的各种因素而发生心理和行为的变化，因此要考虑外界环境因素对于用户行为的影响，这就是产品使用场景对于使用需求的影响。图 7-5 描绘了合理的产品需求分析的基本模式。

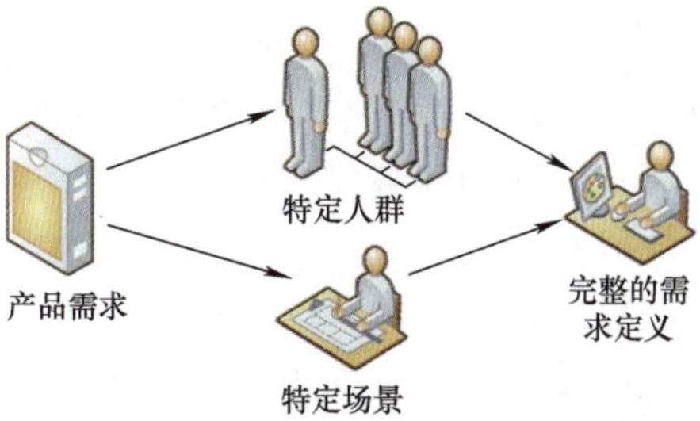

图 7-5　合理的产品需求分析的基本模式

当然，在允许范围内，需求分析也可以扩展到更多人群或更多的场景，以扩大产品的应用范围。

7.3.2　交互设计评价

智能交互产品的核心在于产品的交互设计，如何评价设计的合理性和优势是交互设计评价的主要任务。合理的需求分析为产品设计提供了用户特征和特定场景下的用户行为，这就使产品设计获得了丰富的背景素材。将这些素材通过系统的方法合理地运用到产品上并实现既定的功能，是产品交互设计的主要内容。

在完成交互设计时，可以运用多种手段对交互设计进行全方位的评价。例如，对象视图法——以特定用户对象的角度看待交互设计，可以完成对于交互设计的评价。

假定图 7-6 所示为两种为老人设计的看护机器人，需要进行交互设计评价。两个机器人均具备了视频检测、智能监护、一键报警及多媒体娱乐功能，图 7-6a 中的看护机器人还具备了自动跟随看护功能，图 7-6b 中的看护机器人具备辅助扶手，可方便行动不便的老人进行辅助康复锻炼。两种看护机器人的外观及交互设计从表面上看都非常现代、合理，而且吸引眼球，很多功能非常具备实用价值。

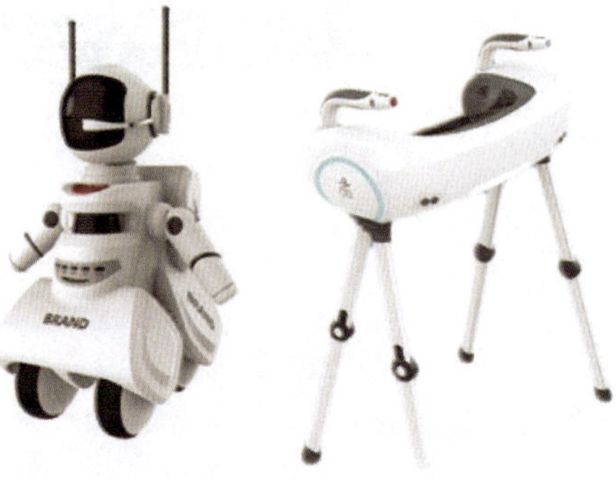

a)　　b)

图 7-6　交互设计评价举例

但以老人的视角看待两个看护机器人，图 7-6a 所示的机器人具备自动行走跟随功能，非常实用，可时刻关注老人的一举一动，可发现老人摔倒并报警。但其设计成人形机器人的交互形式却显得不具有太多的意义。如果针对年轻用户，这样的交互设计或许更能吸引人的注意，但对于老年用户，如此交互设计可能稍显多余并增加了设计复杂度和工作量。而且，机器人本身不具备辅助扶手，如果能将老人摔倒的风险降低，便更能体现对于特定人群客户的价值。图 7-6b 所示的机器人显然对于特定人群和场景，其设计较为合理，简单的设计更能吸引老年用户人群使用，也降低了设计及制造成本。在具备各类监护功能的同时，针对特定辅助康复锻炼的场景显得更有实用性和现实意义。

7.3.3　服务任务评价

抛开交互设计，智能交互产品是否能很好地完成服务任务是此评价的核心内容。评价服务任务完成的优劣，既要考虑任务完成的有效性，又要考虑其完成的合理性。

有效性即任务完成度的问题。许多同类型的交互产品，往往被设计成通过不同的方式完成同样的任务。不论采用何种方法、工具和手段，人们的有效性操作取决于人的行为和思维模式，因此交互设计一方面需考虑如何符合用户的思维模式并提供有效的任务完成帮助，另一方面也要考虑实施帮助手段的局限性问题。例如，设计一款针对老年用户的手机 App，对于相关操作，由于目标用户为老年人，烦琐的注册、登录、用户名和密码输入，尽管可以有效地实现相应功能，但目标用户的行为限制很可能连简单的注册功能都完不成，何况忘记密码、找回密码以及年轻用户可能也看不清的验证码等。图 7-7 所示为两种不同的 App 的登录模式，如果目标客户为老年用户，图 7-7b 所示的登录方式显然会更有效。

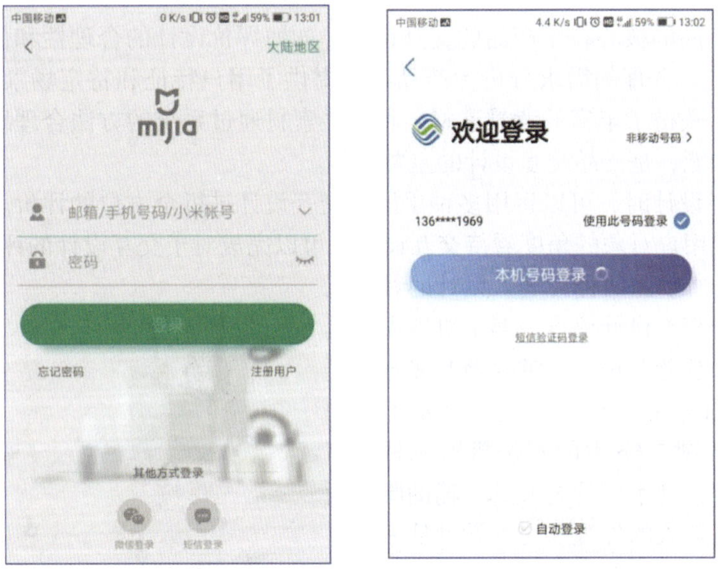

a)　　　　　　　　　　b)

图 7-7　两种不同的 App 注册登录方式

合理性指服务任务实现中的一些合理化设计问题。在保证任务实现功能有效的同时，合理化的设计也会降低交互任务实现的难度。例如，我们设计一个行车记录仪，但就功能任务来说，其主要完成行车中的影像记录功能，保证出现事故时留有证据信息。但行车记录仪也需要观看视频内容，因此一般行车记录仪会配有一个显示设备（如液晶屏）显示记录的影像数据。具备了这些功能，交互产品的服务任务便完成了。但通过观察不难发现，显示设备不能像类似的智能设备（如手机、平板计算机等）一味地追求大屏幕，因为行车记录仪要安装在前风窗玻璃上（一般记录行车前方影像），大屏幕虽然可以方便观看，但过大的屏幕会挡住驾驶人员的行车视线，见图 7-8。另外，大屏幕导致设备过重也会给安装带来麻烦。因此，在完成设计任务的同时，要尽可能考虑其他因素（诸如场景）带给产品完成任务的便利。

图 7-8　行车记录仪服务任务举例

7.3.4　交互性评价

交互性评价是整个交互设计质量评价的核心环节，在服务任务达到满足的同时，对产品设计交互性进行系统分析。好的交互设计在保证用户实现服务任务舒适度的同时，也要使产品交互的功能要简单易用，避免交互功能烦琐。

简单并不意味着交互设计要完成很少的功能，而是说利用很少的操作完成很复杂的功能任务，将复杂功能交互简单化是目前智能交互设计的潮流。看起来交互简单与交互设计美观是一对矛盾体，但好的、简单易用的交互设计在带来交互便利的同时，也会带来视觉上的舒适度，见图 7-9。

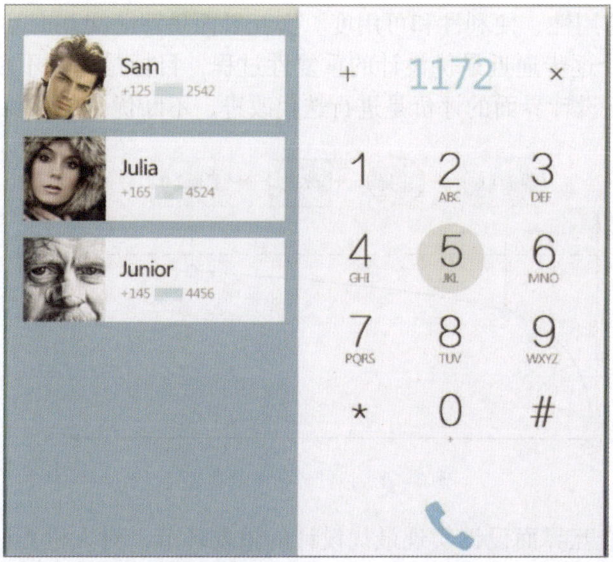

图 7-9　简单易用的手机电话本及拨号设计

因此，在对智能产品的交互性进行评价时，产品交互的便利性、易用性、复杂度都是需要考虑的因素。

7.4　智能交互设计的测试

智能交互产品需经过长时间的、多角度的测试才能最终投入使用。交互设计的测试主要分为开发测试和实际使用测试两种。

开发测试亦称功能测试，是伴随着产品整个开发过程不断进行的。开发测试主要依据设计说明、设计原型及交互接口定义进行测试，主要测试交互功能的完成情况、交互设计与原型是否匹配、交互接口是否与定义一致等问题。测试过程中，如对个别模块进行开发修正，整个系统都需要重新进行完整的测试。这是因为，个别模块的修正可能会带来交互系统的其他部分出现关联性的问题，仅仅进行修正部分的测试会使关联到其他模块出现的问题无法被及时发现，从而产生更严重的功能性问题。因此，开发中每次进行版本更新之前，都必须进行全部功能的测试。

实际使用测试是在交互产品投入使用之前，已经完成开发测试之后进行。智能交互产品测试在测试产品本身功能的同时，要重点测试面向特定人群的人机交互接口的便利性测试。对于开发测试来说，交互接口只需完成所定义的功能即可，但对于实际使用测试来说，实际测试是要根据特定的人群、之前定义的服务过程、整个交互产品使用过程中的便利性、愉悦性进行系统的测试。将交互产品的优势在测试中充分体现，才真正达到了智能交互产品设计的目的。

7.5　智能交互界面设计的评价

智能交互产品中，具备交互界面的产品占比很大，而且优秀的交互界面可以极大地提高交互产品使用的易用性、便利性和可用度。交互界面是智能交互产品设计的重点之一。

界面设计是一个逐步逼近最优设计的重复性过程，目标是通过不断地改进设计从而接近最优设计。对交互设计界面的评价是进行迭代改进，不断优化的重要依据，见图7-10。

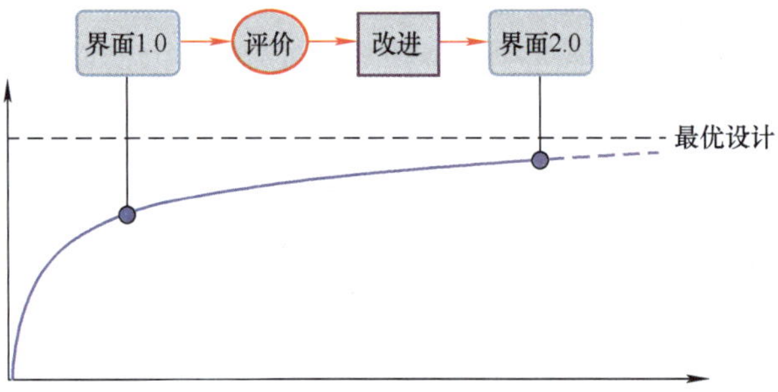

图7-10　设计评价与最优设计

评价是使智能交互界面设计实现最优设计的重要环节，对人机界面设计的评价要从用户需求出发，依据产品服务的整个流程进行评价，才能使交互界面设计逐步趋近最优设计。

当然，对于智能人机界面的交互设计，以下几点是我们设计时要特别注意的内容：

1）界面要人性化。不管是什么样的交互产品，界面都应该人性化且有自己的特色。这里所说的特色并不是界面设计处处与众不同，而是独具特色，吸引眼球，否则交互界面便会淹没于无数平凡的产品中，无法吸引用户使用。

2）互动行为。当前，大量用户在使用同一款产品（尤其是阅读类产品）时，一般喜欢将自己的观点与他人分享。优质的互动、留言和分享方式是用户钟情于此智能交互产品的重要因素。

3）视觉化元素。用户都喜欢漂亮美观的事物，因此，交互界面要尽可能有美观、美好的感觉。例如，每次登录一款软件，界面上呈现不同的有趣的事物，在带给用户美好的感官视觉体验的同时又不会感觉乏味，这样便能更好地吸引用户。

4）明确内容。界面要重点突出，给用户展现核心内容，感觉一目了然，切忌杂乱。用户看到界面，就会知道为什么要使用此系统以及基本功能要完成什么，如果需要看界面的帮助文档才能学会使用，显然不是好办法。

5）减少文字展示。尽量用图表的方式将信息展示给用户，因为大量的文字阅读会带来更多的时间消耗，用户往往会随着时间的耗费对使用该产品失去兴趣。

6）多种操作方式选择。例如，阅读类产品界面往往在阅读的结尾会有用户互动的评论内容，有些人会注重阅读本身，而有些用户往往喜欢着重观看互动评论。可以用滑动屏幕的方式一点一点翻到文章结尾观看评论，也可以用相关功能键一键翻到评论。这样设计更能体现不同用户的操作习惯。

7.6　习题

1. 如何理解用户特征对产品交互设计所起的决定作用？
2. 什么是产品服务过程？
3. 如何评价产品服务任务的有效性和合理性？
4. 人机界面设计要注意哪些问题？

第 8 章　智能交互前沿技术及应用领域

大模型与人工智能技术的跨越式发展，给智能交互技术注入了强大的生命力。各种前沿理论与方法不断涌现，使得智能交互技术在包括无人驾驶、智能机器人等领域的应用不断拓展，焕发着勃勃的发展生机。

8.1　智能交互前沿技术

随着智能化时代的到来，大众生活发生了天翻地覆的变化。智能交互技术不断发展，目的是让机器更懂人，让用户更加自如操作，信息交换具有更重要的意义。以此为基础产生的智能交互技术，一方面加强对交互意图的理解，我们可建立一套通过数据采集、行为建模以及一些的人工智能分类算法，最终实现特定交互任务的研究方法和体系；另一方面促进了人工智能的发展，将计算机技术与人工智能技术充分结合，更好地服务人类。因此，智能交互技术的研究、发展与应用已成为当今社会各界学者关注的热点问题，也是世界各国重点研究的关键技术。

> 理想状态下，智能交互将不再依赖机器语言，在没有键盘、鼠标以及触摸屏等中间设备的情况下，可以随时随地实现人机自由交流，从而实现人的物理世界和虚拟世界的最终融合。

8.1.1　人工智能时代的智能交互技术

当前，智能交互走向了多通道和多媒体时代，三维交互、手势交互、语音交互、触觉交互等技术发展，使人与虚拟环境之间的双向感知建立起一个更自然、更和谐的人机环境。人工智能从诞生开始，理论和技术日益成熟，应用领域也不断扩大，时至今日，《星际穿越》《超能陆战队》《机械姬》《终结者》等影片中的那些遥远的科技场景似乎正在逐渐走入生活。智能硬件的发展也已走过了两个阶段：一是联网控制，诸如五花八门的智能开关、智能插座等；二是设备联网，终端接入传感器，去触发其他设备联动。第三个阶段重点在智能交互技术的发展，终极目标就是实现人工智能，实现人与硬件的沟通，就像人与人的沟通。

让机器能听会说、能理解、会思考是智能化人机交互的未来发展方向。为此，很多企业如科大讯飞，已实现从基础的语音交互提升到全面的自然交互，并不断开拓新型智能化交互方案。除了核心的语音识别和语音合成，还有语音评测、语音唤醒、开放语义、声纹识别、人脸识别、自然语言处理等核心技术的发展大幅提升了在智能家居、无人驾驶等领域的语音交互体验。近年来，大模型的出现推动智能交互技术实现跨越式发展。2023 年 5 月，科大讯飞正式对外发布讯飞星火大模型，具备文本生成、语言理解、知识问答、逻辑推理、数学能力、代码能力、多模态能力七大核心能力。2024 年 1 月，首个基于全国产算力平台“飞星一号”训练的全民开放大模型——讯飞星火 V3.5 正式发布。测评显示，讯飞星火 V3.5 的语言理解、数学能力、语音交互能力已超过 GPT-4 Turbo。

2024 年北京国际汽车展览会上，科大讯飞推出了“飞鱼情景智能座舱系统”。它深度融合了大模型的概括、推理、上下文理解和复杂内容生成等能力，与行车、通信、娱乐等多种用车场景紧密集成，结合语音和视觉交互，可以为用户带来更自然、自由、智能的座舱体验。“飞鱼情景智能座舱系统”凭借其创新设计和先进技术，受到了业界专家和合作车企的广泛认可。

智能座舱（见图 8-1）是智能人机交互的一个典型载体。随着人工智能的爆发式发展，智能座舱技术在交互安全的基础上，通过对软硬件提出特定功能要求，使驾驶员能在车机互联、语音交互、驾驶员状态监控、生物识别、车路协同、安全预警、物联网、信息安全等技术上得到优质体验，在舒适化、智能化、办公化等方向上不断进行提升。

图 8-1　智能座舱与自然交互

智能机器人产业迅猛发展，无论是以无人驾驶为代表的轮式机器人，还是以服务机器人为代表的各种行业机器人，智能交互技术都是不可缺少的重要部分。目前，多模态交互、多人交互、情感化交互等都是该领域发展和研究的热点。

多模态交互：将多种传感器，比如麦克风、触摸屏、摄像头、眼动仪等涉及的相关技术，融合人工智能识别和理解技术，实现多场景呈现和交互能力。在多场景下，采用多种交互方式融合，从而实现更加与人共融的平台，比如无人驾驶疲劳识别、人脸识别等能力可基于多模态交互实现。

多人交互：多人交互的典型应用是多乘客间的交互，如科大讯飞已经在蔚来汽车 ES8 上实现落地，首个场景是当后排的乘客说“打开车窗”时，在这位乘客的一侧的窗户会被打开，但不会影响其他人的车窗。从技术上要满足整车多乘客需求，即使用多音区的交互设计技术。

情感化交互：未来让每一个人都有一个自己的 AI 虚拟个人助理，智能交互也会向类人的多情感方向发展，可依托人工智能技术，设计情感化设计语言，实现具有更加懂我能力的个人虚拟助理。

随着大规模 AI 模型的普及，人智交互的概念应运而生。人智交互旨在研究和设计如何构建人类与人工智能系统之间的沟通与协作，以创建用户友好、值得信赖、符合伦理要求且有益的 AI 系统。

智能化的交互系统按信息传递途径分为两种体系结构：单通道交互体系结构和多通道交互体系结构。

1）单通道交互体系结构。该体系结构包含语音、姿势、头部和视觉的交互。语音主要以语音识别为基础，借助其他通道的约束进行交互，识别率低、智能性差。姿势主要利用数据手套、数据服装等装置，对手和身体的运动进行跟踪，完成自然的人机交互。头部跟踪主要利用电磁、超声波等方法，通过对头部的运动进行定位交互。视觉跟踪是对眼睛运动过程进行定位的交互方式。诸如，语音情感、姿态识别、人运动分析、人脸检测和眼跟踪。

2）多通道交互体系结构。多通道交互体系结构简单来说是一个以多种通信通道响应交互的系统（如语音、姿态、书写和其他等）。这大大提高了人机交互的自然性和高效性。图 8-2 所示为多通道交互在医学上的应用。

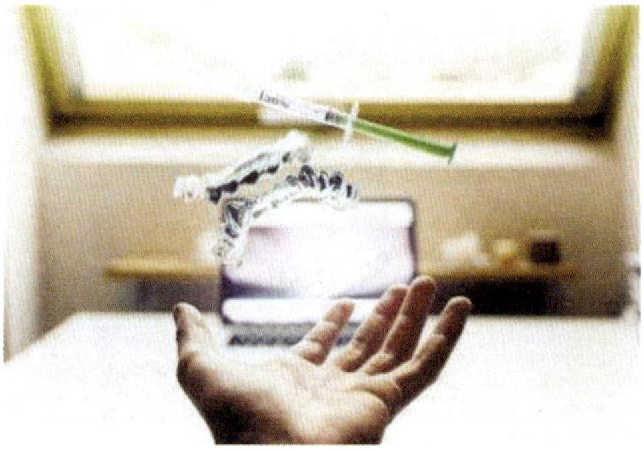

图 8-2　多通道交互在医学上的应用

8.1.2　虚拟数字人

虚拟数字人，是指具有数字化外形、依赖显示设备存在的虚拟人物，具有一定的智能化水平，能够模拟和学习人类的行为和情感反应。智能语音交互技术使得数字人具有与人交流的能力，而生成式 AI 进一步赋予其生动形象的面部表情与肢体语言，从而极大地提升了人的交互体验。

虚拟数字人系统一般由人物形象、语音生成、动画生成、音视频合成显示、交互 5 个模块构成：

1）人物形象根据人物图形资源的维度，可分为 2D 和 3D 两大类，从外形上又可分为卡通、拟人、写实、超写实等风格。

2）语音生成模块和动画生成模块可分别基于文本生成对应的人物语音以及与之相匹配的人物动画。

3）音视频合成显示模块将语音和动画合成视频，再显示给用户。

4）交互模块使数字人具备交互功能，即通过语音语义识别等智能技术识别用户的意图，并根据用户当前意图决定数字人后续的语音和动作，驱动人物开启下一轮交互。

DreamTalk 是由清华大学、阿里巴巴和华中科技大学共同开发的一个基于扩散模型的开源框架，能够生成具有丰富表情和准确唇同步的人物头像说话视频。除了必需的音频和视频处理模块之外，DreamTalk 由三个关键组件组成：去噪网络（Denoising Network）、风格感知的唇部专家模型（Style-aware Lip Expert）和风格预测器（Style Predictor）。基于语音输入即可生成狮子人的口型驱动，同时支持中英文语言。通过减少对风格的依赖，DreamTalk 在多样化的数字人说话风格上实现高性能表现。图 8-3 和图 8-4 分别展示了 DreamTalk 生成的人物形象以及 DreamTalk 说话风格的学习和生成。

图 8-3 DreamTalk 生成的人物形象

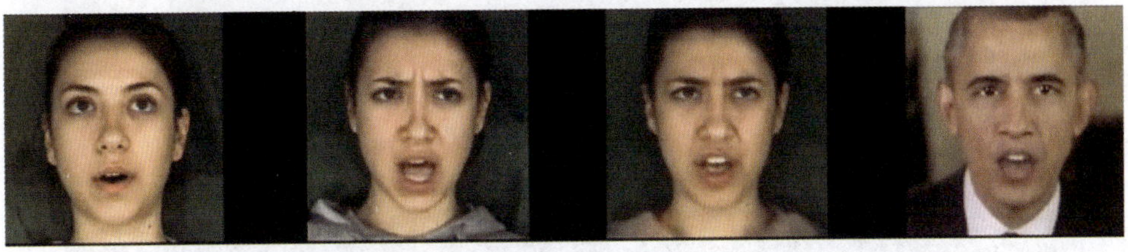

图 8-4 DreamTalk 说话风格的学习和生成

DreamTalk 能够直接从输入的音频中预测说话风格，不需要额外的参考视频或文本，这使得用户可以更灵活地控制生成视频的风格。

随着人工智能和虚拟现实等技术的发展和融合，虚拟数字人正在以高度拟人化的形态进入生产、生活的各个领域，并以多元的姿态在影视、游戏、传媒、文旅、金融和工业等众多领域大放异彩。2022 年，北京市经济和信息化局发布了国内首个数字人产业专项支持政策——《北京市促进数字人产业创新发展行动计划（2022—2025 年）》，并提出到 2025 年，北京市数字人产业规模将突破 500 亿元。这些政策和规划的出台，无疑为人 – 机器人 – 数字人交互的发展提供了强大的政策支持和广阔的应用前景。图 8-5 表示机器人与数字人的交互。

图 8-5 机器人与数字人的交互

8.1.3　虚拟 / 增强现实及元宇宙

随着数字时代的科学技术飞速发展，交互界面作为人与计算机之间传递信息的枢纽也经历了翻天覆地的变化。从命令行界面到图形用户界面、从多媒体用户界面到多通道界面，无一不是科学技术的发展带来的交互界面的新发展格局。虚拟现实（Virtual Reality，VR）技术是一种可以创建和体验虚拟世界的计算机仿真系统，它利用计算机生成一种模拟环境，是一种多源信息融合的、交互式的三维动态视景和实体行为的系统仿真，使用户沉浸到该环境中。随着虚拟现实的快速发展和相关软硬件设备的不断普及，交互界面领域又迎来了新的机遇与挑战。图 8-6 所示为虚拟现实用户界面。

图 8-6　虚拟现实用户界面

增强现实（Augment Reality，AR）是在虚拟现实技术的基础上发展起来的一种能把计算机生成的信息（文字或三维图像）叠加到真实环境中，从而起到有效强化人们对真实场景的感觉和认识的新技术。混合现实结合了 AR 与 VR 的特点，体验者在观察虚拟物体的同时又能看到真实世界的物体，并与这些虚拟物体进行交互。近年来，元宇宙的概念整合了 VR/AR、云计算、人工智能和区块链等信息技术构建的虚拟世界与现实世界相结合的互联网应用，因而具有相对独立的经济系统和逐渐生长的文明体系，成为能为用户提供沉浸式体验并鼓励用户进行内容生产的虚拟社会。

1. 基于多通道虚拟现实的用户界面交互设计

虚拟现实本身就是一种多通道交互系统，故称为多通道虚拟现实交互系统。在虚拟现实中通过实时三维计算机图形与大视角立体显示、头部跟踪、三维声音、手势跟踪、触摸反馈和力反馈等技术，用户可以进入计算机合成的虚拟环境中，有身临其境感，甚至还能获得现实生活中体验不到的感受。基于多通道虚拟现实用户界面交互的仿真特性、沉浸感和多维交互性很好地满足了人与产品交互的真实性、自然性的需求。多通道虚拟现实智能交互系统建立了多个单体之间的通信，将虚拟环境在真实世界中进行模拟，通过把虚拟人在虚拟环境中的交互感知转化为真人与虚拟环境的交互感知体验，使真人切实体验到虚拟世界，是一种新的交互体验。

目前，我们不仅可以在游戏行业看到多通道虚拟现实智能交互系统，而且在众多行业都可看到虚拟现实的应用。如在电影行业中，2015 年年初上映的《Lost》是完全依靠 CG 动画技术制作的，同年 7 月又出现了可实现“交互式”场景的第二部 VR 短片《Henry》，改变了第一部短片的完全被动式体验。在民用建设行业中，可以将语音和手势识别集成到沉浸式环境的交互中，并将其用于民用基础建设系统。深圳市虚拟现实科技有限公司首次采用虚拟现实技术在美国展示中国旅游资源，推介中国文化。所谓虚拟旅游，指的是建立在现实旅游景观基础上，通过模拟或超现实景，构建一个虚拟旅游环境，网友能够身临其境般地进行体验。应用计算机技术实现场景的三维模拟，借助一定的技术手段使操作者感受真实目的地场景。虚拟旅游虽不能完全代替实地旅游，但是随着技术的提高、研究的深入，会越来越接近实地旅游。游览者可以在虚拟旅游景观中感受鸟语花香、欣赏风光美景，并能与环境交流、与游客交谈。比起实地旅游，这样的虚拟旅游或许会多一份情趣。图 8-7 所示为虚拟旅游用户交互界面。

图 8-7　虚拟旅游用户交互界面

未来虚拟现实技术可广泛应用于医疗服务、城市规划、建筑设计、教育培训、沟通交流、虚拟商店、军事航天、道路桥梁、水文地质等众多领域，真正迎来人机自然和谐交互的物联网时代。虚拟现实也可以带你到侏罗纪时代、冰河时代，带你去月球、漫威或 DC 宇宙，或者世界另一边的真实地方，用户可以在自己家中舒适地探索。

此外，从“数字景区”到“智慧景区”是景区建设的必由之路，是景区发展的战略选择。智慧景区是在景区全面数字化基础之上建立可视化的智能管理和运营，包括建设景区的信息、数据基础设施以及在此基础上建立网络化的景区信息管理平台与综合决策支撑平台。主要实现功能包括：三维数字景区、景区智能地理信息系统、景区智能官网管理、景区智能能源管理等。

2. 虚拟现实及用户界面交互设计的问题与发展

随着数字图像和人机交互技术的发展，虚拟现实技术有了长足的进步，尤其是头盔技术的发展以及虚拟现实和人工智能、互联网的结合，使得虚拟现实有成为一种新型个人计算平台的可能，这就促使人们开始关注更高效、更丰富的交互技术，以应对虚拟现实应用的多样化需求。从已有技术现状看，虚拟现实环境下的人机交互还存在较大的技术局限性，一些问题仍未很好地解决：

1）没有真正进入虚拟世界。现有 VR 头戴式显示器改变了我们的视线，遮挡了我们部分视野范围，但是无法覆盖我们完整的视野范围，因而使得身临其境的感觉受限。如何从这些信息流中准确、实时地提取出刻画人的自然行为或状态的特征原语，是解决虚拟现实环境下交互感知的核心问题。

2）缺乏统一标准。随着虚拟现实应用领域的不断扩展，大多数虚拟平台更加注重炫酷，只有引起人们的兴趣才能取得成功。虚拟现实技术想要引人注目，就必须扩大用户范围，不仅吸引专业爱好者参与实际亲身体验，而且更要吸引那些年长一些或者非科技爱好者来参与体验，所以要积极推进统一标准的制定，促进可持续发展。

3）容易感到疲劳。镜头的加速移动，就会带来不同的焦点，而这些如果运用不当，就会给用户带来眩晕的感觉。甚至如果镜头移动得过于迅速，直接会暂时影响用户的视力。虚拟现实交互输出反馈的自适应问题也值得关注。虚拟环境生成的反馈信息要为人所感知，而人的感知通道具有多态性，如何在多模态的输出空间中产生符合认知加工机制的反馈呈现，是实现虚拟现实交互反馈的核心问题。

4）不美观。如果用户戴着笨重的设备，显然很不自然，使整个虚拟技术外观不美观。虚拟现实成为我们与计算机交互方式最大的一种转型，改变人们与科技之间的关系，未来最终将让我们与虚拟世界之间，更加自然地交互。

因此，我们期待虚拟现实智能交互技术在以下几方面实现突破性的进展。

1）基于移动终端和互联网的虚拟现实人机交互。实现未来的真三维显示并突破目前屏幕物理尺寸的局限，实现全景显示和交互体验。取代现有互联网邮件系统为主的通信交互方式，建立互联网的新入口和人机交互新环境。

2）人脑科学的发展。虚拟人（或计算机生成的人）操纵实体（如车辆、武器等）成为游戏VR系统的重要组成部分，这些智能体的行为使得游戏VR系统所具有的3I [Immersion（沉浸）、Interaction（交互）、Imagination（构想）] 特征向4I [除了前述的沉浸、交互、构想，增加了智能（Intelligence）] 发展，即游戏VR系统将具有更多的智能特征。该类问题的解决有赖于人工智能技术和人脑科学的发展。

3）多通道虚拟现实交互界面。研究人类感知机理，包括研究人类多感官（嗅觉、味觉、触觉、听觉、视觉）通道对虚拟现实等生成环境的感知机理，形成虚拟现实临场感工具，发展新的感知装置，为虚拟现实呈现设备以及人机交互技术研究提供支持，从而构建自然人机交互理论与方法。

4）标准与规范建设。如今，虚拟现实交互技术运用广泛，制定一套标准与规范，将有效推动虚拟现实在保真度、显示技术、交互技术与界面等方面的标准化，以及虚拟现实软硬件与互联网接入的接口标准化。

3. 增强现实技术的发展

目前虚拟现实技术的重要应用是头戴式显示器（Head Mounted Display，HMD），简称“头显”。显示的内容可来自个人计算机、游戏机或手机VR，因此目前的VR技术也被称为沉浸式虚拟现实技术。用户戴上“头显”后，被完全“包裹”在虚拟世界中，当用户转动头部（甚至四处走动）时，他看到的虚拟世界会完全随着眼睛的位置和角度而改变，就如同在真实世界中。

AR技术是通过计算机系统提供的信息增加用户对现实世界感知的技术，并将计算机生成的虚拟物体、场景或系统提示信息叠加到真实场景中，从而实现对现实的“增强”。它将计算机生成的虚拟物体或关于真实物体的非几何信息叠加到真实世界的场景之上，实现了对真实世界的增强。同时，由于与真实世界的联系并未被切断，交互方式也就显得更加自然。

AR 与 VR 最大的不同在于，AR 被设计为用户现实的一部分，而不是把用户拉进一个不同的世界中，且实现技术有所不同，见图 8-8。在增强现实中，图像被设置为与用户的现实重叠并与其融合。这就像在现实之上添加一个透明层，并在其上闪烁数字图像。透明背景使数字图像看上去是现实的一部分，但是用户知道不是这样。例如，使用 AR 设备的人可以查看主要十字路口情况，并且基于设备获取信息，通过跟随在屏幕上闪烁的图像来选择到机场的最快路线，它并不会愚弄用户的感知力，它只是和现实世界一起存在着，并不会去影响现实世界。

图 8-8　基于渲染为主的 VR 和基于光学 + 重构实现的 AR

图 8-9 所示为医院、养老社区等应用场景下增强现实的应用实例。乘坐智能轮椅并佩戴 AR 眼镜的使用者，能够在增强现实的世界里观察到关于当前位置场景的提示信息，包括当前所处的位置、可通行的路径、路过的行人等。在缺少护理人员的情况下，患者能够显著增强自我的护理能力。

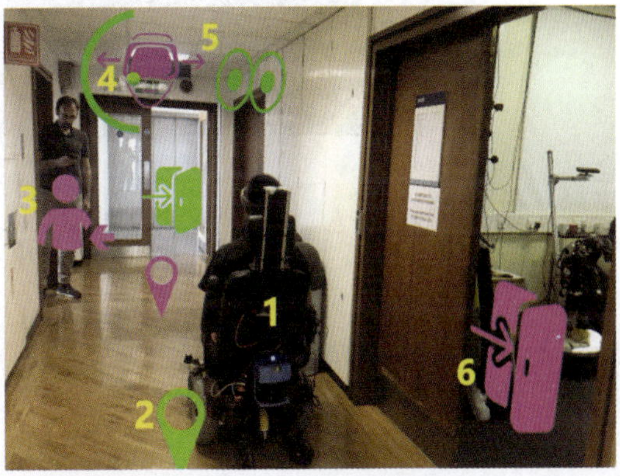

图 8-9　辅助轮椅机器人导引控制的增强现实系统

增强现实通常也可通过头戴式设备实现，其中比较著名的是谷歌眼镜（Google Glass）、苹果虚拟现实眼镜（Apple Vision-Pro），但也可以通过移动终端（如谷歌的 Project Tango），甚至普通的手机来实现一些基本的 AR 功能。AR 中的关键词是“功能（Utility）”，AR 技术使用户在观察真实世界的同时，能接收和真实世界相关的数字化的信息和数据，从而对用户的工作和行为产生帮助。一个典型的应用场景：用户戴着 AR 眼镜，当他看到真实世界中的一家餐厅时，眼镜会马上显示这家餐厅的特点、价格等信息。

增强现实技术的特点是：

1）虚实结合。它可以将显示器屏幕扩展到真实环境，使计算机窗口与图标叠映于现实对象，用眼睛凝视或手势指点进行操作；让三维物体在用户的全景视野中根据当前任务或需要交互地改变其形状和外观；对于现实目标通过叠加虚拟景象产生类似于X光透视的增强效果；将地图信息直接插入现实景观以引导驾驶员的行动；通过虚拟窗口调看室外景象，使墙壁仿佛变得透明。

2）实时交互。它使交互从精确的位置扩展到整个环境，从简单的人面对屏幕交流发展到将自己融合于周围的空间与对象中。运用信息系统不再是自觉而有意的独立行动，而是和人们的当前活动自然地成为一体。交互性系统不再是具备明确的位置，而是扩展到整个环境。

3）可在三维尺度空间中增添定位虚拟物体。混合现实（Mixed Reality，MR）出现最晚，但也是听起来最高大上的概念。MR既包括增强现实也包括增强虚拟，指的是合并现实和虚拟世界而产生的新的可视化环境。在新的可视化环境里，物理和数字对象共存，并实时互动。利用MR技术，用户可以看到真实世界（AR的特点），同时也会看到虚拟的物体（VR的特点）。MR将虚拟物体置于真实世界中，并让用户可以与这些虚拟物体进行互动，见图8-10。

图8-10 混合现实（MR）图例

对比一下，VR与AR的共性至少有两点，即“3D”与“交互”。这也是为何有些观点把VR、AR视为一体的原因。这是因为VR与AR所使用的构建3D场景的技术及其展现设备不同，带给用户的体验差别较大，最终导致二者走向不同的应用方向。由于动画渲染技术可以把人类的一切想象展现出来，所以在应用方向上，VR更趋于虚幻和感性，临场感更容易应用于娱乐方向；而AR多基于光学+3D重构的技术，主要是对真实世界的重现，所以AR更趋于现实和理性，鉴于真实和虚拟的融合，更容易应用于比如工作和培训等场合。两者与MR的比较见表8-1。

表8-1 VR、AR与MR的比较

概念	实现3D场景的技术		交互性
	渲染	光学+3D重构	
VR	√	×	√
AR	×	√	√
MR	√	√	√

4. 元宇宙

元宇宙（Metaverse）的概念，诞生于 1992 年著名的美国科幻作家尼奥·斯蒂文森撰写的《雪崩》，里边描述了一个平行于现实世界的虚拟世界——“元宇宙（Metaverse）”。所有现实世界中的人，在元宇宙中都有一个“网络分身”。多年以后，随着 VR/AR 技术风靡全球，且云计算、芯片、5G 和人工智能技术的高速发展，元宇宙的概念重获新生。图 8-11 所示为元宇宙的提出与组成。

图 8-11　元宇宙的提出与组成

扎克伯格提出，利用五年左右的时间，将 Facebook 从一家社交媒体公司转变为一家元宇宙公司。知名硬件厂商英伟达（Nvidia）则专门推出了虚拟协作平台 Omniverse，号称是工程师的元宇宙，是打造元宇宙重要的组成部分。

大模型的涌现催化了元宇宙技术的发展。已经有学者对元宇宙视角下的未来教学模式的变革方向和发展趋势展开讨论，或从虚拟环境、深度标引、智慧服务等方向探索未来元宇宙的应用。

8.2　无人驾驶中的具身交互智能

无人驾驶产业正在兴起，且是一个可持续发展的过程，有一个全社会的适应周期。百度计划 2025 年将无人驾驶汽车呼叫服务扩大到 65 个城市，2030 年扩大到 100 个城市。预计，到 2030 年，全球自动驾驶出租车市场规模将超过 2 万亿美元。相比之下，全球咨询公司埃信华迈（IHS Markit）预测，中国自动驾驶出租车服务市场规模到 2030 年就将超过 1.3 万亿，占中国共享出行市场的 60% 以上。麦肯锡认为，到 2035 年，自动驾驶在全球范围内可以创造 3000 亿 ~ 4000 亿美元的收益。也就是说，在未来很长的时间里，会出现人工驾驶、局部自动驾驶和自动驾驶混驾的状况，即无人驾驶车和人工驾驶车在道路上会发生交互认知。无人驾驶车应该是一个可交互的轮式机器人，不应该是个“幽灵”！

交互认知如何应用在无人驾驶过程中？交互是驾驶员与环境、行人、周边车辆重要的沟通渠道。在无人驾驶中，常规驾驶员的经验和临场处置能力由谁来替代？无人驾驶车在驾驶员开车时应该能悄悄地学习，把驾驶员在线交互认知转化进机器驾驶脑，并和机器行为融合在一起，让驾驶员教会机器人开车！

在无人驾驶领域中，智能汽车既要“理解环境”还要“理解人”。自动驾驶一般从理解环境的角度进行研究，而具有人工智能特征的自主驾驶要能够更完美地理解人和周边环境。车内的人机交互方式要从人面向车的被动交互开始慢慢转变成车面向人的主动交互，它要比人更懂自己，比如行驶过程中，汽油即将耗尽了，它可以找旁边经常去的加油站信息，并进行实时语音播报。自 2024 年 1 月 30 日讯飞星火 V3.5 发布以来，科大讯飞旗下的讯飞星火大模型，作为首个完全由国内算力训练并拥有独立知识产权的先进模型，赢得了众多行业合作伙伴和广大开发者群体的青睐。该模型在“云、边、端”方面的综合解决方案正不断拓展其应用范围，为汽车、家电、通信等行业提供智能化助力，并逐渐扩展到更多的领域和行业之中。

8.2.1　基于自然语言的交互认知

自然语言交互认知应用广泛，它指面向特定场景相关或不相关的语音、语义等缺省知识和常识知识的获取学习、表示和协商。无人驾驶车面对复杂、不确定的周围环境，通过语音、语义等自然语言理解和认知并与不同类型人群进行交互，从而获得临场处置权，完成无人驾驶任务，从而实现无人驾驶车与车主、乘员、运维人员、远程服务请求等之间的交互。

1. 车载智能对话实现自然语言交互

众多语音引擎解决方案可实现基于自然语言的交互。第 2 章已讲述车载智能音箱通过语音合成引擎实现人机会话，完成最基本的交互；通过语音识别引擎实现语音指令识别，将语音指令转化为机器指令，完成交互功能的“操控”；通过声纹识别引擎进行基于语音的身份识别，实现人机交互中系统安全设定功能。图 8-12 给出了车载智能对话平台核心层和应用层的主要解决方案，可基于智能音箱设备来实现。

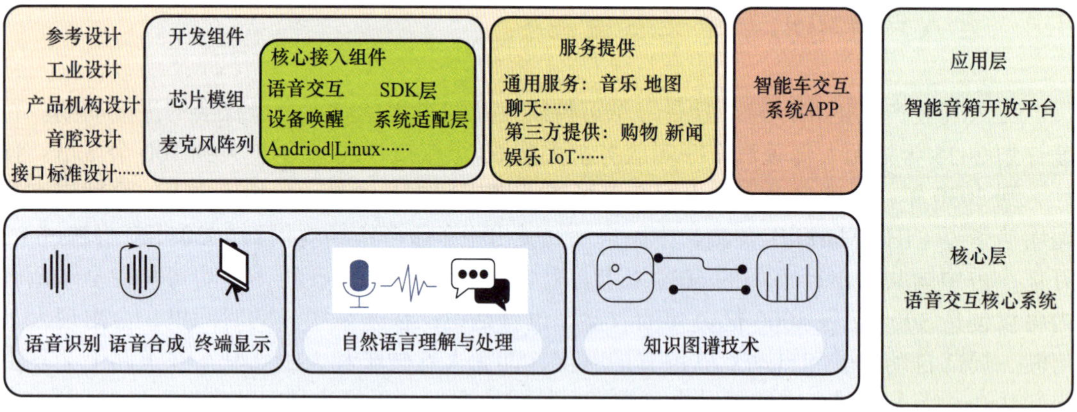

图 8-12　基于智能音箱的车载智能对话开放平台解决方案

得益于大语言模型的快速发展，乘员与无人驾驶车进行自然语言交流正在成为现实。在实际场景下，无人驾驶车对于乘员语意的理解，除了必需的自然语言处理之外，还要求视觉等多模态感知，在复杂的语言描述和实际场景之间建立桥梁。

2. 车主、乘员等与无人驾驶车的交互

在无人驾驶环境下发生自然语言交互的人群中，车主或者服务运营商对车辆的行为承担责任，拥有最高指挥权，并通过车载音箱、抬头显示等形式进行状态监控和远程操控。乘员能够进行目的地表达，通过安全、舒适和便捷的交互获得车辆位置以及周边服务等信息，并能提交干涉车辆行为的意愿，而无人驾驶车应在不影响车辆行驶安全下根据权限等级响应车上乘员请求。

无人驾驶车应有安全提醒、防盗报警与救援等交互能力。当遇到突发情况需要改变驾驶状态时，如急转弯、减速等，无人驾驶车应能对车上乘员进行语音安全提醒；在遇到盗窃或灾害等“不测”情况时，应能及时发现并自动报警，同时提醒车上乘员开展自救措施。图 8-13 为无人驾驶车人机交互界面示意图，在这个示意图中，无人驾驶车将车辆定位、车辆状况等信息与车主及乘员进行信息交互。无人驾驶车只有和上述人群友好交互，才能更好地实现驾驶交互的应用。

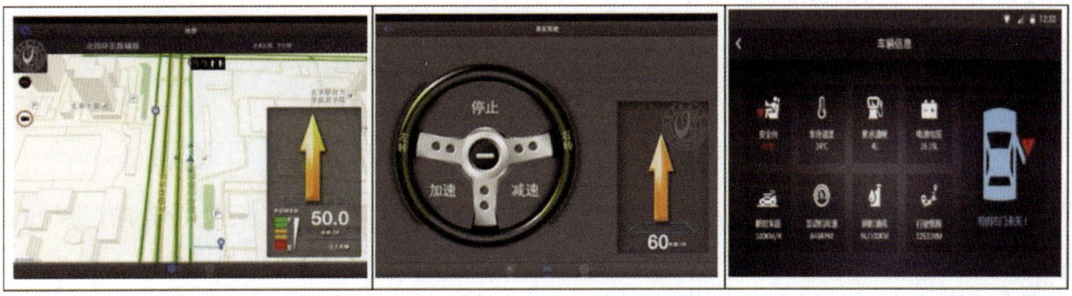

图 8-13　无人驾驶车人机交互界面示意图

此外，可以利用网络开放数据进行实时路况和历史路况数据的获取，对道路实时路况数据进行基于平均路况的初步分析以及时空探索性分析，然后对路况数据进行初步聚类，再从初步聚类中提取出时空拥堵块，最后对时空拥堵块进行相关分析，最终达到实时路况的展示以及对拥堵路段的检测，从而达到辅助无人驾驶车行驶的目的。利用完整的实时路况数据和历史同期数据，引入权重路况的概念对研究区内的交通拥堵现象进行分析，对聚类分析中“拥堵块”的提取有指导和验证的作用，提取聚类结果后，将智能车一次路径规划轨迹、决策及其实时路况有效地在交互端展示。

3. 运维人员在线干预无人驾驶车

通过智能网联技术，运维人员与无人驾驶车进行交互，完成调度和状态监视等任务。运维人员主要负责为多辆无人驾驶车制订行车路线，使车辆有序地通过乘员接送点，达到诸如路程最短、费用最少、耗时最短等目标。图 8-14 为运维人员与无人驾驶车的交互示意图，其中调度员通过状态监控和调度台，基于数据分析、云计算等技术，经由调度系统服务器与无人驾驶车辆进行交互，实现在线干预。运维人员根据网约乘车请求和各车辆的状态，利用车辆调度优化算法从多个候选无人驾驶车中选出最优指标下的无人驾驶车。车辆调度优化可通过排队论、遗传算法和神经网络等方法实现。如 Google 旗下的 Waymo 无人驾驶公司采用多数票制进行实时调度，对无人驾驶车到达预定地点的拥塞和停泊难度进行排序，确定最优的接送点。

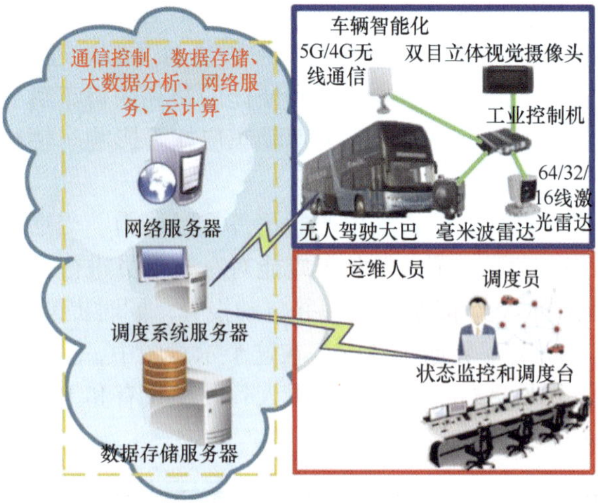

图 8-14　运维人员与无人驾驶车的交互框架

8.2.2　基于多源数据融合的协同共驾模式多通道控制权交互研究简介

人车路协同环境下的人机共驾交互机理主要体现在驾驶任务设定（行驶的起点和终点）、交互表征方式（多源融合算法、认知箭头、多通道交互）和操控权限把控（自动驾驶还是人工驾驶、紧急情况人工快速接管）等内容上。可以将基于多源数据融合的多通道人机控制权交互架构分为数据层、特征层、语义层、模型层和应用层，见图 8-15。

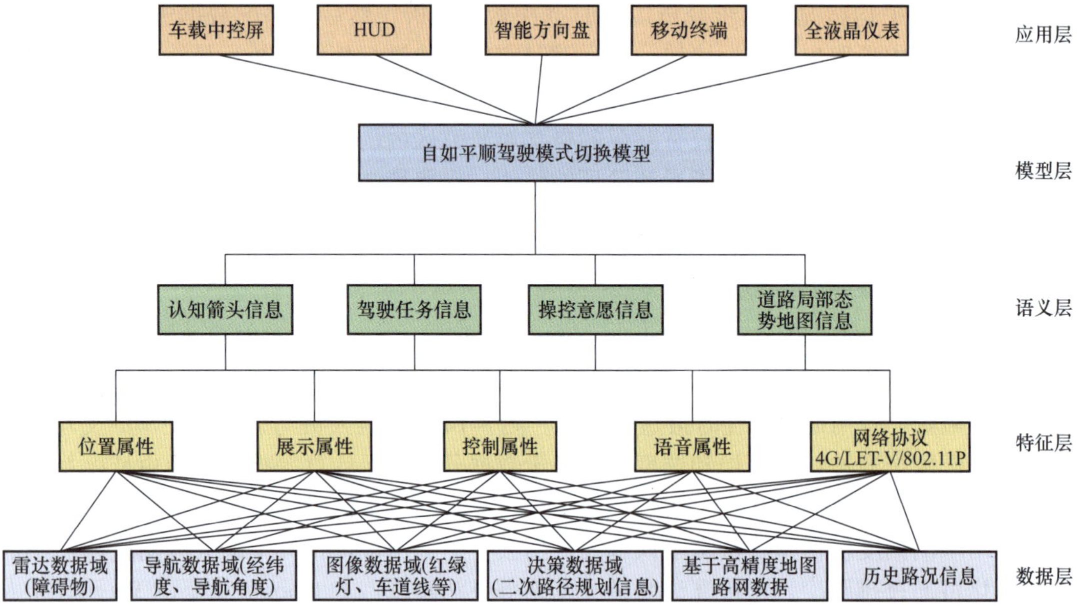

图 8-15　基于多源数据融合的多通道人机控制权交互架构

其中，数据层是指雷达、导航、图像信息等多源异构的海量基础数据。特征层是指从这些基础数据中抽取出相关数据的特征信息，进而为构建语义提供特征信息支撑。在语义层基础上，形成多源数据融合信息。在模型层，通过自如平顺驾驶模型，平滑车辆处理控制权切换的问题。在应用层可分别在全液晶仪表上输入驾驶任务、平滑处理控制权切换显示；通过增强 HUD 上的认知箭头输出车辆决策信息，显示简单的周边驾驶态势；通过移动终端显示无人驾驶车当前行驶状态，包括经纬度信息、俯仰角、航向角等，上述通道有效实现车辆和车内人员的交互认知，提升驾驶品质。

此外，以 ChatGPT 为代表的生成式人工智能模型，有望实现端到端的无人驾驶行为决策与控制。这种创新范式，对专家规则的依赖度低，功能的集约性与实时性强，具备智能涌现能力和跨场景应用潜力。

8.3　智能交互技术在智能网联汽车中的应用

智能汽车是实施《中国制造 2025》和《新一代人工智能发展规划》战略的重要支撑，人车路协同环境为智能驾驶及车联网提供重要保障。人车路协同系统基于人车之间、车辆之间、车辆与不同地方的路侧设备之间的相互交流。道路上行驶的汽车不是孤立的，而是与其他车辆耦合成一个复杂的广义动力学系统。

汽车智能化、网联化丰富了无人驾驶的应用范畴与深度，极大地推动了无人驾驶商业化的进程。部分车企巨头已纷纷完成了无人驾驶的路测。从无人驾驶研发到智能网联汽车的发展趋势，在不断地顺应人们智能化出行的需求。截至 2024 年 5 月底，全国共建成 17 个国家级智能网联汽车测试示范区、7 个车联网先导区、16 个智慧城市与智能网联汽车协调发展试点城市，开放测试示范道路超过 3.2 万 km，发放测试示范牌照超过 7700 张，测试里程超过 1.2 亿 km。智能网联汽车环境利用云端的计算资源，适应复杂的交通环境和不断变化的驾驶状况，根据驾驶需求，主动提供信息服务，例如利用云端大数据资源，分析当前交通状况，实时监控车辆状况；另一方面可根据智能算法，学习不同驾驶员的驾驶行为，主动提供精准的信息服务。在智能网联环境下，可建立多种模式的人机交互接口，增加手势控制和语音控制等关键技术，并可形成智能网联的交互产品。

8.3.1　智能网联汽车“车路云一体化”技术

智能网联汽车是人工智能、信息通信、云计算、大数据等技术在汽车领域应用的关键载体，也是全球汽车产业转型升级的战略方向。研发和应用智能网络汽车系统，不仅需要常规车路协同和车联网信息服务技术，还必须探索实现人、车、路、云的深度融合和系统重构，以面向各种场景进行复杂系统的融合感知、决策与控制。车路云一体化系统也可称为车路云一体化融合控制系统，或智能网联汽车云控系统，它利用传感器、大数据、人工智能和通信网络等先进技术，收集和分析来自车辆、道路基础设施和云端的实时数据，以优化交通管理，加强道路安全，改善交通效率。车路云一体化系统可分为三个部分：

1）车辆及其他交通参与者组件：该组件配备了各种车载传感器、通信设备和计算机，可以收集和分析来自车辆的实时数据，包括有关车辆速度、位置、方向和驾驶行为的信息。

2）道路基础设施组件：该组件由各种道路基础设施元素组成，例如摄像头、传感器和通信设备，可以收集和分析来自道路的实时数据，包括有关交通流量、道路状况和环境因素的信息。

3）车联网云组件：该组件负责数据的存储、处理和分析。云组件接收来自车辆和道路的数据，汇聚车端、路端实时上传的城市交通全局信息，指挥调度车辆、调控红绿灯等交通设施，从城市交通全局维度提高交通效率和交通安全。

其中，车联网作为新兴产业，创造了一个新的智能化产业市场。如同十几年前人们看不到互联网的发展边界一样，现在人们也无法预见车联网未来的应用边界。世界各国都在进行车联网及其衍生产品的研发和推广。与此同时，政策的支持也进一步推动着我国车联网的快速发展。2024 年 1 月 17 日，工业和信息化部等五部门发布了《关于开展智能网联汽车“车路云一体化”应用试点工作的通知》，应用试点以“政府引导、市场驱动、统筹谋划、循序建设”为基本原则，聚焦智能网联汽车“车路云一体化”协同发展，推动建成一批架构相同、标准统一、业务互通、安全可靠的城市级应用试点项目，具体包括建设智能化路侧基础设施、探索高精度地图安全应用、完善标准及测试评价体系等九方面内容。

车联网是以车内网、车际网和车载移动互联网为基础，进行无线通信和信息交换的大系统网络，是能够实现智能化交通管理、智能动态信息服务和车辆智能化控制的一体化网络。

车联网的体系结构自顶向下可以分为：业务云、网络层、车联网中间件和感知层。车联网体系结构见表 8-2 和图 8-16。

根据智能网联汽车技术现状、产业应用需要及未来发展趋势，分阶段建立适应我国国情并与国际接轨的智能网联汽车标准体系。预计到 2025 年，系统形成能够支撑高级别自动驾驶的智能网联汽车标准体系，制定 100 项以上智能网联汽车标准，涵盖智能化自动控制、网联化协同决策技术以及典型场景下自动驾驶功能与性能相关的技术要求和评价方法，促进智能网联汽车“智能化 + 网联化”融合发展，以及技术和产品的全面推广普及。

表 8-2　车联网体系结构

体系分层结构	功能实现
业务云	车载信息服务为车联网用户提供车辆信息查询、信息订阅、事件告知、导航等各类服务功能，远程控制中心实现智能交通管理、车辆安全控制、交通事件预警、道路援救等高端功能
网络层	通过 GPS/ 北斗、GPRS、4G/5G 等资源，为应用程序提供透明的信息传输服务；通过对云计算、虚拟化等技术的综合应用，充分利用现有网络资源，为上层应用提供强大的应用支撑
车联网中间件	含有软件中间件和硬件中间件，由 Wi-Fi、Bluetooth、Zigbee、USB 等硬件中间件和 Linux、QUNIX、WEA 等软件中间件构成，为整个车联网系统提供软硬件支持
感知层	承担车辆自身与道路交通信息的全面感知和采集，是车联网的神经末梢。通过 PND、CAN、传感器、车辆定位等技术，实时感知车况及控制系统、道路环境、车辆与车辆、车辆与人、车辆与道路基础设施、车辆当前位置等信息，为车联网应用提供全面、原始的终端信息服务

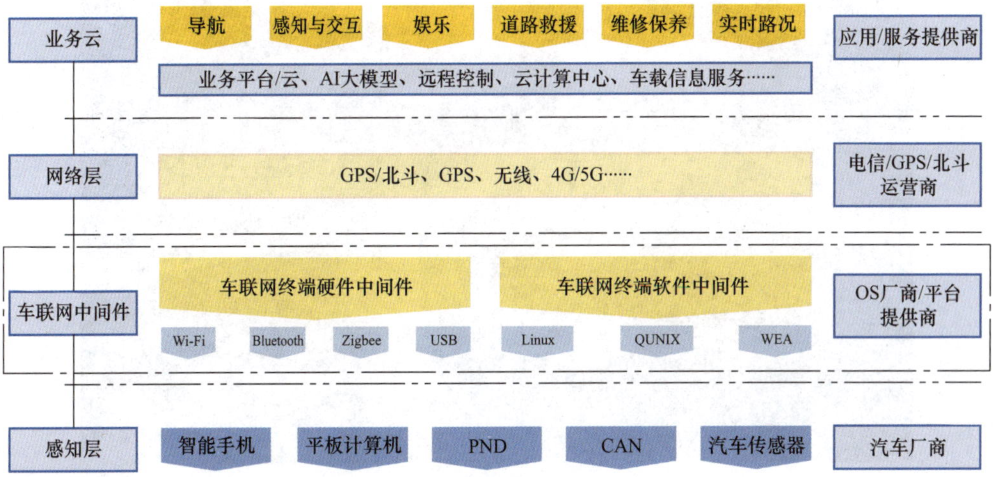

图 8-16　车联网系统架构

在车联网和无人驾驶领域，1ms 这一瞬间可能就决定了生与死。3GPP 定义了若干个 1ms 到几毫秒的低时延场景，主要集中在自动驾驶上。自动驾驶中制动等反应时间，是系统响应时间，其中包括了用于网络云端计算处理、车间协商处理的时间，也包括了用于车辆本身系统计算及制动处理的时间。如果要做到速度 100km/h 制动距离不超过 0.3m，那么系统整体响应时间不能超过 10ms，而人类最好的 F1 车手的反应时间在 100ms 左右。从保障安全的角度，对通信时延的要求极高，系统响应时间越低越好。未来 5G 网络能够在提供 99.999% 稳定性的同时做到小于 1ms 的通信时延，因此自动驾驶车辆的低时延场景更需要通过与系统其他环节的配合来实现。

依托多源多态传感器、互联互通控制器、云端大数据平台等装置，融合大数据驱动学习、人机协同增强智能和自组织群体智能等下一代 AI 技术，智能网联汽车以实现交通环境感知、交通态势认知、人车路一体化决策和控制为目标，正加速推动下一代智能驾驶系统的迭代发展。

8.3.2　车路云一体化与智能交互技术应用

在城市车辆数量不断增加的背景下，城市交通拥堵、交通事故等问题频发，新型的车联网交通信息采集系统诞生。车路云一体化将车辆与道路和云端相结合，通过实时交互和协同工作来实现更安全、高效的自动驾驶，因此本身是一个基于交互建立的概念，包括车与车、车与路、车与云控系统的交互等。因此，在车联网环境中和车路云一体化系统中，智能交互的设计与应用是整个环境开发中至关重要的环节。图 8-17 所示为车路云一体化应用场景示例。

随着 5G 技术的发展成熟，凭借着 5G 的高传输速率、低时延、高稳定性能、灵活的网络架构等特点，以 5G 为基础的车联网在近年来发展越来越迅速。基于 5G 网络和智能交互的车联网主要有以下几个方面的应用。

图 8-17　车路云一体化应用场景示例

1. 协助驾驶

协助驾驶是指利用大数据和传感器收集到车辆与路边基础设施的信息状态，例如，交通事故、汽车抛锚、道路紧急情况以及潜在的危险等，汽车自主采取相应的措施。基于 5G 网络的车联网技术可以提供更快的传输速率，能够自动跟车，进行互动，给无人驾驶技术提供可靠的支持。车辆自主完成一些指令，比如自动超车、协作式避免碰撞、防止侧翻等，都需要 5G 技术中的高可靠性和低延时性作保证，给驾驶带来极大的便利。

2. 交通信息收集

交通信息收集是指向车主提供整个道路的相关信息且不直接影响车主的驾驶行为，有利于交通管理中心的智能管理。比如实时收集车辆、路况和天气等信息，智能选择最优路段进行行驶等。5G 网络的高传输速率可以实时报告道路交通路况，便于驾驶员了解交通状况。

3. 车辆间的协作驾驶

车辆间的协作驾驶是指利用汽车与汽车直接通信的方式来控制汽车的协调驾驶。即制动、倒车、转弯都可以协调操作，即使道路上行驶的汽车发生了故障，也能被及时发现并告知后方的汽车采用刹车操作。5G 网络的高传输效率保证了汽车每个指令的高效完成，不仅快速掌握了前方车辆的信息，而且获得了整个道路车辆的信息并可构建一种网络化车队控制结构模型。

4. 辅助交通管理

辅助交通管理主要包括协助交通管理部门实现远程指挥调度，实现路段上的收费站、监控设备、电子公告栏等系统的智能运作，主要通过中控大屏等交互设备来进行清晰化展示。5G 网络的稳定传输，可方便交通管理部门对车辆进行智能指导。

5. 用户间通信与应用

用户通信与应用让乘客享受娱乐。在 5G 网络的支持下，用户可以在车上享受更多的车载终端服务，而开发商也能根据用户需求开发更多的应用，丰富车上生活。5G 的高带宽、低时延可以满足车内乘客对 AR/VR、游戏、电影、移动办公等车载信息娱乐的需求，还能提供高精度地图，使车载导航的精确度得到极大的提高。

6. 完善应急系统

车上安装操作系统和定位系统，如果遇到紧急突发的事件，车辆可以自主判断并采取正确的、紧急的措施，还可以及时通过车联网设备进行消息交互传递。应用 5G 技术与云平台将消息发送到救援中心，救援中心可以迅速根据消息进行定位，分析周边路况，及时通知附近的车辆避免进入事故区，同时传递相关信息给救援人员，使救援更加精准、快速，大大减少事故造成的损失。

7. 自然灾害场景的应急应用

当遇到自然灾害场景时，5G 网络可以在基础设施遭到破坏的情况下，通过单跳或多跳的 D2D（设备到设备通信）方式与其他 5G 车载单元实现通信。它也可以作为通信中继，与附近的 5G 车载终端交互信息，从而给行驶在路上的驾驶人和乘客或正准备驾乘车辆离开的人们传递信息，提高人们安全撤离的可能性，大大降低自然灾害造成的损失。

8.4　基于云机器人平台的智能交互及其应用

随着机器人智能水平的不断提高，对机器人的计算能力的要求也越来越高，云计算正是应对大计算量的解决方案。将机器人与云计算进行结合，便产生了“云机器人（Cloud Robotics）”的概念。该概念最早是在 Humanoids 2010 会议上，由卡内基梅隆大学的 James Kuffner 教授等提出的。云机器人就是云计算与机器人学的结合。就像其他网络终端一样，机器人本身不需要存储所有资料信息或具备超强的计算能力，只需要对云端提出需求，云端进行相应响应并满足要求。

要了解云机器人，首先要了解云计算。云计算的“云”，可理解为“多”和“大规模”。“云”是一些可以自我维护和管理的虚拟计算资源，通常为一些大型服务器集群，实现资源共享和超级计算，包括计算服务器、存储服务器、宽带资源等。云计算将所有的计算资源集中起来，并由软件实现自动管理，无须人为参与。例如，Google 云计算有上百万台服务器。

基于云机器人平台的智能交互控制系统，可以很好地扩展机器人的应用，提高用户体验，同时可以有针对性地为不同个体提供个性化服务。云机器人并不是指某一个机器人，也不是某一类机器人，而是指机器人信息存储和获取方式的一个学术概念。这种信息存取方式的好处是显而易见的。比如，机器人通过摄像头可以获取一些周围环境的照片，上传到服务器端，服务器端可以检索出类似的照片，可以计算出机器人的行进路径来避开障碍物，还可以将这些信息储存起来，方便其他机器人检索。所有机器人可以共享云数据库信息，提高开发、执行效率。云机器人作为机器人学术领域的一个新概念，其重要意义在于借助互联网与云计算，帮助机器人相互学习和进行知识共享，解决单个机器人自我学习的局限性。

机器人利用云操作平台通过各种交互方式，将控制服务、音视频监控服务和传感器服务放到云系统中，为用户操作机器人提供方便。而且云平台具有动态可扩展性，可以随时向云平台添加数据和用户指令信息等，提供或者申请某种服务。云平台基于互联网，用户数不胜数，由于不同用户端输入的信息具有多样化，需要对物理设备进行统一管理，完成设备虚拟化。此外，视觉跟踪、语音识别、触控技术、脑科学等先进技术的发展，推动了多通道界面的产生，改变了人类和计算机之间传统的交互方式。多通道人机交互界面允许用户通过多种感觉通道组合输入向机器表达操作意图。引入多通道使得用户在操作机器人的过程中，与本地计算机的交互更接近日常技能，达到人机交互的自然性和高效性目的，使智能化交互接口更加具有合理性。

8.4.1　云机器人平台简介

传统智能交互技术往往在某个机器人平台上实现，比如简单的语音识别算法、视频采集和基础处理等。智能时代，需要对机器人进行更为复杂、多模态的交互操作，传统智能交互技术很难实现。为了满足人们的需求，基于云机器人平台的智能交互系统可以将用户需求和服务注册到云平台中，用户只要连到互联网，通过输入设备就可以操控远程机器人而不用关心机器人的具体位置，整个系统具有良好的可扩展性。同时，机器人资源的注册与注销对用户来说是透明的，机器人可供更多用户使用，从而使整个系统具有良好的鲁棒性，提高了资源利用率。基于云机器人平台的智能交互系统网络架构见图 8-18，这是一个面向服务的层次化结构。

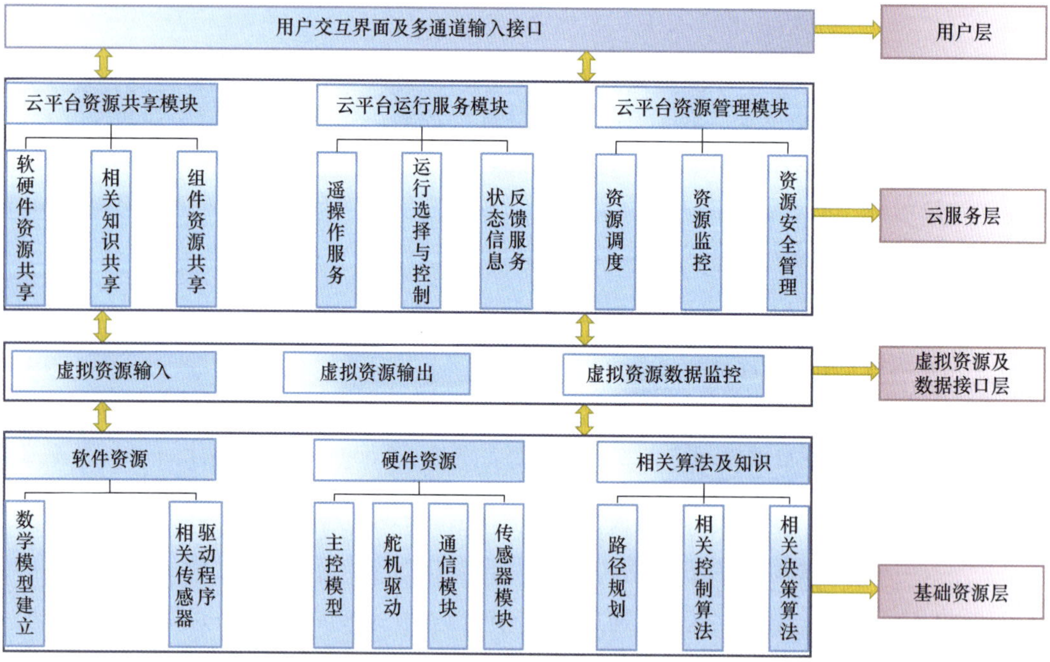

图 8-18　机器人云操作平台架构

用户层：用户层是面向使用者提供人机交互的平台。随着移动互联网技术的发展，人们手中的手机和计算机都可作为客户端向云服务层提出请求服务。

云服务层：云服务层是该平台的核心，主要分为云平台资源共享模块、云平台运行服务模块、云平台资源管理模块三个模块。云平台资源共享模块中包括软硬件资源共享、相关知识共享、组件资源共享服务，用户可以申请机器人资源共享服务来查找云平台上的机器人的各种共享信息，也可以申请资源下载服务获得机器人各种共享相关资源。云平台运行服务模块包括遥操作服务、运行选择与控制、状态信息反馈服务，通过云平台管理对机器人进行操作。云平台资源管理模块包括资源调度、资源监控和资源安全管理，用户可以通过云平台对机器人建立操作连接和远程安全控制。

虚拟资源及数据接口层：该层包括虚拟资源输入、虚拟资源输出和虚拟资源数据监控，主要负责收集互联网中有关机器人规划的各类信息，并对信息进行汇总、分类，根据类别进行封装，使之有序合理地汇集在虚拟资源层中，方便用户进行调用，从而实现对虚拟资源统一化管理。

基础资源层：基础资源层主要包含机器人的软件资源、硬件资源、相关算法及知识。其中软件资源包括数学模型、行动稳定性判据、传感器驱动的应用程序；硬件资源主要包括机器人采用的各类主控芯片、传感器，以及舵机等配件等。

每一个提供服务的机器人都需要在机器人云操作平台中注册，并上传该机器人的模型资源。当用户遥操作该机器人时，登录机器人云操作平台，查找并选择在云平台中的机器人，若该机器人处于在线状态，则用户可以申请使用该机器人的服务。在平台提供服务的过程中，安全管理模块会保证传输数据的正确性和安全性，数据管理模块会记录服务过程中的操作记录和反馈数据到服务记录资源中。

8.4.2　智能交互技术在云机器人平台的应用

随着智能化和人机交互的发展，智能交互技术在云机器人平台上也得到了一定的应用。

1. 数据存储与共享

云机器人平台主要存储 CAD 模型、点云、图像等物体数据，带有图像和坐标信息的地图数据，以及通过多通道交互方式使机器人完成某些动作的指令信息。这些数据通过机器可读的统一格式进行存储，易于用户理解和复用。当机器人请求数据全局存储或共享时，本地云负责和全局云连接，进行数据的上传或下载，实现了多用户和多机器人的互联，机器人的操作对用户具有很好的适应性。用户端的输入设备是多样化的，对输入设备进行虚拟化，将每个用户的物理设备映射为一个系统自定义的结构集合。同一个用户端的不同机器人操作中使用的是同一组虚拟设备。

2. 机器人控制

用户和开发者可以以多通道交互方式，直接通过全局云向下层本地云中提出访问需求，由本地云向上反馈交互信息并对机器人进行操作。例如，用户可以直接在远程通过移动终端或者平板计算机访问互联网中的全局云，获得家中机器人的监控视频等信息，并下达需要的控制指令。在大模型时代，还可以通过大语言模型进行预训练，生成智能化指令，辅助对机器人的合理的决策控制。

3. 可视化

随着机器人应用复杂度的提高，处理的数据量越来越大，传统的简单人机交互界面已经无法满足开发和使用的需求。基于云机器人平台的智能交互系统可视化组件，为开发者和用户提供一种模块化、组件化、灵活性高、界面友好的可视化交互方案，包括三维可视化工具、动态参数修改工具、机器人仿真平台等。开发者和用户可以根据自己的需求灵活配置、使用多种可视化交互方式，加速对机器人应用的理解，全面掌控云机器人的运行实时状态。

4. 多通道界面

为了方便用户通过云平台遥控操作机器人，采用多通道交互技术，综合语音识别功能、手势、触控等设备操作，从而集成灵活的自然交互方式。用户端机器人遥控操作的多通道界面中着眼于描述式和指点式的交互方式；云平台多通道管理模块中，采用基于任务的多通道整合算法，整合用户发送到平台的多个通道输入，并且根据平台中多通道界面的对象库表和任务库表，查找任务执行方式，完成对机器人地遥操作控制。

8.5　智能交互相关标准

8.5.1　国际标准化

ISO/IEC JTC1/SC35（用户界面分委会）在优先满足不同文化和语言适应性要求的基础上，制定信息通信技术（Information and Communication Technology，ICT）环境中的用户界面与人机交互规范，具体包括：

1）用户界面可访问性（要求、需求、方法、技术和促成因素）。

2）文化和语言的适应性和可及性（如 ICT 产品的语言和文化适应性的能力评估、语言的协调性、参数定位、语音信息菜单等）。

3）用户界面的对象、操作和属性。

4）用于在视觉、听觉、触觉和其他感官方式（例如通过语音、视觉、运动、手势）控制和导航系统。

5）用户界面的符号、功能和互操作性（如图形、触觉和听觉图标，图形符号和其他用户界面元素）。

6）ICT 环境中的视觉、听觉、触觉和其他感觉方式的输入 / 输出的设备和方法（如键盘、显示器、鼠标等设备）。

7）移动设备、手持设备和远程互操作设备和系统的人机交互要求和方法。

8）情感计算用户界面。

8.5.2　国内标准化

我国在用户界面与人机交互标准化领域已经奠定了一定的基础，制定了 GB 2787—1981《信息处理交换用七位编码字符集键盘的字母数字区布局》、GB/T 18031—2000《信息

技术　数字键盘汉字输入通用要求》、GB/T 19246—2003《信息技术　通用键盘汉字输入通用要求》等标准。后又逐步面向特殊群体制定相应的支持人机交互的标准。总体来说，我国在该领域起步较晚，相比国外，存在一定的差距。

2013 年，全国信息技术标准化技术委员会成立用户界面分技术委员会（以下简称“分委会”）。该分委会负责制定和完善我国用户界面与人机交互领域的标准体系和相关国家标准，对口 ISO/IEC JTC1/SC35 的相关工作，并根据我国用户界面与人机交互技术发展情况，增加了语言和语音相关的人机交互技术和产品要求、智能感知人机交互要求和方法、新型人机交互技术等研究方向。2017 年开始，分委会新筹备成立了人工智能、情感交互标准工作组，开展人工智能等领域标准化研究，支撑工信部软件和信息技术服务业“十三五”技术标准体系建设方案中的人工智能部分编写；形成了智能语音、信息无障碍等领域 7 项国家标准报批稿，以及多项标准征求意见稿；加强国际标准化工作，组织国内产学研力量向 ISO/IEC JTC1/SC35 提交了《信息技术情感计算用户界面框架》国际标准提案，并获得该领域首个国际标准立项。分委会设立秘书处、基础工作组以及语义工作组、语音交互工作组、信息无障碍工作组、智能感知集成工作组、可穿戴产品研究组、脑机交互标准研究组、移动应用工作组，以及后续成立的人工智能工作组、情感交互工作组等，开展新领域研究。

基础工作组负责基础技术和标准化保障规范研究，包括基础术语、用户需求研究、标准化工作指南和共性、基础标准的研制。

语音交互工作组主要研究与制定中国国内语言和语音领域的人机交互相关标准。

信息无障碍工作组研究与制定与身体机能差异人群相关的人机交互标准，包括发现身体机能差异用户的需求、研究通用解决方案、制定相关标准以及推广实施等。

移动应用工作组研究与制定包括基础、文字交互、触屏交互、语音交互、手势交互、体感交互和信息无障碍等相关的技术标准。

智能感知集成工作组主要负责包括语音、触控 + 语音、头部动作感知、嘴部动作感知、表情识别、手势识别、身体动作感知、重力感应、位置感知、位置定位等技术与应用的标准化。

2018 年 4 月，由国家标准化管理委员会主办、中国电子技术标准化研究院承办的 ISO/IEC JTC1/SC42 人工智能分技术委员会第一次全会在北京成功召开，重点在术语、参考框架、算法模型和计算方法、安全及可信、用例和应用分析等方面开展标准化研究。

在虚拟（增强）现实领域，感知交互强调与近眼显示、渲染计算、内容制作、网络传输等关键领域间的技术协同。2021 年，中国信息通信研究院、华为技术有限公司、京东方科技集团股份有限公司发布的虚拟（增强）现实白皮书指出，未来理想的人机交互可让虚拟现实用户聚焦交互活动本身，而忘记交互界面（手段）的存在，界面愈加“透明”，自然化、情景化与智能化成为感知交互技术发展的主航道。

2021 年，中国电子技术标准化研究院整合国内专家力量，牵头组织脑机交互标准化专家研讨会，会议达成共识。我国将继续主导脑机领域国际标准化工作，研制脑机交互术语和体系架构等国际标准，开展用例研究，进而填补国际标准化工作空白，并在 JTC1 层面推动建立工作组或分技术委员会。同时，利用标准化工作支撑产业发展，定期编制发布产业研究报告、产业化白皮书等。

8.5.3　智能交互技术标准化及发展方向

我国在用户界面与智能交互领域中的语音交互、信息无障碍等标准化工作越来越活跃，参与国内外标准制定工作的热情也逐渐高涨。为适应面向行业应用创新的需要，我国着力开展了语音交互、信息无障碍和可穿戴产品等领域的标准体系架构搭建和重点标准研制工作。

1）语音交互方面。以智能车为例，车载语音交互技术的应用涉及产业链上的各类技术服务机构，如智能语音交互技术提供商、智能车载系统厂商、行业知识库提供商、语音语义分析产品等。这些技术环节面向智能车车载语音交互系统需求的分类定义、性能指标、功能定义、接口制定等。

2）信息无障碍方面。可积极采用适合我国实际情况的国际通用标准，在此基础上，结合我国无障碍具体需求，自主制定类似读屏软件技术要求和测试方法的标准。

3）可穿戴方面。可穿戴产业正处于发展孕育期，市场发展前景十分广阔，产品竞争日益激烈，因此在产品发展过程中应做好规划，对可穿戴产品分类、数据、应用服务类型进行规范，为后续产业发展奠定基础。

8.6　习题

1. 什么是虚拟现实技术？
2. 简述虚拟现实系统中的主要技术和典型硬件组成。
3. 车路云一体化系统的概念是什么？
4. 虚拟现实和增强现实的区别是什么？
5. 简述人车路协同交互的基本概念。
6. 目前常见车载交互系统的控制有哪些，并简要分析优缺点。

第 9 章　e 智能车交互设计实战

9.1　e 智能车系统介绍

自 2013 年至今，作者团队在李德毅院士“科学任务带动人才培养”思想引领下，开发了“五位一体”智能交互技术教学平台——包括“智能交互技术”国家级一流本科课程、北京市优质本科教材《智能交互技术与应用》(第 1 版)、智能交互轮式机器人教学载体、虚拟仿真教学平台和智能交互技术实践教学案例，并将科学任务凝练为教学载体，自主设计研发 e 智能车。e 智能车是一款基于 ROS（机器人操作系统）的人工智能轮式机器人，其控制系统本质上就是一台安装有 Linux 系统的计算机。该计算机上安装了机器人专用的软件系统，配合机器人本体上的其他软硬件系统即可达到机器人的交互控制目标。结合机器人身上固有硬件，团队设计了目标检测与识别理解的智能交互训练系统、智能交互控制训练系统、智能语音交互训练系统、环境感知与建图系统、三维人脸识别展示系统和车体交互与协同系统。

9.1.1　e 智能车系统

e 智能车大小为 65cm × 35cm × 40cm，主要硬件包括上层控制器、底层控制器、深度相机、单线雷达、直流减速电机、舵机、显示器、IMU、电源锂电池等。如图 9-1 所示为 e 智能车。

图 9-1　e 智能车

1. 通用硬件系统

1）上层控制器：上层控制器选用 Nvidia Jetson TX2，具有集成的 256 核 NVIDIA Pascal GPU、六核 ARMv8 64 位 CPU 复合体和 8GB 具有 128 位接口的 LPDDR4 内存。CPU 综合体结合了双核 NVIDIA Denver 2 和四核 Arm Cortex-A57。体积不大于 35cm × 22cm × 13cm，支持 usb3.0 插头，支持 HDMI 显示接口，支持 Wi-Fi，支持 SD Card，32GB 内存。

2）底层控制器：底层控制器选用 STM32F103ZET6，包含以 72MHz 频率运行的高性能 ARM Cortex-M332 位 RISC 内核、高速嵌入式存储器（闪存高达 512KB，SRAM 高达

64KB)，以及连接到两条 APB 总线的各种增强型 I/O 和外围设备。提供三个 12 位 ADC、四个通用 16 位定时器和两个 PWM 定时器，以及标准和高级通信接口：多达两个 I^2C、三个 SPI、两个 I2Ss、一个 SDIO、五个 USART、一个 USB 和一个 CAN。可在 −40 ~ 105°C 的温度范围内工作，电源电压为 2.0 ~ 3.6V。底层控制器在 e 智能车中主要用于输出脉宽调制（PWM）控制直流减速电机和舵机旋转，从而实现轮式机器人行进和开关车门车窗功能。

3）深度相机：深度相机选用奥比中光 Astra Pro，体积不大于 165mm × 31mm × 49mm，包含彩色摄像头、红外相机、红外投影仪、深度计算处理器、麦克风、激光保护装置、USB2.0，支持 Android、Linux、Windows 操作系统。深度可达 8m，视场角为 H58.4° × V45.7°，最高分辨率为 1280 × 1024@7fps，彩色摄像头视场角为 H66.10° × V40.2°，最高分辨率为 1280 × 720@7fps。

4）单线雷达：单线雷达选用镭神 LS01D，可以在探测范围（8m）内进行 360° 二维平面扫描，产生空间的平面点云地图信息。LS01D 输入电压为 5V，测点频率为 3600 点 /s，扫描频率为 10Hz，体积不大于 ϕ80mm × 54.66mm，通信接口支持 UART 串口。

5）显示器：显示器选用英伟达专用 7in 电容触摸显示屏，电源电压为 5V，尺寸为 164.9mm × 124.5mm，像素点数为 1024 × 600，支持触摸控制。

6）电源：动力锂电池，最高电压为 12.6V，容量为 18000mA，3A 电流充电。

2. 软件系统

e 智能车操作系统为 Linux 的一个十分常见的发行版 Ubunu18.04LTS，在这个操作系统的基础上构建了基于 ROS 的基础包框架，支持 Linux、Windows 或 macOS 等操作系统的远程控制，既可以直接通过 ssh 对该系统上的程序进行修改，也可以通过 ROS 的消息机制对机器人进行控制。由于机器人本身就搭载了一个计算机和显示器，开发者可以直接使用鼠标键盘对机器人进行编程，也可以使用自己的计算机进行远程连接，直观地观察机器人运行时的各种数据。

为了更加方便地对机器人的硬件进行操作，e 智能车在 ROS 的基础上还构建了多层结构用于对机器人进行操作，这些包都采用 ROS 的消息机制以及 Service 机制进行了连接，从而可以方便地使用各种 ROS 支持的语言对机器人进行良好的操控。

（1）目标检测与识别理解的智能交互训练系统

应用深度学习技术进行视野范围内的目标位置、种类的检测，支持对红绿灯、8 种交警手势、行人、车辆等物体的检测与识别；内置数据采集与标注工具，提供额外 SDK 开发包，支持多种物体检测功能选项，支持 ROS 系统接口。

（2）智能交互控制训练系统

基于移动终端开发的智能交互控制软件来实现轮式机器人的移动端按键控制，通过智能交互控制软件进行操作。控制软件通过 APP Inventor 自主开发，可视化的编程模块便于理解，方便进行二次开发。按键控制通过单击按键，将控制信号发送到控制器，实现控制功能。其中按键包括正常平坦条件下的前进、后退、加速、减速、左转、右转、停止等。

（3）智能语音交互训练系统

支持语音识别、语音合成和语音控制。通过调用百度语音识别 API，将输入的语音信号识别为文字，与预定义的语音命令进行对比，实现控制功能。其中语音命令包括前进、后退、加速、减速。

（4）环境感知与建图系统

通过轮式机器人上搭载的一线雷达基于 gmapping 算法对 8m 内环境进行感知建图，将感知到的地图信息通过可视化工具进行展示。通过对周围环境的感知建图实现轮式机器人的定位、自主导航、路径规划等功能。

（5）三维人脸识别展示系统

通过 RGBD 摄像头采集三维人脸信息，配合智能语音交互系统进行人脸智能识别结果的播报。

9.1.2 e 智能车控制框架

基于 ROS，e 智能车构建了底层和中间层的用于操作机器人的 API，通过这些 API 可以方便地对机器人运动、语音、视频等方面进行操作，满足机器人的使用需求。在应用层的开发中可以使用任意一种 ROS 所支持的语言对应用层程序进行开发，都可以达到正确的控制机器人行为的目的。通过对这些相关 API 的调用，可以在不了解执行器具体原理的情况下方便开发者开发出机器人的应用程序。

轮式机器人的各个不同模块相互之间差异很大，但由于在使用过程中使用 ROS 的 MSG 和 Service 机制，采用标准的 ROS 消息机制来表示信息，而且各个模块的权限管理机制也是相似的，使得在调用不同的 API 时具有相似的编程模式，降低了机器人程序设计的复杂性。

在机器人上的开发可以使用 C++、Python 或者其他 ROS 支持的编程语言，但是不管使用哪种编程语言，实际的编程方法都是相似的。为了便于使用者调试，建议用户在开发应用的过程中使用 Python 语言进行行为层的控制，而对时间和效率敏感的控制代码用 C++ 实现，以提高运行效率。

9.1.3 e 智能车虚拟仿真平台

虚拟仿真平台与 e 智能车具有相同的功能，可使用该平台进行线上实践操作。虚拟仿真平台基于 Unity 开发，模拟展示 3D 车辆的各种状态，并实现了模拟道路上的车辆行驶。此外，该软件还专门面向无人驾驶智能车辆进行了设计，以便更好地展示智能交互技术在无人驾驶领域的应用。目前，该虚拟仿真平台已在作者团队中国大学 MOOC 在线课程“智能交互技术”中投入使用，目前已完成 11 轮选课，见图 9-2。

轮式机器人虚拟仿真交互系统可以通过智能交互控制实现对车辆行进、车灯以及车门等的控制。此外，该系统还提供了 API 接口，方便用户使用 Python 和 Android 两种方式与虚拟仿真交互平台建立连接，并进行二次开发。通过这些 API 接口，用户可以更加方便地对系统进行个性化定制和优化，提高系统的适用性和性能。之后的实验都将在轮式机器人和虚拟仿真平台上进行。

轮式机器人虚拟仿真平台的 Unity 端可以直接在计算机上运行，平台的具体使用方法如下：

图 9-2　e 智能车虚拟仿真平台

1. 运行应用程序

1）平台以压缩包的形式提供，解压即可运行，在解压位置找到 Car.exe 应用程序，双击开始运行，见图 9-3。相关资源下载请扫描本书前言的“本书配套程序和组件下载”二维码。

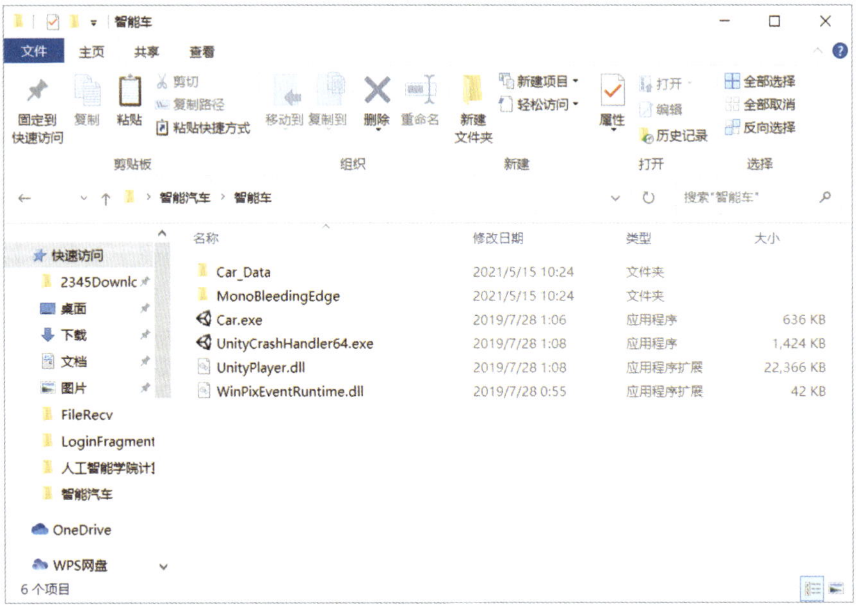

图 9-3　运行 Car.exe

2）打开应用程序后，勾选 Windowed，单击 Play 按钮即可运行，见图 9-4。

3）程序运行后，单击上升按钮弹出总菜单，见图 9-5。

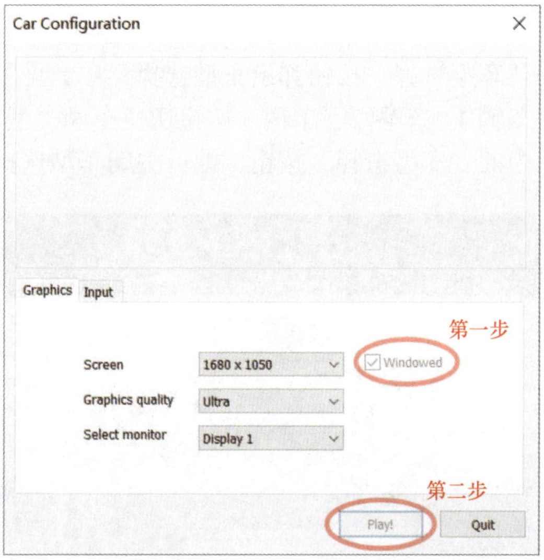

图 9-4　屏幕大小配置

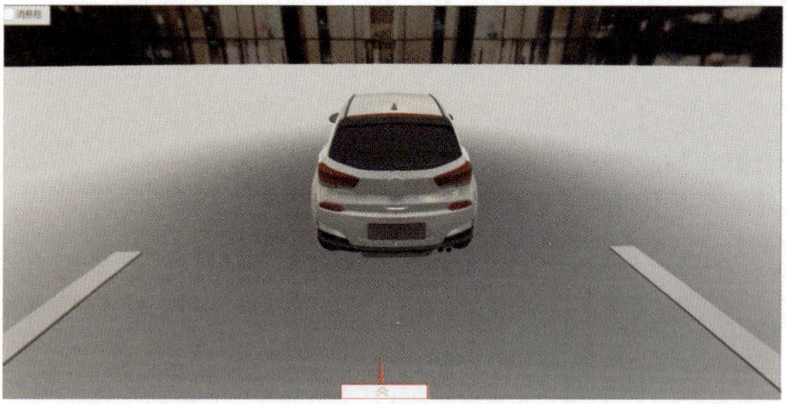

图 9-5　弹出总菜单

4）单击总菜单中的隐藏按钮隐藏总菜单，见图 9-6。

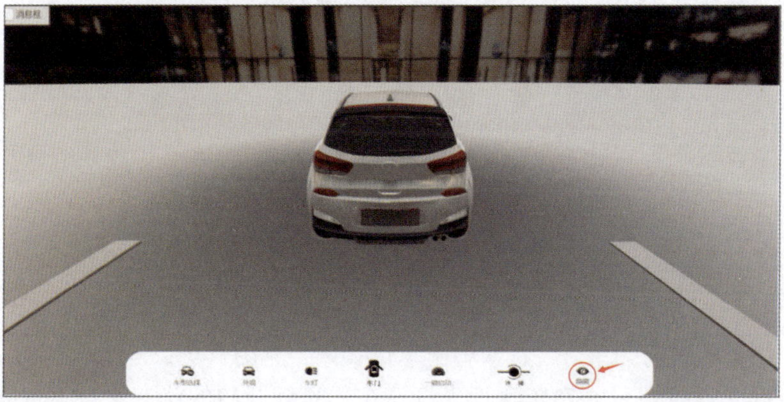

图 9-6　隐藏总菜单

2. 更换车辆

1）单击总菜单中的“车型选择”按钮弹出车型选择菜单，见图 9-7。

2）单击车辆菜单中车辆 1、车辆 2、车辆 3 按钮切换车辆类型。

3）再次单击总菜单中的“车型选择”按钮，即可关闭车型选择菜单。

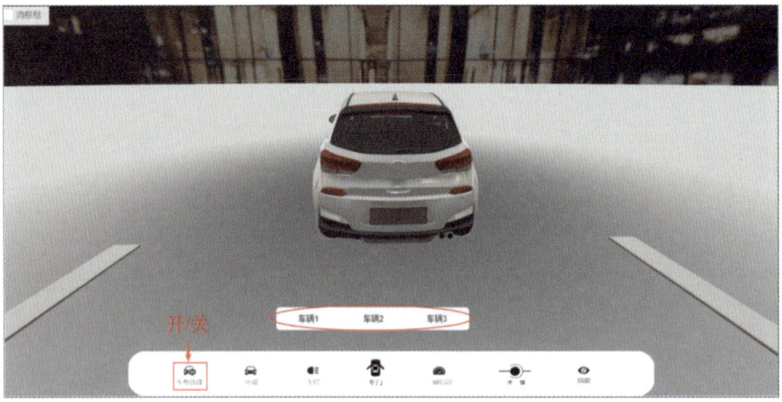

图 9-7　车型选择

3. 更改车体颜色

1）单击总菜单中的“外观”按钮弹出外观菜单，见图 9-8。

2）单击外观菜单中的按钮可改变车辆颜色。

3）再次单击总菜单中的“外观”按钮关闭外观菜单。

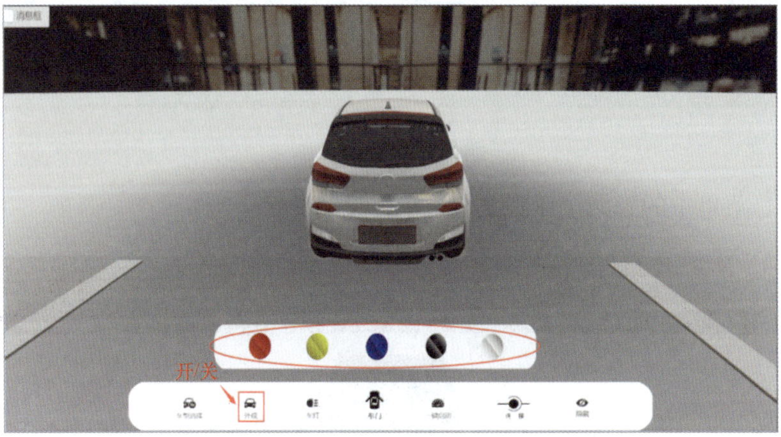

图 9-8　车辆外观更改

4. 打开车灯

1）单击总菜单中的“车灯”按钮弹出车灯菜单，见图 9-9。

2）单击近光灯按钮可开启车辆近光灯，在近光灯开启的状态下按下近光灯按钮会关闭车辆的近光灯。远光灯在近光灯开启时才能启动。

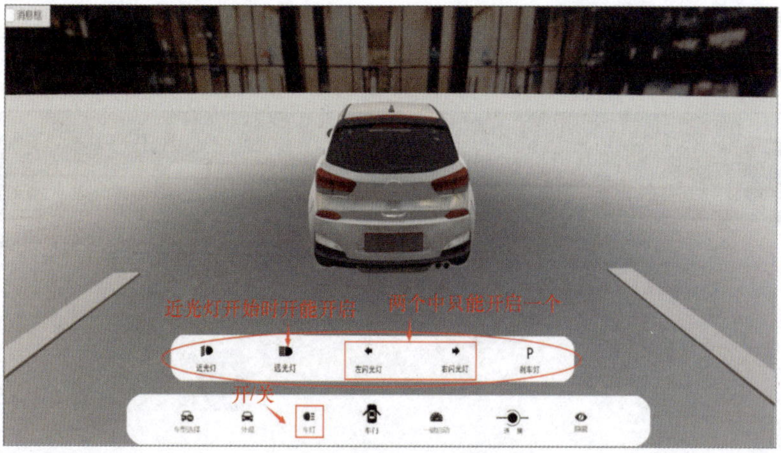

图 9-9　车辆车灯控制

3）左闪光灯和右闪光灯之中只能开启一个，当其中一个开启时另外一个就会关闭。

4）再次单击总菜单中的“车灯”按钮关闭车灯菜单。

5. 车门开启

1）单击总菜单中的“车门”按钮弹出车门菜单。

2）车门菜单有两种。一种是轿车的车门菜单，见图 9-10。该菜单有 5 个按钮，分别是“左前门”“左后门”“右前门”“右后门”和“后备箱”。按下按钮，轿车会做出相应操作，如按下“左前门”按钮会开启或关闭左前门。另一种是大巴的车门菜单，见图 9-11。该菜单有 2 个按钮，分别是“前门”和“后门”，相应按钮分别控制大巴的前门和后门。相应的菜单在选择相应的车型时出现。

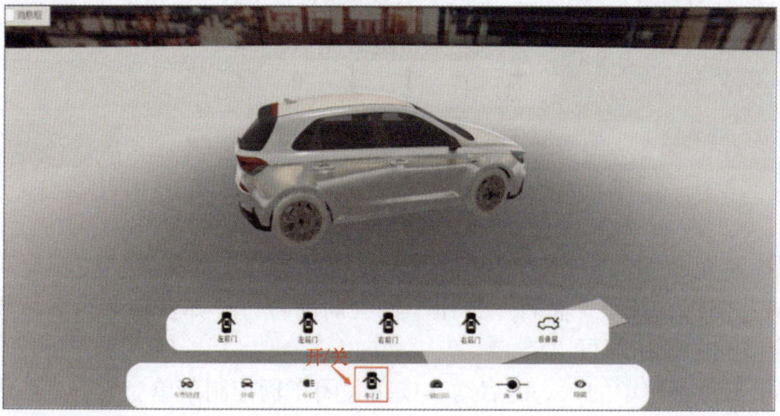

图 9-10　轿车车门控制

3）再次单击总菜单中的“车门”按钮关闭车门菜单。

6. 车辆控制

1）单击总菜单中的“一键启动”按钮弹出车辆控制菜单，在第一次按下总菜单中的一键启动按钮时车辆会直行，见图 9-12。

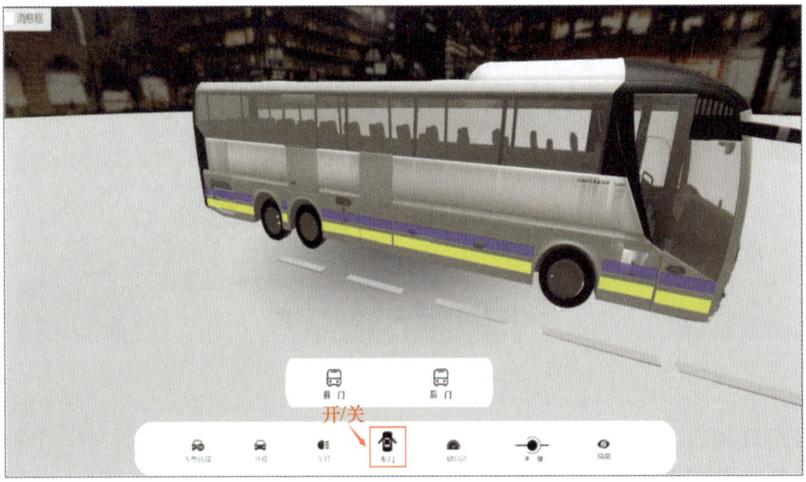

图 9-11　大巴车门控制

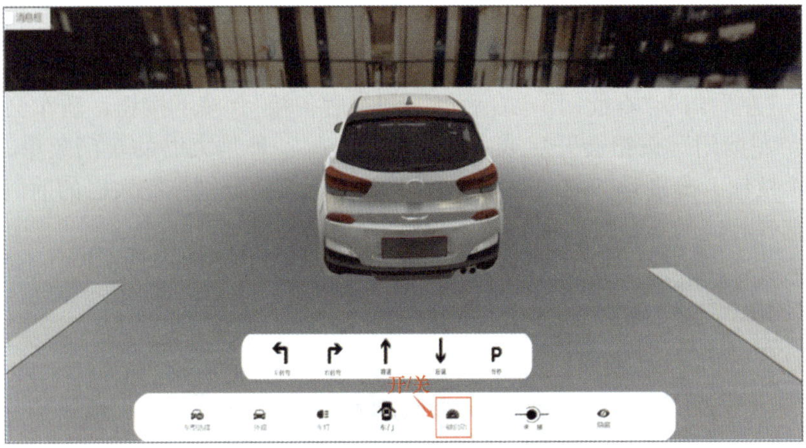

图 9-12　车辆行驶控制

2）按下控制菜单中的按钮，车辆会做出相应的操作，如按下“左转弯”按钮，车辆的前车轮会向左偏移；按下“直行”按钮车辆会向前直行；如左转弯行驶后想要回正，只需按下相对应方向的按钮即可。

3）再次单击总菜单中的“一键启动”按钮关闭车辆控制菜单。

7. 车辆远程连接

1）按下“连接”按钮弹出连接菜单，见图 9-13。

2）输入端口号（端口号要在 5001 ~ 65535 范围之内），单击授权端口，可以与相应的客户端（Python 端、Android 端）进行交互，客户端会在后面章节的实验中具体说明。连接时先要授权端口，再进行连接，按下授权端口后若页面没有卡顿，说明端口号被占用。

图 9-13　连接客户端

9.2　实验 8：移动端智能交互控制实战

本小节通过作者团队自主研发的“轮式机器人智能交互控制系统”App，面向无人驾驶智能车辆，通过手机端连接虚拟仿真平台和 e 智能车，实现模拟道路上的车辆行驶，并能实时控制车辆的前进、后退、转向、制动等功能，实现人车交互。

9.2.1　虚拟仿真平台智能交互控制

1. 实验目的和类型

1）实验目的：了解和实践使用 App Inventor 进行应用开发流程，使用 App Inventor 开发移动端智能交互控制应用，并实现对虚拟仿真平台的交互控制。

2）实验类型：应用型实验。

2. 实验内容

1）了解使用 App Inventor 开发移动端应用的流程。

2）操作 App Inventor 实现移动端应用的开发。

3）使用 App Inventor 开发移动端交互控制应用实现对虚拟仿真平台的交互控制。

3. 实验仪器、设备

1）App Inventor 开发平台（https://code.appinventor.mit.edu/login?locale=zh_CN）和 AI 伴侣。

2）Android 手机一部。

3）虚拟仿真平台。

4）Microsoft Edge 浏览器。

4. 实验环境

手机端采用 App Inventor 进行界面和功能的设计，见图 9-14。App Inventor 是一个可视化的 Android 应用制作平台，用户使用浏览器打开平台网站，平台提供高德地图、高德定位、FTP 客户端等组件，支持多点触控、动态创建组件和通用事件，通过拖拽组件和逻辑块，即可完成 Android 应用的制作。相比 Android Studio 等纯编程语言开发工具，App Inventor 具有简洁明了、通俗易懂的优点。

图 9-14　APP Inventor 图形化编程界面

虚拟仿真平台的 Unity 端可以直接在计算机上运行，Android 端和 Python 端需要通过 TCP 协议与虚拟仿真交互平台建立连接。为此，需要先查看运行虚拟仿真交互平台计算机的 IP 地址，以实现连接。具体操作方法如下：

1）同时按〈⊞ + R〉，打开计算机运行框，输入“cmd”并按回车键，打开命令提示符窗口，或者在计算机左下角单击“⌕”图标，输入“cmd”，选择“命令提示符”打开即可。

2）在命令提示符窗口输入“ipconfig”，按回车键，会显示计算机中网络适配器的 IP 地址、子网掩码及默认网关。

3）“无线局域网适配器 WLAN”下的“IPv4 地址”即为所需要的信息，见图 9-15。IP 地址为类似“10.130.101.55”的字符串。

5. 实验步骤

为了更好地与虚拟仿真平台实现交互，Android 端采用 TCP 网络连接方式，并通过按键进行交互控制。因此，在界面的设计过程中，需要添加网络连接组件，并进行相应功能开发。在界面设计方面，可以使用 App Inventor 的可视化组件拖放功能，将基本组件和网络连接组件添加到设计面板上，同时设置相应的属性和样式。例如，可以添加“Button”按钮组件作为控制轮式机器人的按键，并设置其文本内容和样式。同时，还需添加“Socket”组件作为 TCP 连接的接口，并设置相应的 IP 地址和端口号。

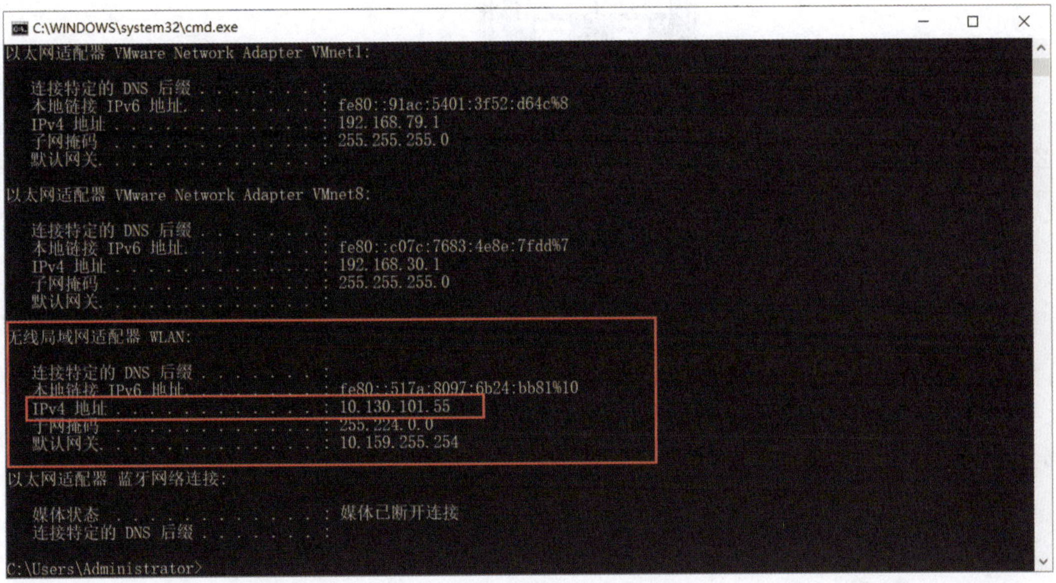

图 9-15　本机 IP 地址查询

在功能开发方面，用户需要编写相应的代码来实现按键和 TCP 连接的交互控制。例如，可以在“Button”按钮组件的点击事件中编写相应的代码以发送控制指令，并通过“Socket”组件与虚拟仿真交互平台进行 TCP 通信。在接收到控制指令后，虚拟仿真交互平台就可以对轮式机器人进行相应的控制操作。

总的来说，Android 端控制轮式机器人虚拟仿真交互平台需要进行界面设计和功能设计两方面的工作，通过可视化组件和编程语言的结合，可以实现简单易用的交互控制。

（1）界面设计

App Inventor 图形化编程界面分为四个主要面板：组件面板、工作面板、组件列表和组件属性。见图 9-16，组件面板包含各种不同的界面组件，如标签、按钮等，当需要某种组件时，只需将其从组件面板拖到工作面板中即可添加成功。工作面板则是应用程序的展示界面。组件列表中列出了页面中添加的所有组件。组件属性用于改变页面中组件的样式，例如在页面中单击某个按钮，可以改变按钮的文本内容、宽度、高度等属性。

为了控制轮式机器人虚拟仿真交互平台，应当在 Android 端输入虚拟仿真交互平台的 IP 地址和端口号，单击按钮进行连接，成功后可通过按键进行交互控制。基本步骤如下：

1）在 App Inventor 主页面左上角单击“New project”按钮，见图 9-17，在弹出的输入框中输入应用名称，例如“Simulation”，单击确定，即可创建成功。在主页中单击新建的应用，进入开发界面。

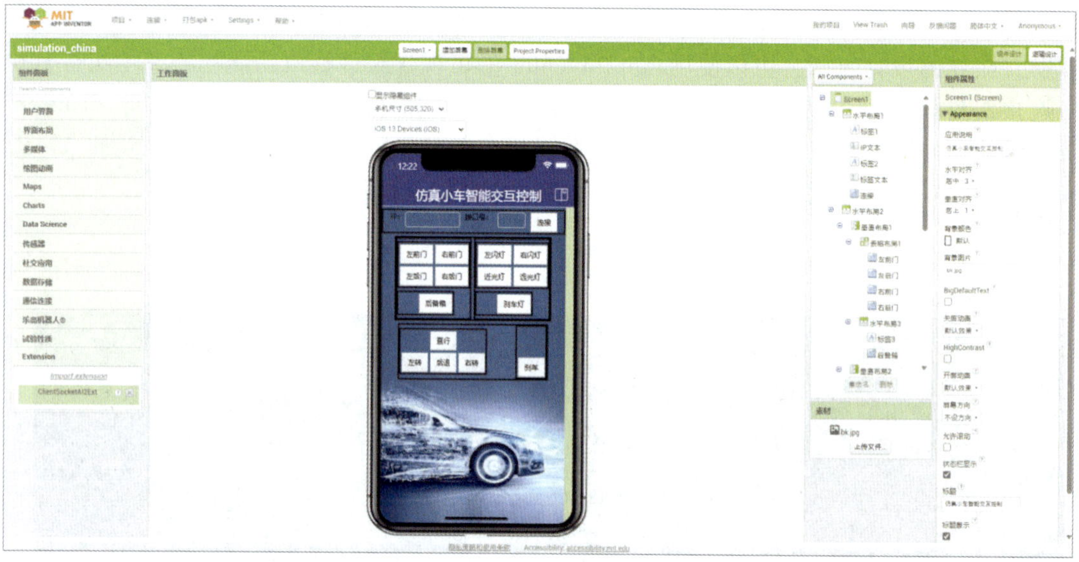

图 9-16　App Inventor 界面展示

2）见图 9-18，在组件属性中更改应用说明和标题为“仿真小车智能交互控制”，设置水平对齐方式为“居中”，垂直对齐方式为“居上”，之后无论在界面中拖入任何可见组件，都会水平居中显示。

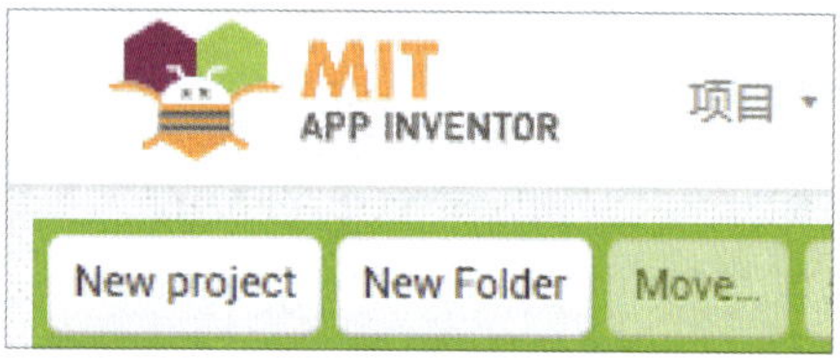

图 9-17　新建项目

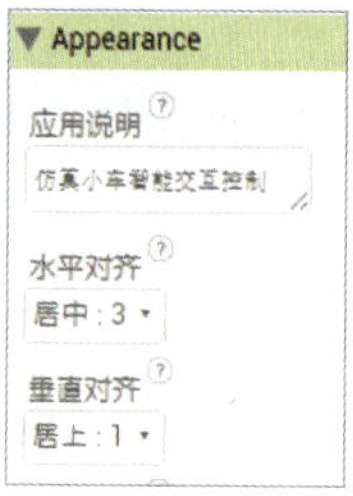

图 9-18　界面属性更改

3）在组件面板中，单击“用户界面”，选择“标签”组件并将其拖入工作面板中。

4）在组件属性中修改标签文本为“IP：”。

5）通过与 3）同样的方式在界面中添加一个文本输入框：在组件面板的“用户界面”下选择“文本输入框”组件将其拖入工作面板中。在工作面板中，可看到两个组件垂直排布，见图 9-19。

6）在组件面板中，单击“界面布局”，选择“水平布局”组件并将其拖入工作面板中，在组件属性中设置水平对齐方式为“居中”，垂直对齐方式为“居上”，宽度为“充满”，高度为“自动”。在工作面板中，将之前添加的标签和文本输入框依次拖入到水平布局中，见图 9-20。

7）采用与 3）同样的方式，在水平布局中再依次添加一个“标签”组件和一个“文本输入框”组件，修改标签文本为“端口号：”。

8）在组件面板中，选择“用户界面”下的“按钮”组件，将其拖入到水平布局的最后。

图 9-19　组件垂直排布

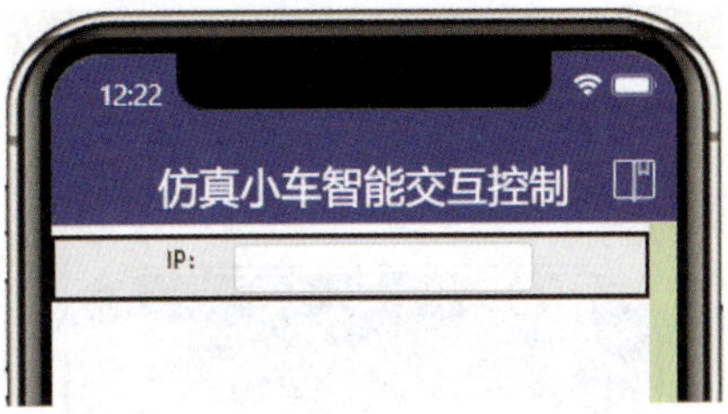

图 9-20　界面水平布局

9）按钮添加完成后，由于界面空间有限，按钮并没有显示在界面中，此时需要修改之前组件的宽度，使所有组件都完整地在界面中显示出来。从左到右依次修改标签和文本输入框组件宽度为 5 比例、30 比例、15 比例和 15 比例，此时可以看到完整的按钮组件。单击“按钮”，将其文本修改为“连接”，见图 9-21。

10）在组件面板中，选择“用户界面”下的“按钮”组件，将其拖入页面下方空白处。单击“按钮 2”，将其文本修改为“左前门”，见图 9-22。

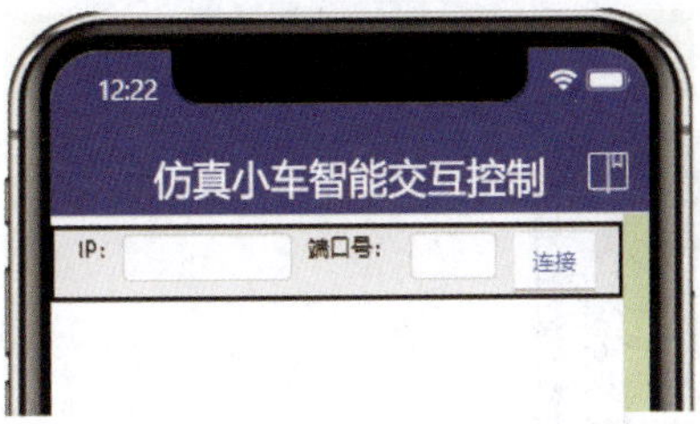

图 9-21　连接部分组件布局

图 9-22　左前门按钮添加

11）采用与 9）同样的方式，再添加 14 个按钮，将按钮文本分别修改为“左后门”“右前门”“右后门”“后备箱”“近光灯”“远光灯”“左闪灯”“右闪灯”“刹车灯”“直行”“左转”“后退”“右转”“刹车”，见图 9-23。在组件列表中，可以修改界面中组件的名称，方便逻辑设计时与组件对应。

12）为各部分按键添加相应布局，提升界面美观程度，见图 9-24。

13）单击组件列表上的“上传文件”，从计算机上选择一张图片上传，见图 9-25。

14）可在组件属性中将完成上传的图片设为背景图片。也可对组件作其他属性的修改，如修改组件的背景颜色、文本字体等，最终效果见图 9-26。

15）除以上可见组件外，还需要在页面中添加一些不可见组件。单击“用户界面”，

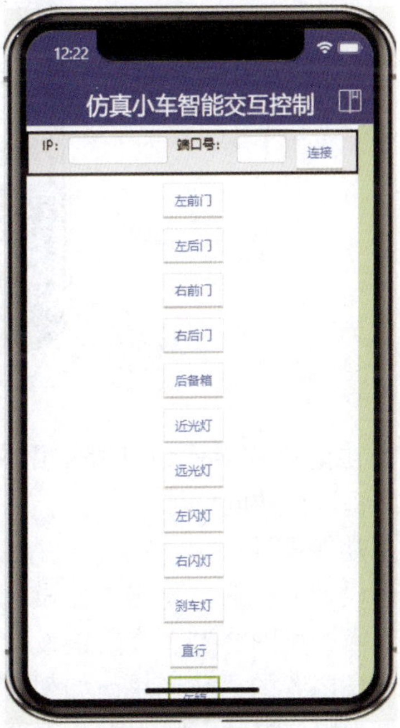

图 9-23　添加所有按键

将“对话框”拖入工作面板，用于连接成功与断开的信息提示。单击“Extension”，将提供的“ClientSocketAI2Ext1”组件导入并拖入工作面板，用于与虚拟仿真交互平台建立网络连接。

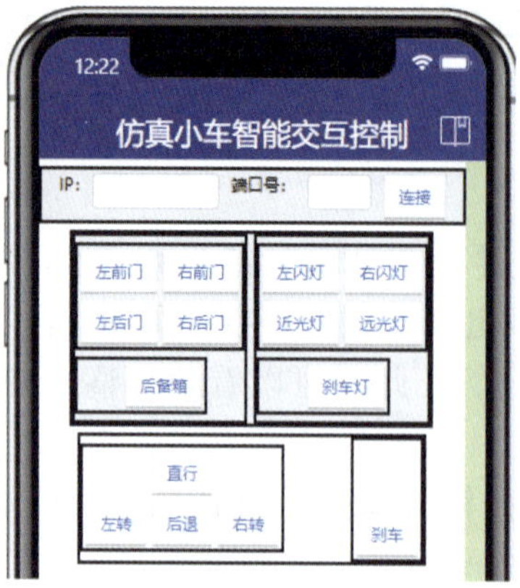

图 9-24　按键布局添加

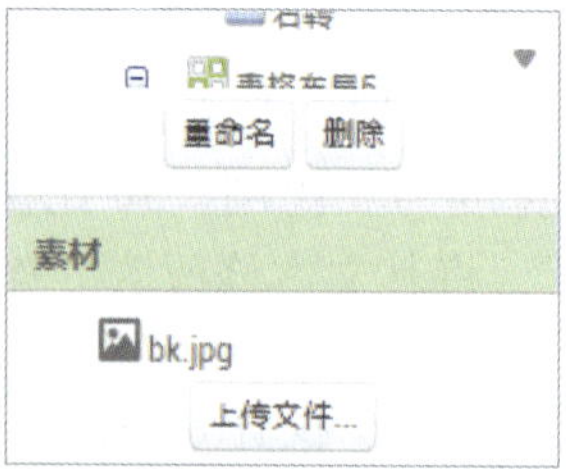

图 9-25　上传文件

图 9-26　应用完整界面

除上述简单的界面设计外，用户可以进行个性化需求设计，使界面变得更加合理美观。下面将进行功能设计。

（2）功能设计

界面设计完成后，单击界面设计右上角的“逻辑设计”（组件属性正上方），跳转到功能设计界面，见图 9-27。在功能设计界面中，有两个主要面板：模块面板和工作面板。模块面板包含内置的语法模块，如列表、字典、变量等，也可添加组件所需的功能模块。工作面板是为用户提供应用功能设计和开发的面板。

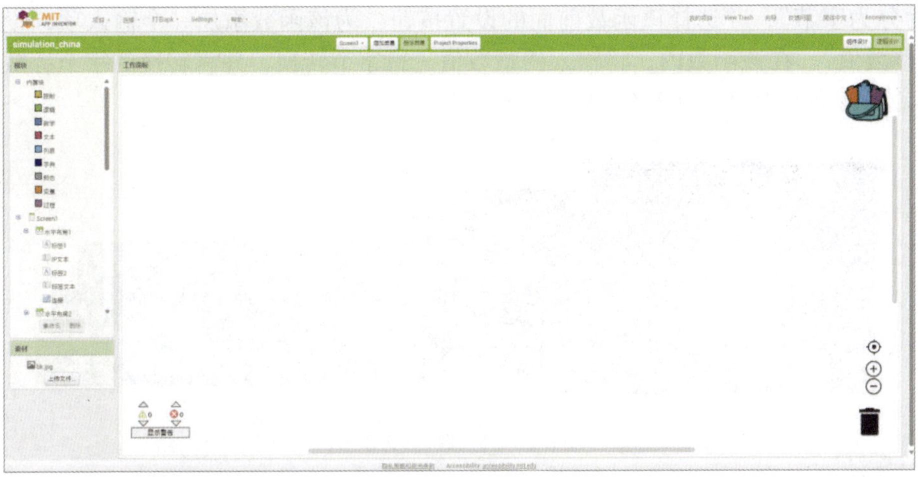

图 9-27　功能设计界面

Android 端应用在获取虚拟仿真平台的 IP 地址和端口号建立连接后，通过按键与虚拟小车进行交互控制。由于网络连接是以字节流的形式传输数据的，因此在发送数据时应当进行相应的类型转换。以下将对以上功能进行设计。

1）在模块内单击“连接按钮”组件，选择“被点击”函数。根据按钮上的文字判断连接状态。当文字为“连接”时，单击按钮后，获取 IP 文本框和端口号文本框的内容并建立连接，如果连接成功，则弹窗提醒“仿真小车连接成功！”，并设置按钮文字为“断开”；当按钮文字为“断开”时，单击按钮后，设置网络连接断开，如果断开成功，则弹窗提醒“仿真小车已失联！”，并设置按钮文字为“连接”，见图 9-28。

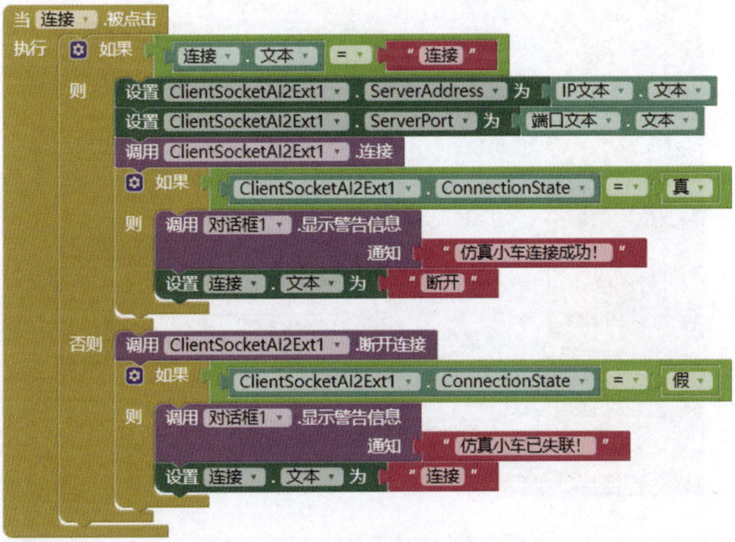

图 9-28　连接状态函数设计

2）在发送数据的过程中，需要将数据转换为字节类型进行发送，因此需要定义一个类型转换函数。在模块中单击“过程”，选择有返回值的“定义过程”，修改过程名称为

“整数拆分为字节”，并选择该函数前面的设置按钮，为该函数添加一个输入项，设置输入项为“整数值”。在该函数内，将输入的整数值进行字节转换，并将转换的字节存放到一个列表中，将该字节输出，见图 9-29。

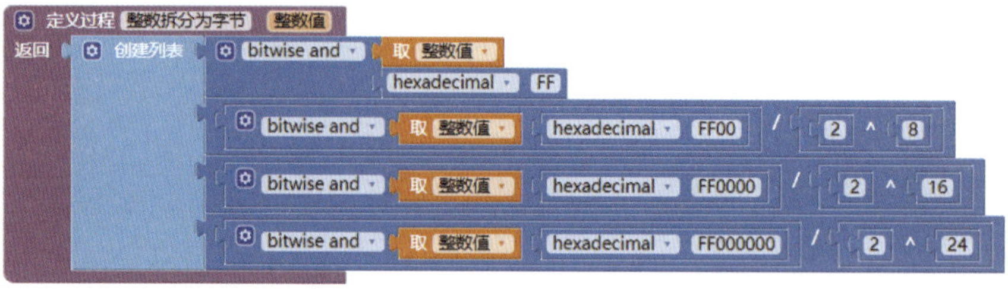

图 9-29　整数拆分为字节

3）采用与 2）同样的方式，定义一个函数“发送车辆指令”，在该函数中定义一个局部变量“dataAll”，该局部变量就是需要发送到虚拟仿真交互平台的控制指令。在“dataAll”变量中依次存放“控制指令”“车速”“车头方向”“颜色”“车型”，并且数据调用“整数拆分为字节”函数以字节的形式进行存储。最后通过网络连接将“dataAll”内数据发送到虚拟仿真交互平台，从而控制车辆，见图 9-30。

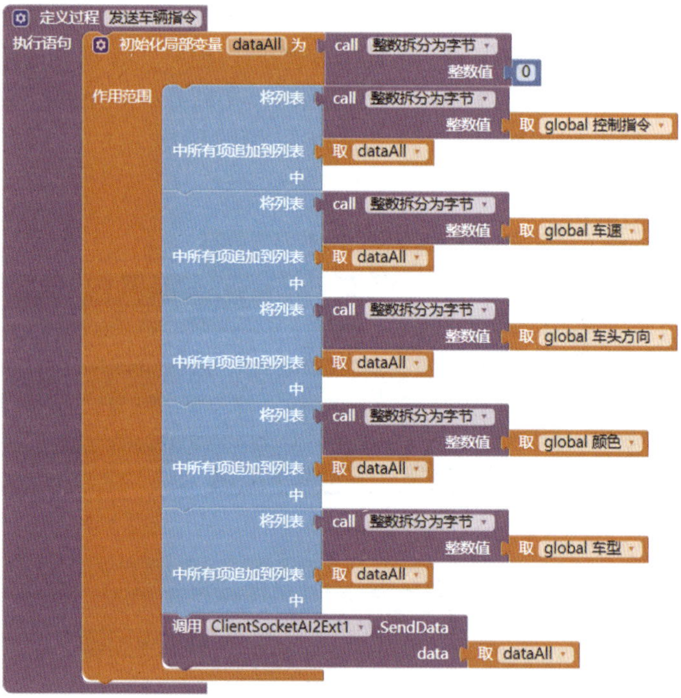

图 9-30　发送车辆指令功能设计

4）采用与 2）同样的方式，定义“开车”“左前门”“近光灯”“右前门”等控制指令函数，在函数内为控制变量赋值，并调用“发送车辆指令”函数将指令发送给虚拟仿真交互平台，见图 9-31。

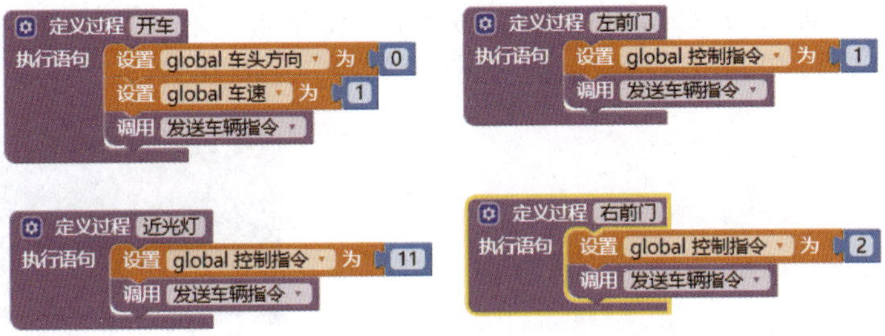

图 9-31　部分控制指令函数

5）在模块内单击“直行”按钮，选择“被点击”函数，在该函数内调用“开车”函数，见图 9-32。

6）采用与 5）同样的方式为其余按钮设计功能，在各自的功能内调动相应的控制指令函数，见图 9-33。

图 9-32　直行按钮功能

（3）应用安装

界面设计和功能设计完成之后，就需要将应用下载到手机进行测试。有两种方式可以进行测试：在线调试和 Apk 安装。AI 伴侣界面见图 9-34。

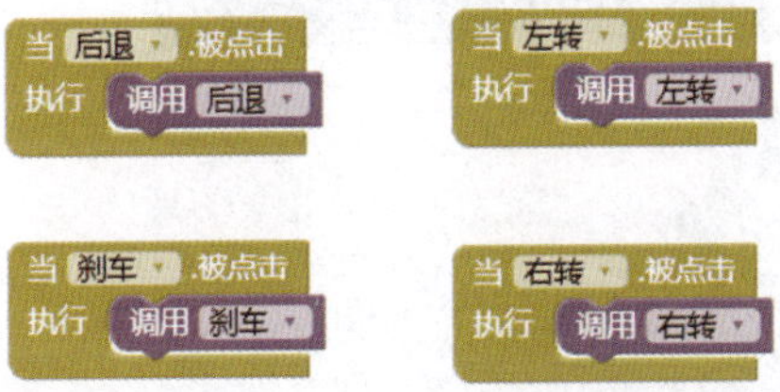

图 9-33　部分其余函数功能

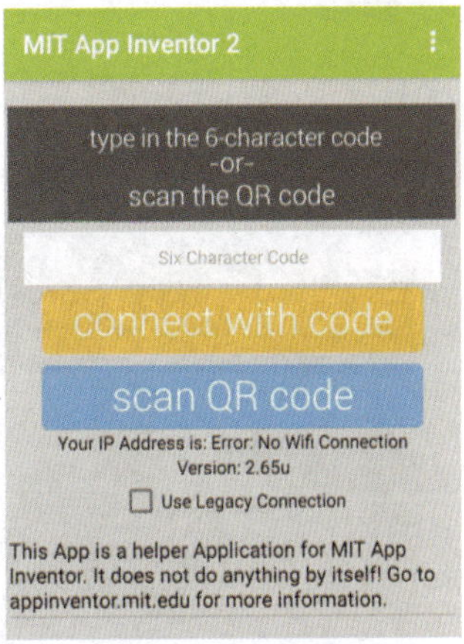

图 9-34　AI 伴侣界面

1）在线调试之前，需要在手机上安装 AI 伴侣，请扫描本书前言的“本书配套程序和组件下载”二维码下载 AI 伴侣。

2）单击图 9-35 中的“连接”按钮，选择“AI 伴侣”，然后，在手机上 AI 伴侣界面单击“scan QR code”，扫描计算机中弹出的二维码，即可建立连接（见图 9-36）。使用在线调试时，如界面或者功能有修改，手机界面也会自动更新，无须重新扫描建立连接。

3）单击图 9-35 中的“打包 apk”按钮，编译完成之后，单击“Download apknow”，将 Apk 下载到计算机中，再发送到手机中进行安装。也可直接使用手机扫描页面右侧二维码，下载到手机上。使用该种方式进行安装时，如对应用进行修改，需重新下载安装。因此，在应用开发中，推荐使用在线调试的方式进行测试，开发完成后，可生成 Apk 安装。

（4）车辆交互控制

Android 端应用安装完成之后，就可以与 Unity 端建立连接进行车辆控制。

1）关掉计算机防火墙设置，在 Unity 端总菜单中单击“连接”按钮，在弹出的窗口中输入“9999”端口号，单击“授权端口”按钮后等待，见图 9-37。

图 9-35　应用安装方式

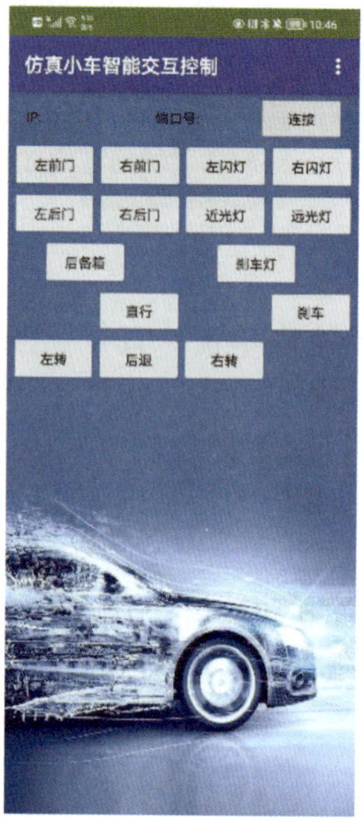

图 9-36　应用手机安装展示

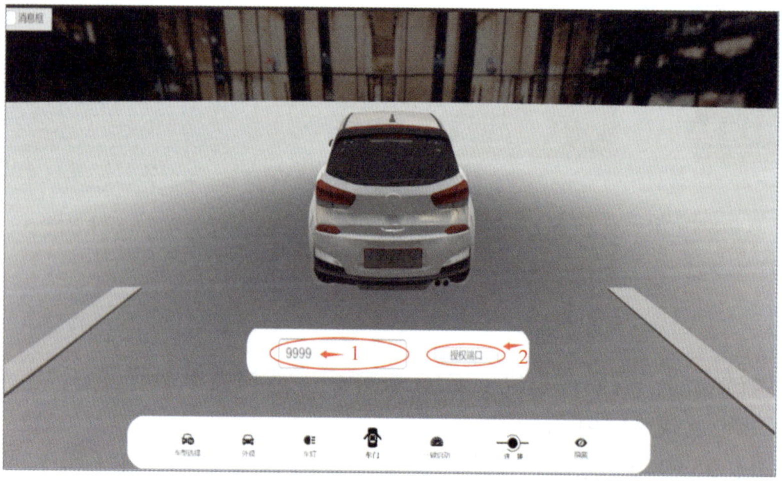

图 9-37　授权端口号

2）在 Android 端输入计算机 IP 和在 Unity 端设置的端口号，单击“连接”按钮，当弹出“仿真小车连接成功！”对话框时，表明建立连接成功，见图 9-38。

图 9-38　Android 端与 Unity 端建立连接

3）建立连接成功之后，通过按键进行车辆交互控制。

9.2.2　e 智能车智能交互控制

1. 实验目的和类型

1）实验目的：了解和实践使用 App Inventor 进行应用开发流程，使用 App Inventor 开发移动端智能交互控制应用，并实现对 e 智能车的交互控制。

2）实验类型：应用型实验。

2. 实验内容

1）了解使用 App Inventor 开发移动端应用的流程。

2）熟练操作 App Inventor 实现移动端应用的开发。

3）使用 App Inventor 开发移动端交互控制应用实现对 e 智能车的交互控制。

3. 实验仪器、设备

1）App Inventor 开发平台（https：//code.appinventor.mit.edu/login?locale=zh_CN）。

2）Android 手机一部（模拟器无法使用蓝牙）。

3）e 智能车。

4）Microsoft Edge 浏览器。

4. 实验环境

手机端蓝牙连接轮式机器人的蓝牙模块，通过按键发送相应指令控制轮式机器人前进、后退、停车以及车门车窗的开关。

轮式机器人底层采用 STM32 进行控制。STM32 因其主流的 Cortex 内核，具有极高的性能，并且具有丰富合理的外设，多组 IO 口。因 STM32 芯片型号种类多，故常被应用于工业自动化、家电、人机界面和监控等场景中。在 e 智能车中，主要使用 USART 串口接收手机发送的信号，控制 STM32 相应 IO 口输出 PWM，进而控制驱动电机、转向电机等转动，从而驱动轮式机器人做出相应的动作。

5. 实战步骤

（1）图形界面设计

1）在 App Inventor 主页面左上角单击“New project”按钮，在弹出的输入框中输入应用名称，例如“Interactive”，单击确定按钮，即可创建成功。在主页中单击刚才创建的应用，进入开发界面，见图 9-39。

图 9-39　新建项目

2）在组件属性中更改应用说明和标题为“轮式机器人智能交互控制系统”，设置水平对齐方式为“居中”，垂直对齐方式为“居上”，之后无论在界面中拖入任何可见组件，都会水平居中显示，见图 9-40。

3）在组件列表中单击“上传文件”，从计算机上选择需要的图片进行上传，见图9-41。此处上传的图片用于在界面中进行显示。

4）在组件面板中，单击“界面布局”，选择“垂直布局”组件并将其拖入工作面板中，在组件属性中设置垂直布局宽度为“充满”，高度为“18 比例”，然后在组件面板中选择“水平布局”组件并将其拖入到垂直布局中，在组件属性中设置水平布局宽度为“充满”，高度为“7 比例”。

图 9-40　界面属性更改

图 9-41　上传文件

5）在组件面板中，单击“用户界面”，选择“图像”组件并将其拖入到水平布局中，在组件属性中设置图像宽度为“10 比例”，高度为“充满”，重复相同的操作，再拖入一个图像组件到水平布局中，并设置相同的属性，效果见图 9-42。

6）单击第一个图像框，在组件属性中找到“图片”，上传并选择“bluetooth.png”图片素材，单击确定按钮，见图 9-43。观察工作面板，可以看到图像框 1 中已经更改为刚才选择的图片。

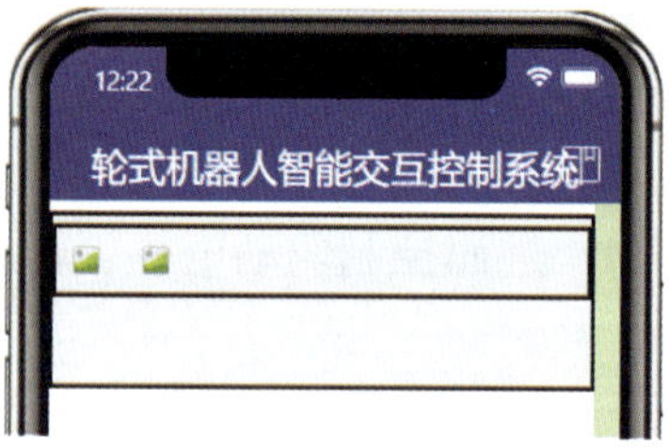

图 9-42　插入图像框

图 9-43　更改图像框 1 图片

7）使用与步骤 6）相同的方法，更改图像框 2 图片为“error.png”，见图 9-44。

8）为了界面的美观，可以在图像框之间添加标签，让图像与图像之间保持一定的距离。在组件面板中，单击“用户界面”，选择“标签”组件，并将其拖入到图像框与图像框之间，在组件属性中，设置标签文本为空，并设置相应的标签宽度，结果见图 9-45。

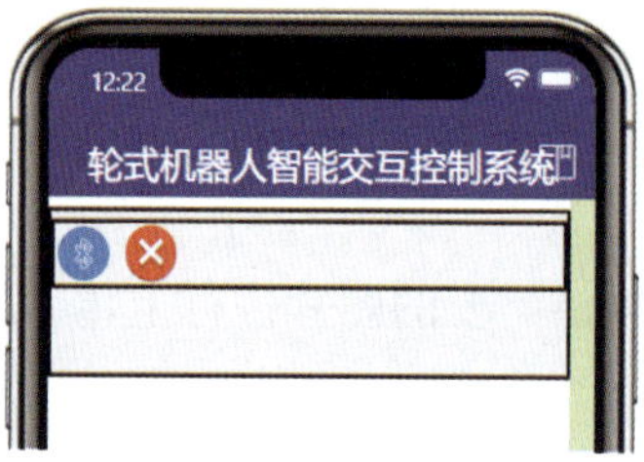

图 9-44　更改图像框 2 图片

图 9-45　“标签”组件添加

9）在组件面板中，单击“界面布局”，选择“水平布局”组件，将其拖入到垂直布局中，在组件属性中设置水平布局宽度为“充满”，高度为“7 比例”，水平对齐为“居中”。

10）在组件面板中，单击“用户界面”，选择“标签”组件，将其拖入到水平布局中，在组件属性中，设置文本对齐为“居中”，文本为“HC-08”，该文本为蓝牙模块名称，字号为“25”，高度为“充满”。

11）使用与步骤 10）相同的方法，在水平布局中再拖入一个“标签”组件，设置相同的属性，标签文本为“未连接”。调整两个标签的宽度，使标签分别位于两张图片的正下方，见图 9-46。

12）在组件面板中，单击“界面布局”，选择“水平布局”组件，将其拖入到垂直布局下方，在组件属性中，设置其宽度为“充满”，高度为“8 比例”。单击“用户界面”，拖入四个“按钮”组件到水平布局中，在组件属性中设置宽度为“20 比例”，高度为“充满”，并分别设置文本为“加速”“减速”“正常”“回正”，用于控制车辆加减速和方向盘回正。在按钮之间添加“标签”组件，并修改其属性，使界面看起来更舒服，见图 9-47。

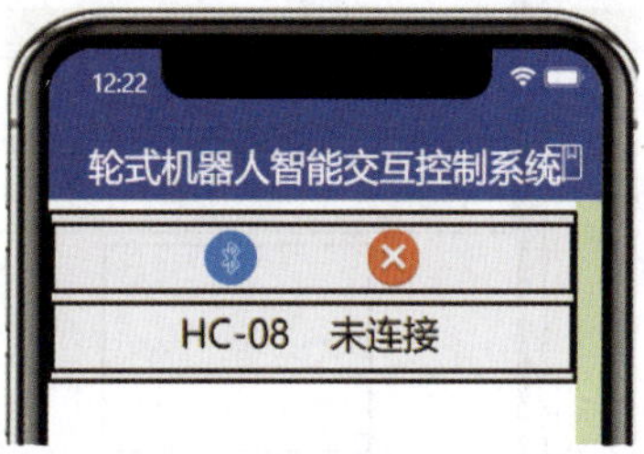

图 9-46　添加图片标签

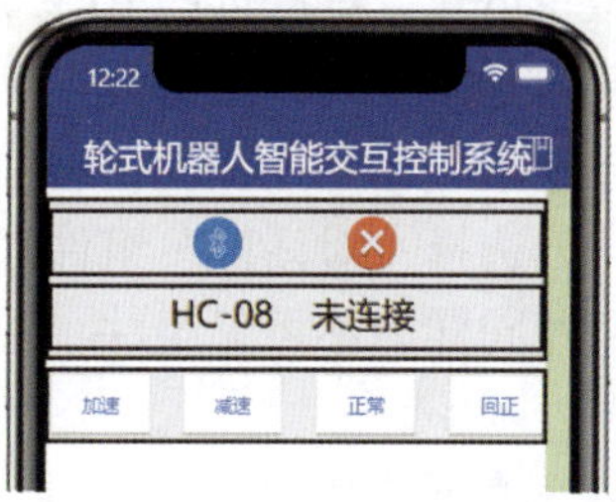

图 9-47　添加速度、方向盘按钮组件

13）在组件面板中，单击“界面布局”，选择“表格布局”组件，将其拖入到水平布局下方，在组件属性中，设置其属性“列数”为 3，“行数”为 3，见图 9-48。

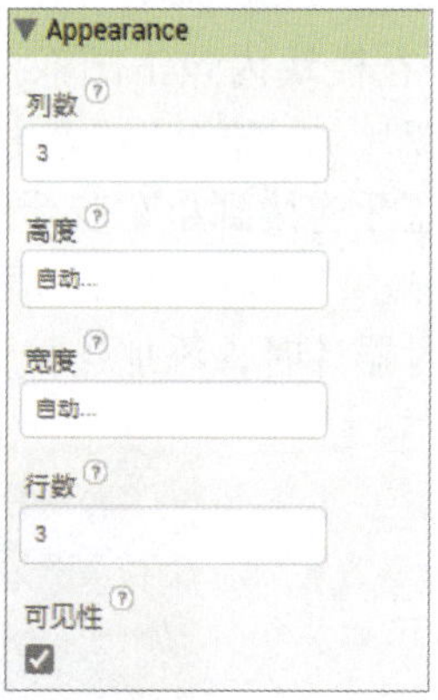

图 9-48　TableArrangement 属性设置

14）在组件面板中，单击“用户界面”，选择“按钮”组件，将其拖入界面“表格布局”的上中位置，在组件属性中，设置文本为“前进”。以同样的操作，再选择四个“按钮”，分别拖入界面“表格布局”的中间、下中、左中和右中位置，并设置文本为“停止”“后退”“左转”和“右转”，效果见图 9-49。

15）在组件面板中，单击“界面布局”，选择“水平布局”组件，将其拖入到表格布局下方，在组件属性中设置其宽度为“60 比例”，高度为“6 比例”。在组件面板中，单击“用户界面”，在水平布局中拖入两个“Switch”组件，在组件属性中设置字体大小为“17”，宽度为“25 比例”，高度为“充满”，修改开关一文本为“左前门”，开关二文本为“右前门”，见图 9-50。

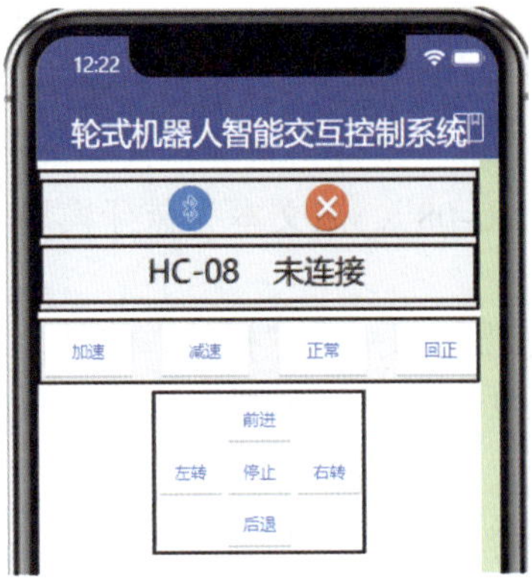

图 9-49　行进按钮添加

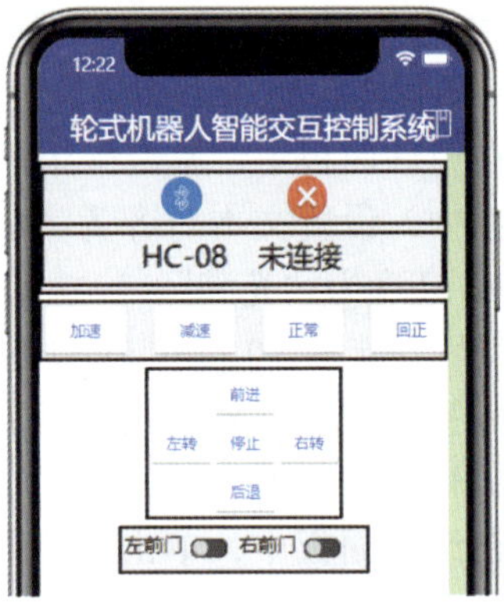

图 9-50　添加左右车门开关

16）重复步骤 14）操作，添加其他车门车窗开关，效果见图 9-51。

17）在组件面板中，单击“Extension”，选择“import extension”，将提供的 BLE 蓝牙组件导入，并将其拖入到界面中。该组件为不可见组件，与轮式机器人通过蓝牙建立连接。在组件面板中，单击“用户界面”，选择“对话框”组件，将其拖入到界面中。该组件同样为不可见组件，用于断开连接信息提示。

至此界面的设计到此结束，用户可根据自己需求进行界面的修改，使界面更加美观大方。

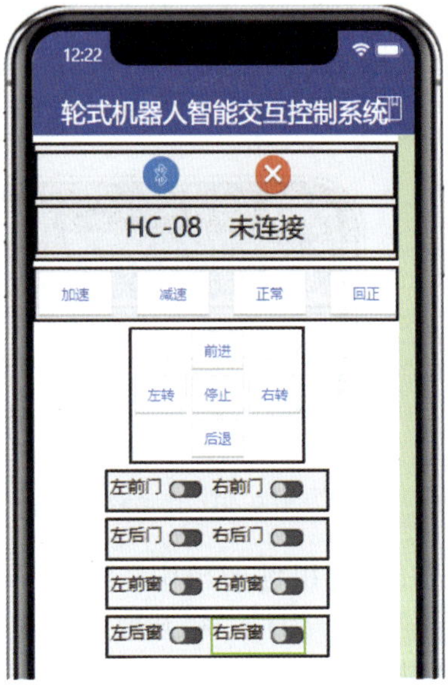

图 9-51　添加所有车门车窗开关

（2）交互逻辑设计

1）在模块内点击图像框连接组件（界面左上角蓝牙图片），选择“被点击”，在该函数中，调用低功耗蓝牙连接到小车蓝牙模块地址，并调用信息对话框显示“正在连接，请稍等……”消息，打开连接计时器计时，添加连接计时器用于当无法连接时，可以再次连接，见图 9-52。

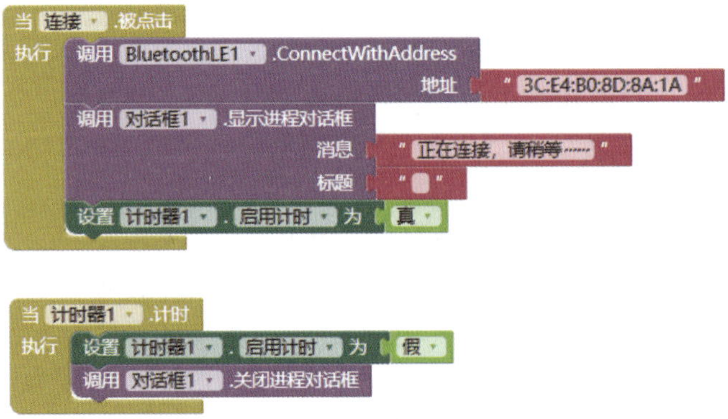

图 9-52　蓝牙连接逻辑

2）当蓝牙连接成功之后，关闭信息对话框，设置蓝牙图标下方标签文字为“已连接”，并调用函数“按键启用”，设置界面中按键可点击，当然还需要实时监听蓝牙模块的数据变化，通过上述监听到的数据，e 智能车进行相应的交互控制，见图 9-53。

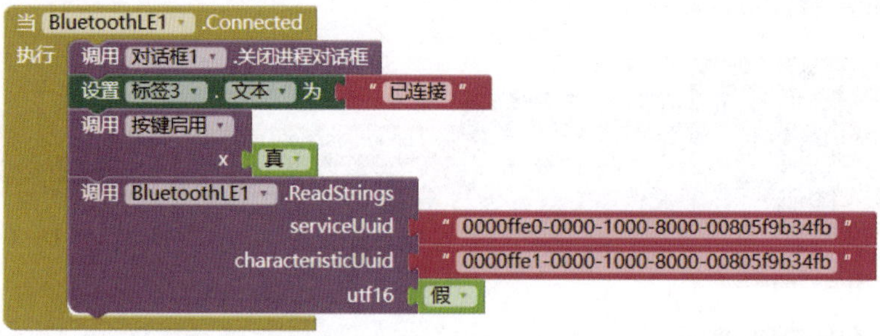

图 9-53　蓝牙连接成功逻辑

3）“按键启用”为自定义函数，该函数需要传入一个参数。蓝牙未连接时，设置所有按键为不可点击状态，蓝牙连接成功时，设置按键为可点击状态，提供用户的体验感，见图 9-54。

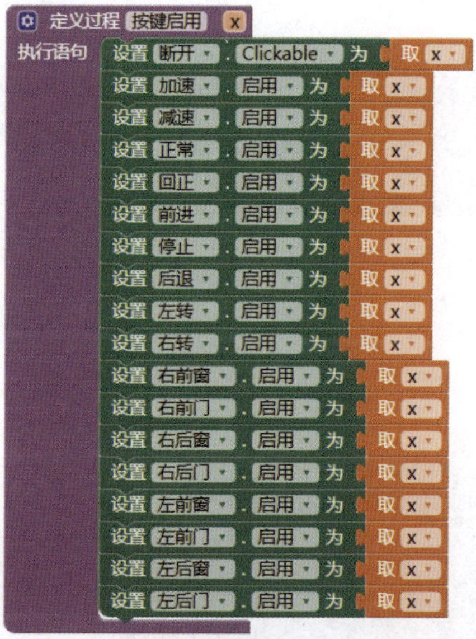

图 9-54　“按键启用”函数设计

4）当加速按钮被长按时，打开加速计时器计时，到达时间间隔时，向 e 智能车发送相应指令，当加速按钮被松开时，关闭加速计时器。在此处使用加速计时器，以使长按按键时有响应事件，减速、左转、右转原理相同，见图 9-55。

5）当按钮正常被点击时，调用蓝牙模块向 e 智能车发送相应指令，按钮回正逻辑相同，见图 9-56。

6）对于开关按钮，存在两个状态：打开和关闭。这两个状态分别对应车门、车窗的开和关。图 9-57 所示，为左后门开关逻辑，其余车门、车窗逻辑相同。

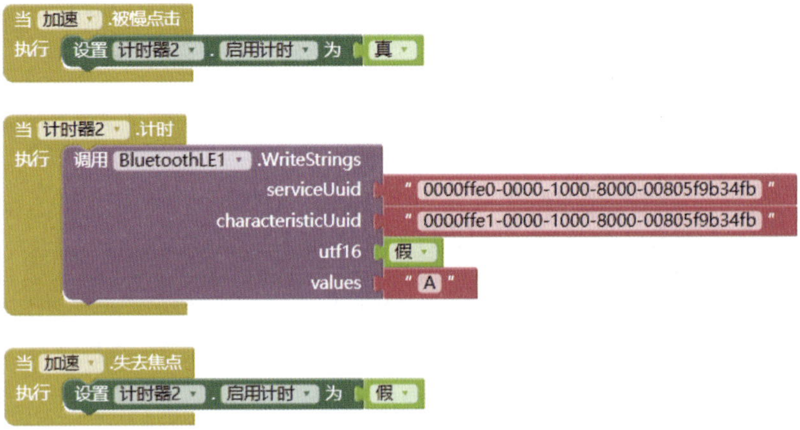

图 9-55　按钮“加速”逻辑设计

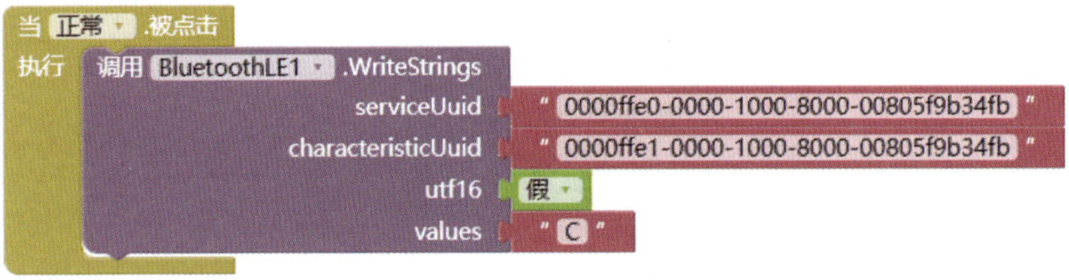

图 9-56　按钮回正逻辑

图 9-57　左后门开关逻辑

以上就是按键交互控制的主要代码，表 9-1 为不同按键向轮式机器人发送的控制指令，用户可以参考进行相同按键功能的开发。

表 9-1　按键控制指令

动作	指令	动作	指令
前进	1	右前门关	N
后退	2	左后门开	G
停车	3	左后门关	H
左转	E	右后门开	Q
右转	D	右后门关	R
加速	A	左前窗开	K
减速	B	左前窗关	L
正常	C	右前窗开	I
回正	F	右前窗关	J
左前门开	O	左后窗开	S
左前门关	P	左后窗关	U
右前门开	M	右后窗开	U
右后窗关	V		

6. 轮式机器人智能交互控制

界面设计和功能开发完成之后，就需要将应用下载到手机进行测试。有两种方式可以进行测试：在线调试和 Apk 安装。

（1）连接轮式机器人

将轮式机器人电源打开，可以看到蓝牙模块蓝色指示灯闪烁，手机应用上的按键都为浅色（点击无事件响应），表明目前尚未建立连接，此时点击手机应用中的蓝牙按钮进行连接，若蓝牙模块上的灯常亮，并且应用按键变为深色，表明连接成功，可以对轮式机器人进行操作，见图 9-58。

图 9-58　连接轮式机器人

（2）控制轮式机器人行进

通过点击相应的控制按钮即可实现对轮式机器人行进的控制。

（3）开关车门、车窗

开关车门、车窗通过一组滑动按键进行控制，点击相应的滑动按键，即可实现相应车门、车窗的开关。

7. 实验注意事项

1）App Inventor 开发的应用只能在 Android 系统手机上应用。

2）与虚拟仿真平台建立连接时，需要手机与仿真平台处于局域网内。

3）使用应用前需要先打开手机蓝牙功能。

9.3　实验 9：智能语音交互控制实战

语音播报，又名 TTS 语音合成，输入为文本，输出为语音，可智能流畅地将文字转换为自然语音流。智能语音播报使用语音输入设备接收用户的语音输入，通过语音识别技术将语音信号转化为文本或指令，再通过语音合成技术将文本或指令转化为语音信号，最后通过输出设备输出语音信号进行播报。伴随着智能耳机、智能音箱的广泛应用，智能音频芯片技术高速发展，各种智能语音交互场景不断增多，目前已广泛应用于阅读听书、订单播报等众多场景中。此外，各种智能可穿戴设备，各种智能家居，如照明、门锁、空调、冰箱、车载支架等多种终端设备也应具备智能语音交互能力，以满足当今社会广大用户需求。

同时，作为一种重要的交互方式，语音播报也广泛应用于智能驾驶领域，用于帮助车辆乘客实时了解智能车辆状况，提升用户体验。在轮式机器人中，智能语音播报可以用于控制机器人的运动、传递信息、提醒操作等，如通过智能语音播报对机器人进行指令控制，使轮式机器人执行特定任务，提高机器人的自主化和智能化水平。在无人驾驶领域，智能语音播报可以用于向乘客播报导航信息、提醒乘客注意安全等，如采用基于地理围栏信息的云智能交互车内语音播报与交互服务（虚拟乘务员），可以更好地实现人与无人驾驶车辆的友好交互。接下来本章将详细介绍应用于智能车人机交互系统的语音播报和语音识别实践案例。

本小结将分别在虚拟仿真平台和 e 智能车上进行语音智能交互控制实验。

9.3.1 虚拟仿真平台智能语音交互

9.1.3 节介绍了虚拟仿真平台基于 Unity 端的使用方法，通过界面中的相应设置即可对车辆的行进、车门、车灯等进行控制，其中提到还可通过 Python 和 Android 两种方式与虚拟仿真交互平台建立连接实现车辆控制。该实验将在 Python 端调用百度语音 API，基于虚拟仿真交互平台进行智能语音交互实验。

1. 实验目的和类型

1）实验目的：通过 Python 实现对虚拟仿真平台车辆的交互控制，了解语音识别、语音合成的原理，掌握百度语音 API 的使用方法。

2）实验类型：应用型实验。

2. 实验内容

1）了解使用 Python 与虚拟仿真平台的交互控制流程。

2）熟练使用百度语音 API 接口。

3）在 Python 中调用百度语音 API 接口，通过语音实现对虚拟仿真平台的智能交互控制。

3. 实验仪器、设备

1）轮式机器人虚拟仿真平台。

2）百度大脑 AI 开放平台（https：//ai.baidu.com/tech/speech）。

3）PyCharm。

4. 实验步骤

步骤一：Python 端交互控制

在提供的 Python 端代码中，convertUtil.py 模块负责各种类型的数据与字节数组之间的转换。具体代码如下。

定义函数“fromBytesToInt”实现四个 byte 类型数据到 int 类型数据的转换，在调用函数时需要传入字节数组以及需要转换的字节初始位置。

```
import urllib.parse as up
def fromBytesToInt(bytesArray,start):
  result=bytesArray[start]+\
       (bytesArray[start+1]<<8)+\
       (bytesArray[start+2]<<16)+\
       (bytesArray[start+3]<<24)
  return result
```

定义函数“fromIntToBytes”实现一个 int 类型数据到四个 byte 类型数据的转换，在调用函数时需要传入一个 int 数据。

```
def fromIntToBytes(value):
    v1=value&0x000000FF
    v2=(value&0x0000FF00)>>8
    v3=(value&0x00FF0000)>>16
    v4=(value&0xFF000000)>>24
    return bytearray([v1,v2,v3,v4])
```

定义函数“fromStrToBytes”实现一个字符串数据到 byte 类型数据的转换，在调用函数时需要传入一个字符串。

```
def fromStrToBytes(strnr):
    strnr=up.quote(strnr)
    return strnr.encode(encoding='UTF-8',errors='strict')
```

定义函数“fromBytesToStr”实现 byte 类型数据到一个字符串数据的转换，在调用函数时需要传入字节数据。

```
def fromBytesToStr(byteData):
    return up.unquote(str(byteData,encoding="utf-8"))
```

以上四个函数实现了 int 与 byte 类型的相互转换，以及字符串（string）与 byte 类型的相互转换。通过这样的方式进行封装，在使用时可通过“类名 . 方法名”轻松调用，极大地方便了在其他脚本中的有类似要求的代码，例如用 convertUtil. fromIntToBytes（258）返回四个 byte 类型数据。

为方便多个消息同时传输，在此介绍构建一个打包消息的方法 bc。bc 方法通过广播的方式将数据发送出去，需要传入五个参数：cz（车灯、车门信号）、speed（速度）、angle（转角）、color（车头颜色）、car（车型）。bc 方法内部通过调用 convertUtil，并将其命名为 cu，通过 cu.fromIntToBytes 将 int 类型的数据转换为 byte 类型的数据，最终输出 24 字节数组，并将字节数组打包传输出去。

```
import convertUtil as cu
import myclient as mc
```

```
def bc(cz,speed,angle,color,car):
  dataAll=[0 for i in range(24)]
  # 命令值
  dataAll=cu.fromIntToBytes(0)+\
      cu.fromIntToBytes(cz)+\
      cu.fromIntToBytes(speed)+\
      cu.fromIntToBytes(angle)+\
      cu.fromIntToBytes(color)+\
      cu.fromIntToBytes(car)
  # 广播数据
  mc.s.send(dataAll)
```

用户通过 Python 与虚拟仿真交互平台建立连接，与 Android 端相同，也需要一个操作界面方便控制。以下提供一个简单的界面设计，方便用户可以在此基础上进行二次开发。

（1）各模块编程

1）引入 tkinter 模块。tkinter 模块（Tk 接口）是 Python 的标准 Tk GUI 工具包的接口，可在大多数 UNIX 平台、Windows 系统和 Macintosh 系统使用。设置窗口标题为“智能车控制端”，窗口默认大小为“550x350”，设置两个文本输入框，输入虚拟仿真交互平台的 IP 和端口。


```
import tkinter as tk
# 创建一个控制端窗口
top=tk.Tk()
top.title('智能车控制端')
top.geometry("550x350")
tfUid=tk.Entry(top,width=20)
tfUid.place(x=220,y=10)
tfPwd=tk.Entry(top,width=20)
tfPwd.place(x=220,y=45)
```

2）control 方法实现对界面的设计，包括标签和按钮的文字、位置、大小等。

```
# 创建各个命令的按钮并实现控制
def control():
  tk.Label(top,text="ip 地址").place(x=150,y=10)
  tk.Label(top,text="端口号").place(x=150,y=45)
  labelResult=tk.Label(top)
  labelResult.place(x=10,y=90)
  global lj
  lj=tk.Button(top,text="连接",width=8)
  lj.place(x=400,y=20)
  lj["command"]=ljClick
  global dk
  dk=tk.Button(top,text="断开",width=8)
  dk.place(x=400,y=20)
  dk["command"]=dkClick
```

```
    dk.place_forget()
    red=tk.Button(top,text=" 红色 ",width=8)
    red.place(x=50,y=70)
    red["command"]=redchange
    car1=tk.Button(top,text=" 车辆 1",width=8)
    car1.place(x=150,y=110)
    car1["command"]=car1change
    global bzqm
    bzqm=tk.Button(top,text=" 左前门 ",width=8)
    bzqm.place(x=50,y=150)
    bzqm["command"]=zqmClick
    bjgd=tk.Button(top,text=" 近光灯 ",width=8)
    bjgd.place(x=50,y=190)
    bjgd["command"]=jgdClick
    global qm
    qm=tk.Button(top,text=" 前门 ",width=8)
    qm.place(x=150,y=150)
    qm["command"]=qmClick
    qm.place_forget()
    # 此处省略部分代码
```

3）与虚拟仿真交互平台建立和断开连接。ljClick 方法通过获取输入框中的 IP 地址和端口号与虚拟仿真交互平台建立连接。dkClick 方法与虚拟仿真交互平台断开连接。


```
def ljClick():
    # 获取输入框内容
    mc.ipaddress=tfUid.get()
    # 获取输入框内容，转成 int 类型
    mc.port= int(tfPwd.get())
    # 连接
    mc.lianjie()
    tfUid.config(state='disabled')
    tfPwd.config(state='disabled')
    mc.lj=True
    lj.place_forget()
    dk.pack()
    dk.place(x=400,y=20)
def dkClick():
    bc(0,0,0,0,0)
    mc.closeSocket()
    tfUid.config(state='normal')
    tfPwd.config(state='normal')
    tfUid.delete(0, "end")
    tfPwd.delete(0, "end")
    mc.lj=False
    dk.place_forget()
```

```
lj.pack()
lj.place(x=400,y=20)
```

4）通过调用 bc 方法，将字节数据打包发送到虚拟仿真交互平台，从而实现车辆控制。redchange 方法通过设置变量“color”为 1 将车辆颜色设置为红色，其中变量的具体取值需要与 Unity 端可接收的数值相等。car1change 方法通过设置变量“car”为 1 改变车辆类型，zqmClick 方法通过设置变量“cz”为 1 改变车辆左前门状态，jgdClick 方法通过设置变量“cz”为 11 改变车辆近光灯状态。

```
def redchange():
    color=1
    mc.speed=0
    bc(cz,mc.speed,angle,color,car)
def car1change():
    car=1
    mc.speed=0
    jc()
    bc(cz,mc.speed,angle,color,car)
def zqmClick():
    # 赋命令值
    cz=1
    # 传输数据
    bc(cz,mc.speed,angle,color,car)
    print(" 左前门 ")
def jgdClick():
    # 赋命令值
    cz=11
    # 传输数据
    bc(cz,mc.speed,angle,color,car)
    print(" 近光灯 ")
def qmClick():
    # 判断是否为关
    if mc.qmpd==True:
        # 赋命令值
        cz=53
        # 传输数据
        bc(cz,mc.speed,angle,color,car)
        # 赋值开门
        mc.qmpd=False
    else:
        # 赋命令值
        cz=54
        # 传输数据
        bc(cz,mc.speed,angle,color,car)
        # 赋值关门
        mc.qmpd=True
```

```
control()
top.mainloop()
```

以上是对界面的设计和按键的功能实现方法，用户可以根据自己的需要进行界面设计。以下将介绍通过 Python 与虚拟仿真交互平台建立连接并进行车辆控制。

（2）车辆远程连接

运行 Python 程序，将会看到设计的界面。在 Unity 端单击连接按钮，在弹出的授权端口窗口中输入端口号，例如“9999”（见图 9-59），按下授权端口按钮进行等待，然后在 Python 端输入计算机的 IP 地址和端口号，按下连接按钮进行连接，见图 9-60。

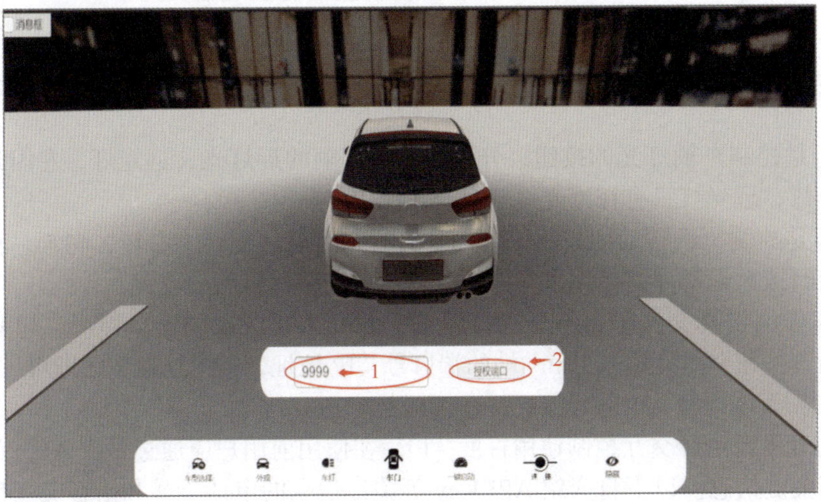

图 9-59　授权端口号

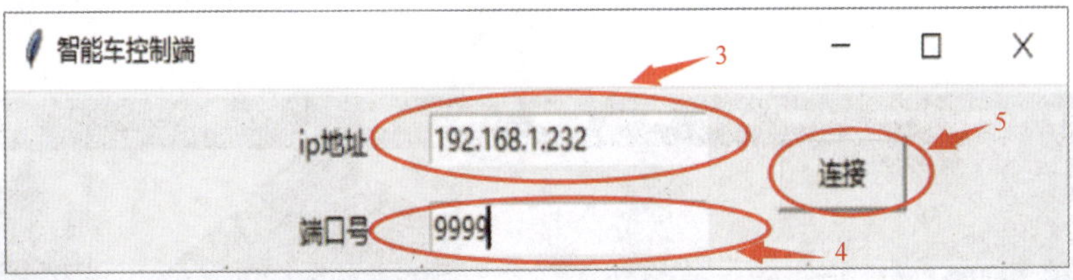

图 9-60　Python 端连接

（3）车辆交互控制

连接成功后连接的按钮会切换成断开。控制面板一共分为两种，一种是轿车的控制面板，另一种是大巴车的控制面板，两者的差异只有在第三行的按钮上，轿车的控制面板的第三行一共有 5 个按钮，分别控制着左前门、左后门、右前门、右后门、后备箱，而大巴车的控制面板只有 2 个按钮，分别控制着大巴的前门和后门，见图 9-61。

其中第一行是控制车辆颜色的按钮，如按下红色按钮，车辆的颜色会变成红色。

第二行是控制车辆模型的按钮，车辆一按钮和车辆二按钮是轿车，车辆三按钮是大巴，在切换大巴后第三行的按钮会切换成相应大巴车的按钮，轿车相同。

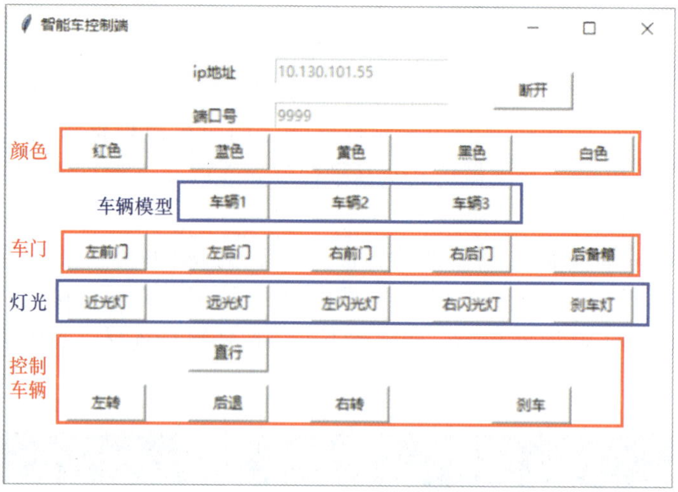

图 9-61 端操作界面

第四行是控制车辆灯光的按钮，分别控制着车辆的近灯光、远光灯、左闪光灯、右闪光灯和刹车灯，远光灯只有在近光灯开启时才能用。

第五行是控制车辆移动的按钮，分别是直行、后退、左转、右转、刹车，转弯功能只有在车辆直行或后退时才能使用，在停止时使用只会偏移轮胎的位置。

若要与虚拟仿真交互平台断开连接，按下断开按钮或关闭窗口即可。想要重新连接时，按下断开按钮，重新输入 Unity 端的端口号、IP 地址，按下连接按钮即可。

步骤二：百度语音 API 申请

虚拟仿真平台语音交互控制使用百度 API，在使用前用户应通过百度 AI 开放平台申请 API Key 等关键信息。以下将介绍 API Key 等关键信息的申请步骤和语音交互控制功能设计步骤。

1）在浏览器中打开百度 AI 语音识别的网址（https：//ai.baidu.com/tech/speech），见图 9-62。

图 9-62 百度 AI 语音识别首页

2）单击“立即使用”，弹出登录界面，使用百度 APP、贴吧、云盘等账号均可登录，如果没有百度账号，则可单击立即注册按指示注册即可。登录后页面见图 9-63。

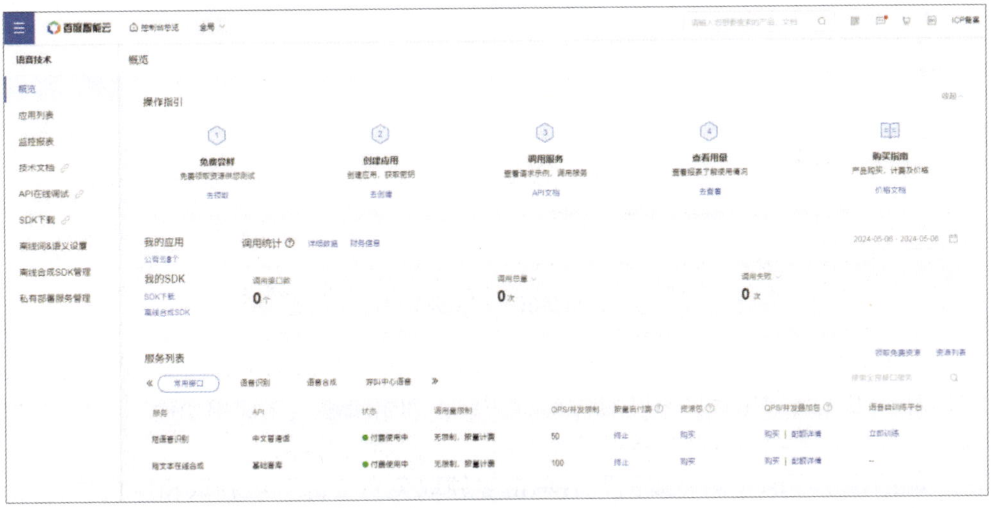

图 9-63　语音技术概览

3）单击上述页面左侧导航栏的“应用列表”，在弹出的页面中单击“创建应用”，转入应用创建页面，见图 9-64。应用名称可根据实际需求填写，例如“speech”；接口选择默认将语音技术类接口全选，除此之外，还有文字识别、人脸识别等其他接口，在此不对这些项做任何修改；语音包名选择“不需要”，如果在进行移动端应用开发时，需要选择 iOS 或者 Android，并在相应输入框中填写应用包名；应用归属选择“个人”，应用描述根据个人需求填写。上述操作完成后，单击“立即创建”按钮，在下个页面单击“返回应用列表”，即可看到刚刚创建的应用，见图 9-65。

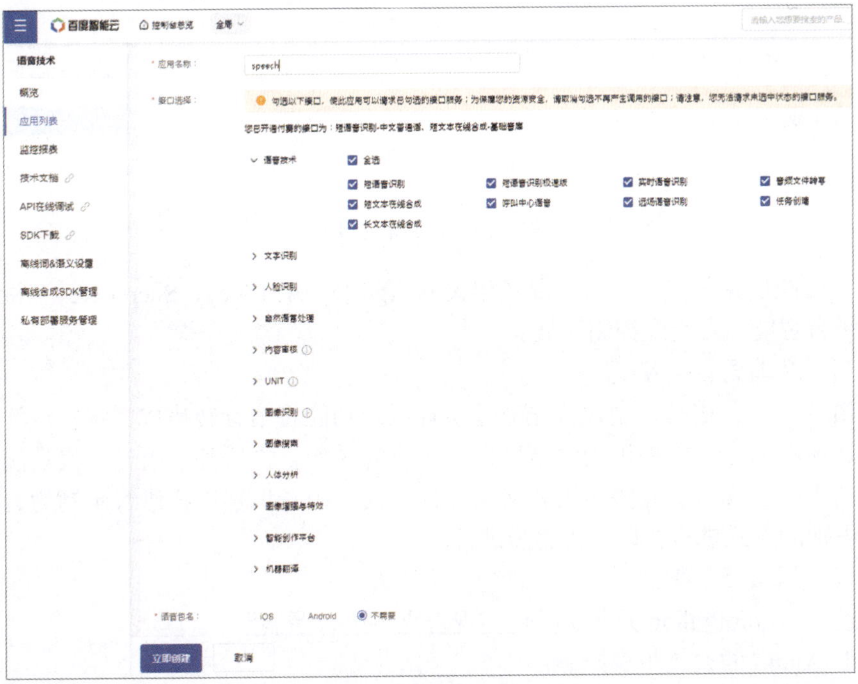

图 9-64　创建应用

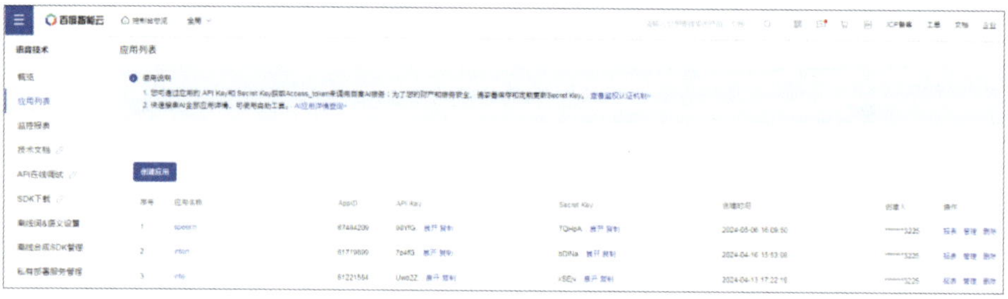

图 9-65　应用列表

4）见图 9-65，应用 1 即为新创建的应用，可看到所需的 AppID、API Key、Secret Key 等信息。想正常调用百度 API 进行语音实验，如果是第一次使用还需领取相应功能的免费次数，如果之前使用过并且接口已经到期，则需要进行购买。

5）单击图 9-63 的左侧“概览”后单击“领取免费资源”可领取相应免费资源。如图 9-66 所示，服务类型选择“语音识别”，接口名称根据实际需求选择，也可选择“全部”，之后进行语音相关实验时，填写该应用的 AppID、API Key、Secret Key 即可，在此实验中接口名称选择全部。选择完成后，单击左下角的“0 元领取”按钮，然后单击弹窗中的“查看领取记录”，页面跳转之后可看到领取记录为空，此时需要 30min 左右等待免费次数发放。此外，在“概览”页面单击“资源列表”也可看到领取的免费资源。语音合成的免费资源领取方式与此相同。

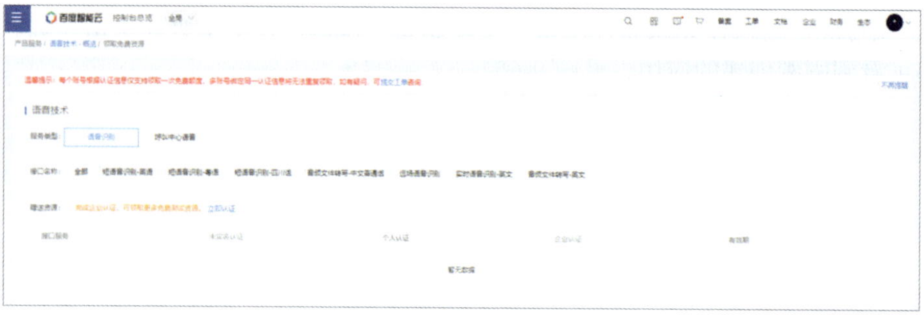

图 9-66　领取免费资源

至此，已经创建并成功申请了语音相关的 AppID、API Key、Secret Key，接下来进行虚拟仿真平台智能语音交互控制实战。

步骤三：智能语音交互

使用语音对车辆进行控制，首先通过语音识别功能将语音转换成文字，让智能体知道我们在下达何种命令，根据识别的结果执行相应的操作，之后基于语音播报功能，将执行结果反馈回来，实现一套完整的语音交互过程。其中语音识别以将语音录制为音频，再对音频进行识别的方式进行，以下将逐步进行。

（1）麦克风语音采集

将借助 PyAudioPython 开源工具包实现麦克风语音录制。

使用 PyAudio 的大致步骤如下：

1）实例化 PyAudio。无论是录制还是播放音频，均需使用 pyaudio.PyAudio.open()。

2）pyaudio.Stream 用于播放或录制音频。使用 pyaudio.Stream.read() 播放音频，使用 pyaudio.Stream.write() 录制音频。

3）pyaudio.Stream.stop_stream() 用于暂停播放或录制音频。

4）当完成播放或录制后，应使用 pyaudio.Stream.close() 终止语音流。

5）使用 pyaudio.PyAudio.terminate() 终止 pyaudio 会话。

下面列出关键性的示例代码，代码将以 11kHz、单声道参数录制最长 60s 的音频。如果连续 3s 内未出声，则将停止录音。如果在尝试录制的过程中，无论声音多大，终端输出始终为 0，可以尝试插上耳机记性。具体代码可在“record.py”文件中找到：

```
# -*- coding: UTF-8 -*-
import pyaudio
import wave
import audioop
import time

def capture_audio(filepath):
    CHUNK = 1024
    FORMAT = pyaudio.paInt16
    CHANNELS = 1                          # 声道数
    RATE = 11025                          # 采样率
    RECORD_SECONDS = 60                   # 采集时间 (s)
    WAVE_OUTPUT_FILENAME = filepath       # 输出文件名和路径
    p = pyaudio.PyAudio()

    stream = p.open(format=FORMAT,
                    channels=CHANNELS,    # 声道数
                    rate=RATE,
                    input=True,
                    frames_per_buffer=CHUNK)

    recording=False
    frames = []
    startTime=time.time()
    stopTime=0
    print(" 正在录音，请说话……")
    while True:
        data = stream.read(CHUNK)
        # 使用内置的 audioop 包来查找样本的均方根 (rms)
        rms = audioop.rms(data, 2)  #width=2 for format=paInt16
        print(rms)
        if not recording:                 # 若未开始录音
            if rms>300:                   # 检测到较大声音，则开始录音
                recording=True
                startTime=time.time()
                print("*"*10, " 开始录音 : 请在 10s 内输入语音 ")
```

```
            else:       # 长时间不说话则取消录音
                if time.time()-startTime>10:
                    print('10s 没有说话，停止录音 ')
                    break
        else:  # 正在录音
            if rms<150:    # 未检测到声音
                if time.time()-stopTime>3:
                    print('3s 未继续说话，停止录音 ')
                    break
            else:
                if time.time()-startTime> 59.5:
                    print(' 录音时间不超过 60s，停止录音 ')
                    break
                stopTime=time.time()
        if recording:
            frames.append(data)
    print("*"*10, " 录音结束 \n")
    print(time.time()-startTime)

    stream.stop_stream()
    stream.close()
    p.terminate()

    wf = wave.open(WAVE_OUTPUT_FILENAME, 'wb')
    wf.setnchannels(CHANNELS)
    wf.setsampwidth(p.get_sample_size(FORMAT))
    wf.setframerate(RATE)
    wf.writeframes(b''.join(frames))
    wf.close()
```


在上述代码最后另起一行，顶格输入以下内容：

```
capture_audio ("record.wav")
```

在终端运行上述 Python 文件，当终端出现“正在录音，请说话……”提示时，可进行语音录入，当检测到 3s 之内没有声音时，录音结束。此时，在与代码同级目录下可以发现生成了“record.wav”文件，该文件即为代码运行生成的音频文件。可以通过鼠标双击文件，或调用 playsound 通过播放器进行音频播放。

（2）语音识别

1）新建 Python 文件，命名为“asr.py”。

2）导入需要的语音接口库，并填写申请的 APP_ID、API_KEY 和 SECRET_KEY。

```
from aip import AipSpeech
APP_ID = ' 你的 App ID'
API_KEY = ' 你的 Api Key'
SECRET_KEY = ' 你的 Secret Key'
```

3）生成 AipSpeech 的对象。

```
client = AipSpeech(APP_ID, API_KEY, SECRET_KEY)
```

4）定义 get_file_content 函数，用于从系统中读取音频文件，该函数需要传入音频文件的路径。

```
# 读取文件
def get_file_content(filePath):
    with open(filePath, 'rb') as fp:
        return fp.read()
```

5）定义 asr_file 函数对音频文件进行识别，即可将音频文件中的语音转换为文本。该函数需要传入音频文件的路径，在该函数中调用 get_file_content 函数读取文件内容。

```
# 语音转文字
def asr_file(filePath):
    # 识别本地文件
    text=client.asr(get_file_content(filePath), 'wav', 16000, {
        'dev_pid': 1536,
    })
    return text
```

6）举例说明：若需识别并输出 record.wav 文件中的文字，只需调用 asr_file 函数即可。

```
print(asr_file('record.wav'))
```

（3）语音播报

1）在电脑中新建 Python 文件，命名为"tts.py"。

2）导入需要的语音接口库，并填写申请的 APP_ID、API_KEY 和 SECRET_KEY。

```
from aip import AipSpeech
from playsound import playsound
""" 你的 APPID AK SK """
APP_ID = ' 你的 App ID'
API_KEY = ' 你的 Api Key'
SECRET_KEY = ' 你的 Secret Key'
```

3）自定义函数 tts。该函数需要传入一个参数，该参数即为需要转换为语音的文字。在 tts 函数中，先生成 AipSpeech 对象；然后直接调用其 synthesis 方法，根据文本内容生成对应的音频文件；playsound 将调用系统功能，播放该音频文件的内容。因此，tts 函数实现了语音播报功能。

```
def tts(text):
    client = AipSpeech(APP_ID, API_KEY, SECRET_KEY)
    result  =client.synthesis(text, 'zh', 1, {
        'vol': 15, 'spd':7, 'per':0, 'aue':6
    })
```

```
if not isinstance(result, dict):
    with open('voice.wav', 'wb') as f:
        f.write(result)
playsound('voice. wav')
```

4）在该代码后面另起一行，并顶格输入以下内容：

```
tts('你好，我是聪明的智能交互轮式机器人')
```

在终端运行该 Python 文件，即可实现语音播报功能。

在上述代码中，定义了一个文字转语音的 tts 函数，其参数 text 为需要朗读的文本。

此外，上述代码还可设置语音播报的音量、语速等参数，具体如下。

vol：音量大小。取值 0 ~ 15，默认 5 为中音量。

spd：语音速度。取值 0 ~ 15，默认 5 为中语速。

per：发音人类型。0 为普通女声，1 为成熟男声，3 为磁性男声，4 为可爱女童声。默认为普通女声。

aue：生成的语音音频格式。3 为 mp3 格式（默认），4 为 pcm-16k，5 为 pcm-8k，6 为 wa。

运行该代码之后，可看到在该 Python 文件同级目录下生成了一个“voice.wav”的音频文件。

（4）智能语音交互

结合上述麦克风语音采集、语音识别、语音播报和虚拟仿真平台代码，可以实现一个最简单的智能语音交互案例。

1）在虚拟仿真平台“login.py”文件中，引入语音相关文件。

```
import record
import asr
import tts
```

2）在“login.py”文件中找到 contol 函数，在该函数中添加一个按钮，当单击该按钮时，进行语音采集、识别和播报。

```
sp = tk.Button(top, text=" 语音 ", width=8)
sp.place(x=500, y=20)
sp["command"] = Speech
```

在该函数中定义一个按钮 sp，该按钮的点击事件为“Speech”，如图 9-67 所示。

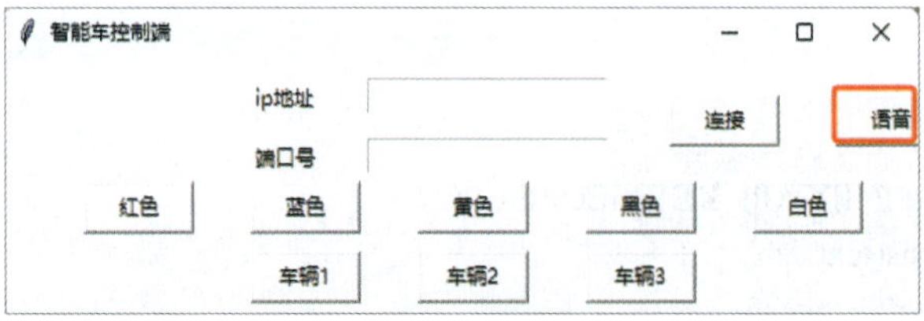

图 9-67　添加语音按键

3）定义 Speech 函数，当单击“语音”按钮时，执行该函数。

```
def Speech():
    record.capture_audio('record.wav')
    s=asr.asr_file("record.wav')
    print(s)
    if s['result']==[' 打开车门 ']:
        #Todo: 请在此处自行调用打开车门的接口
        zqmClick()
        tts.tts(' 车门已打开 ')
    elif s['result']==[' 关闭车门 ']:
        #Todo: 请在此处自行调用关闭车门的接口
        tts.tts(' 车门已关闭 ')
    else:
        tts.tts(' 我听不明白 ')
```

该函数中调用语音采集、语音识别和语音播报的代码。首先通过麦克风录制一段音频，并将音频保存于“record.wav”文件中，之后通过 asr 识别录音内容，再将录音内容进行判断，当符合判别条件时执行相应的操作并进行相应内容的语音播报，其中函数“zqm-Click”为相应按钮的事件函数。

需要指出的是，如果将音频识别的结果 s 进行打印，其结果可能如下所示：

{'corpus_no'：'7063765626118321557', 'err_msg'：'success.', 'err_no'：0, 'result'：[' 打开车门 '], 'sn'：'446953914991644661097'}

上述音频识别结果为字典格式，包括识别状态、错误码、识别结果等信息。本实战案例只需键入“result”所对应的值，因此可通过 s['result'] 将值取出进行判断条件比较。

9.3.2　e 智能车智能语音交互

1. 实验目的和类型

1）实验目的：使用 e 智能车平台，通过调用语音 API 实现对 e 智能车的交互控制。

2）实验类型：应用型实验。

2. 实验内容

1）熟悉 e 智能车上层和底层数据交互格式和含义。

2）熟练使用百度语音 API 接口。

3）在 e 智能车上实现语音智能交互控制。

3. 实验仪器、设备

1）e 智能车。

2）百度大脑 AI 开放平台（https：//ai.baidu.com/tech/speech）。

3）PyCharm。

4. 实验步骤

在虚拟仿真平台智能语音交互中，我们使用语音实现了对虚拟仿真平台的智能交互，其中语音部分包括麦克风语音采集（record.py）、语音识别（asr.py）和语音播报（tts.py），本实验将继续使用这三个文件实现对 e 智能车的语音智能交互控制。

与虚拟仿真平台不同的是，e 智能车通过底层控制器实现对车辆行进和开关车门的控制，即当识别到语音指令之后（该部分在上层控制器中实现），上层控制器需要向底层控制器发送其可以理解的交互控制指令。

（1）交互控制指令

上层控制器和下层控制器规定了两种数据格式，一种用于发送车门车窗控制指令，另一种用于发送速度转角指令，以下将分别进行介绍。

```
0xEF 0x01 0x00 0x00 0x00 0x00 0x00 0x00 0x00 0x00 0xFE
```

以上用于发送速度转角指令，其中 0xEF 和 0xFE 是数据头和数据尾，当底层控制器识别到数据头和数据尾时，才表明这是一组完整的数据。0x01 是数据标识位，标识当前发送的是速度转角数据。之后四位表示的是速度，将 float 数据转化为 byte 数据进行发送，再之后四位是转角，同样将 float 数据转化为 byte 数据进行发送。

```
0xEF 0x02 0x00 0x00 0x00 0xFE
```

以上用于发送车门车窗指令，其中 0xEF 和 0xFE 是数据头和数据尾，当底层控制器识别到数据头和数据尾时，才表明这是一组完整的数据。0x02 是数据标识位，标识当前发送的是车门车窗指令。之后一位表示的是车门控制指令，再之后一位是车窗控制指令，还有一位是预留位，用于之后自己开发使用。其中车门车窗控制指令发送的数据见表 9-2，若需要进行相应的操作，只需要把以上指令相应位置换成对应值即可。

表 9-2　车门车窗控制指令

动作	指令	动作	指令
打开左前车门	0x01	打开左前车窗	0x01
关闭左前车门	0x02	关闭左前车窗	0x02
打开右前车门	0x03	打开右前车窗	0x03
关闭右前车门	0x04	关闭右前车窗	0x04
打开左后车门	0x05	打开左后车窗	0x05
关闭左后车门	0x06	关闭左后车窗	0x06
打开右后车门	0x07	打开右后车窗	0x07
关闭右后车门	0x08	关闭右后车窗	0x08

以上命令需要上层控制器和底层控制器同时遵守才可进行相应操作，除此之外，发送其他数据将不被识别。例如，需要打开左前车门，则发送 0xEF 0x02 0x01 0x00 0x00

0xFE，需要打开左后车窗，则发送 0xEF 0x02 0x00 0x05 0x00 0xFE。

（2）智能语音交互

1）新建“interaction.py”可执行文件，在该文件中引入麦克风语音采集、语音识别、语音播报等必要函数以及相关库。

```
import record
import asr
import tts
import struct
import serial
import sys
```

上层控制器和底层控制器通过字节数据交互，而对于速度或者转角指令，我们很容易给出一个 int 或者 float 类型的数字，故首先定义 floatToBytes 函数实现数据类型转换。

```
def floatToBytes(f):
    bs = struct.pack("f",f)
    return (bs[3],bs[2],bs[1],bs[0])
```

2）定义 VoiceControl 类，在该类中实现智能语音相关功能以及上下层数据交互功能。

```
class VoiceControl:
    def __init__(self):
        self.device_port = "dev/ttyUSB0"
        self.baudrate = '115200'
        self.S_C = [0xEF, 0x01, 0x00, 0x00, 0x00, 0x00, 0x00, 0x00, 0x00, 0x00, 0xFE]
        self.D_W = [0xEF, 0x02, 0x00, 0x00, 0x00, 0xFE]
        self.speed = floatToBytes(0)
        self.corner = floatToBytes(0)

        try:
          self.serial = serial.Serial(
            self.device_port, self.baudrate, timeout=10)
          print("Opening Serial")
        except:
          print("Can not open Serial"+self.device_port)
          self.serial.close
          sys.exit(0)
        print("Serial Open Succeed")
```

上层控制器和底层控制器通过串口进行数据交互，因此首先通过“self.device_port”和“self.baudrate”参数设置串口名称和波特率。“self.S_C”对速度转角数据进行初始化，“self.D_W”对车门车窗数据进行初始化，“self.speed”和“self.corner”调用事先定义的 floatToBytes 函数对速度和转角值进行数据转换。使用 try…except…打开串口。一切准备就绪，接下来可以进行语音识别和数据交互操作。

3）调用麦克风语音采集函数录制语音指令，调用语音识别函数将语音转换为文本。

```
while True:
    record.capture_audio(' 说话 .wav')
    s = asr.asr_file(' 说话 .wav')
```

4）根据转换的文本结果进行上下层数据的交互。

```
if s['result'] == [' 打开左前门 ']:
    self.D_W[2] = 0x01
    output = self.D_W
    while self.serialIDLE_flag:
        time.sleep(0.01)
    try:
        while self.serial.out_waiting:
            pass
        self.serial.write(output)
        time.sleep(0.1)
    except:
        print("Vel Command Send Faild")
    tts.tts(' 左前门已打开 ')
```

以上为打开左前门的具体操作。当语音识别结果为“打开左前门”时，根据之前的数据定义以及每条语音对应的数据，为“self.D_W[2]”赋值 0x01，并通过串口将“self.D_W”发送到底层控制器实现对 e 智能车的智能交互控制，同时调用语音播报函数进行操作的反馈。


```
elif s['result'] == [' 前进 ']:
    self.speed = floatToBytes(0.35)
    self.S_C[2] = chr(int(self.speed[3].encode('hex'), 16))
    self.S_C[3] = chr(int(self.speed[2].encode('hex'), 16))
    self.S_C[4] = chr(int(self.speed[1].encode('hex'), 16))
    self.S_C[5] = chr(int(self.speed[0].encode('hex'), 16))
    output = self.S_C
    while self.serialIDLE_flag:
        time.sleep(0.01)
    try:
        while self.serial.out_waiting:
            pass
        self.serial.write(output)
        time.sleep(0.1)
    except:
        print("Vel Command Send Faild")
    tts.tts(' 好的，前进 ')
```

以上为前进的具体操作。与打开左前门不同的是，我们发送的速度为 0.35，首先需要将 float 类型转换为 byte 类型，并进行相应编码，之后通过串口将“self.S_C”发送到底层控制器，同时调用语音播报函数进行操作的反馈。

5. 实验注意事项

1）运行文件后需要在 3s 之内发出语音指令，若想延长该时间，可在“record.py”函数中修改相应的参数。

2）如果在进行语音操作时，终端一直打印数字 0，可以插上耳机再次尝试。

9.4　实验 10：智能手势识别交互控制

人机交互方式长期被束缚在键盘、鼠标、触摸屏等物理接触方式上，这些传统的交互方式将用户的操作范围局限在简单的二维平面空间，也限制了开发者创意的发挥。因此，本实验使用手势进行智能交互控制。

手势交流是人的一种本能，频繁应用于日常生活中，易于接受和理解。使用者不需要有过高的门槛，便可以很好地体验人机交互的乐趣。手势识别技术可用于电子娱乐、智能家居、VR 及自动驾驶等热点领域，具有良好的应用前景。

9.4.1　虚拟仿真平台智能手势识别交互

1. 实验目的和类型

1）实验目的：使用 MediaPipe 库实现对手部关键点的检测，并根据检测到的手势实现虚拟仿真平台的交互控制。

2）实验类型：应用型实验。

2. 实验内容

1）对 MediaPipe 库有具体的了解。

2）使用 MediaPipe 库对手部关键点进行检测。

3）根据检测结果进行虚拟仿真平台智能交互控制。

3. 实验仪器、设备

1）虚拟仿真平台。

2）摄像头。

3）PyCharm。

4. 实验环境

本实验使用 OpenCV、MediaPipe 框架和 Tensorflow 制作一个实时手势识别器。

MediaPipe 是由 Google 开发的可定制的机器学习解决方案框架。它是一个开源和跨平台的框架，而且非常轻量级。MediaPipe 自带一些预训练的机器学习解决方案，例如人脸检测、姿势估计、手部识别、物体检测等。

首先使用 MediaPipe 来识别手部和手部关键点。MediaPipe 为每只检测到的手返回总共 21 个关键点，见图 9-68。这些关键点将被输入预训练的手势识别器网络以识别手部姿势。

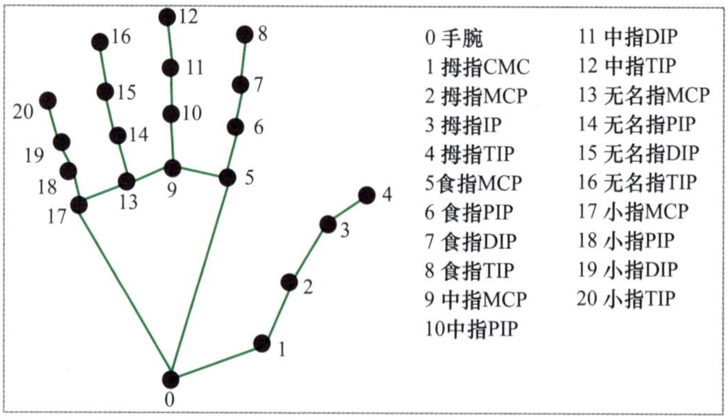

图 9-68　手势检测关键点

进行本实验，需要部署以下环境：

1）Python-3.x（在这个项目中使用 Python 3.8.8）。

2）MediaPipe-0.10.5

运行“pip3 install mediapipe==0.10.5”安装 MediaPipe。

3）Tensorflow-2.10.0

运行“pip3 install tensorflow==2.10.0”安装 tensorflow。

4）keras-2.10.0

运行“pip3 install keras==2.10.0”安装 keras。

5. 实验步骤

步骤一：基于 MediaPipe 的手势识别

在虚拟仿真平台 Python 代码的基础上，新建“gesture.py”文件，该文件用于基于 MediaPipe 的手势识别。

（1）导入必要的包

要构建这个手势识别项目，需要 5 个包，所以首先导入这些。

```
# import necessary packages for hand gesture recognition project using Python OpenCV

import cv2
import numpy as np
import mediapipe as mp
import tensorflow as tf
from tensorflow.keras.models import load_model
```

（2）初始化模型

```
mpHands = mp.solutions.hands
hands = mpHands.Hands(max_num_hands=1, min_detection_confidence=0.7)
mpDraw = mp.solutions.drawing_utils
```

mp.solutions.hands 模块执行手部识别算法，所以创建对象并将其存储在 mpHands 中。

使用 mpHands.Hands 方法配置模型。第一个参数是 max_num_hands，这意味着模型将在单帧中检测到的最大手数。MediaPipe 可以在单个帧中检测多只手，但在这个项目中一次只检测一只手。

mp.solutions.drawing_utils 绘制检测到的关键点，这样就不用手动绘制了。

初始化 Tensorflow：

```
# Load the gesture recognizer model
model = load_model('mp_hand_gesture')

# Load class names
f = open('gesture.names', 'r')
classNames = f.read().split('\n')
f.close()
print(classNames)
```

使用 load_model 函数，加载 Tensorflow 预训练模型。

gesture.names 文件包含手势类的名称，所以首先使用 Python 内置的 open 函数打开文件，然后读取文件。之后，使用 read 函数读取文件。

输出：

[‘go’，‘back’，‘stop’，‘turn left’，‘turn right’，‘open left door’，‘open right door’，‘open left window’，‘open right window’，‘close left door’]

该模型可以识别 10 种不同的手势，见表 9-3。

表 9-3　手势对照表

标签	手势	标签	手势	标签	手势	标签	手势	标签	手势
go		stop		turn right		open right door		open right window	
back		turn left		open left door		open left window		close left door	

（3）从网络摄像头读取帧

创建一个 VideoCapture 对象并传递参数“0”，0 表示系统默认的摄像机 ID，只有 1 个摄像头与系统连接时可直接使用。如果有多个摄像头，则可根据摄像头 ID 更改参数。

```
# 初始化摄像头
cap = cv2.VideoCapture(0)

while True:
```

```
    # Read each frame from the webcam
    _, frame = cap.read()
    x , y, c = frame.shape

    # 垂直翻转画面
    frame = cv2.flip(frame, 1)
    # 显示最终输出结果
    cv2.imshow("Output", frame)
    if cv2.waitKey(1) == ord('q'):
        break

# 释放摄像头并关闭所有窗口
cap.release()
cv2.destroyAllWindows()
```

cap.read 函数从网络摄像头读取每一帧。

cv2.flip 函数翻转帧。

cv2.imshow 在新的 OpenCV 窗口上显示框架。

cv2.waitKey 函数使窗口保持打开状态，直到按下〈q〉键。

（4）检测手部关键点

MediaPipe 处理 RGB 图像，但 OpenCV 读取 BGR 格式的图像。因此，使用 cv2.cvtColor 函数将帧转换为 RGB 格式。


```
framergb = cv2.cvtColor(frame, cv2.COLOR_BGR2RGB)
```

process 函数接收一个 RGB 帧并返回一个结果类。

```
# 获取手部标记预测
result = hands.process(framergb)

className = ''
```

然后使用 result.multi_hand_landmarks 方法检查是否检测到任何手。之后，遍历每个检测并将坐标存储在 landmarks 列表中。

```
# 后期处理结果
if result.multi_hand_landmarks:
    landmarks = []
    for handslms in result.multi_hand_landmarks:
        for lm in handslms.landmark:
            # print(id, lm)
            lmx = int(lm.x * x)
            lmy = int(lm.y * y)

            landmarks.append([lmx, lmy])
```

这里图像高度（y）和图像宽度（x）与结果相乘，因为模型返回归一化结果。这意味着结果中的每个值都介于 0 和 1 之间。

最后使用 mpDraw.draw_landmarks 函数绘制框架中的所有标记。

```
# 在画面帧上绘制标记
mpDraw.draw_landmarks(frame, handslms, mpHands.HAND_CONNECTIONS)
```

（5）识别手势

model.predict 函数接受一个标记列表并返回一个数组，其中包含每个标记的 10 个预测类。

```
prediction = model.predict([landmarks])
print(prediction)
```

输出类似如下

[2.0691623e-18 1.9585415e-27 9.9990010e-01 9.7559416e-05
1.6617223e-06 1.0814080e-18 1.1070732e-27 4.4744065e-16 6.6466129e-07
4.9615162e-21]

```
classID = np.argmax(prediction)
className = classNames[classID]
```

np.argmax 返回列表中最大值的索引。

获得索引后，可以简单地从 classNames 列表中获取类名。

然后使用 cv2.putText 函数，将检测到的手势显示到框架中。

```
cv2.putText(frame, className, (10, 50), cv2.FONT_HERSHEY_SIMPLEX,
        1, (0,0,255), 2, cv2.LINE_AA)
```

以上步骤使用 OpenCV 和 Python 构建了一个手势识别器。分别使用 MediaPipe 和 Tensorflow 框架进行检测和手势识别。进行智能手势识别交互时，可以根据识别到的手势 classID 或者 className 与手势进行绑定，在这里 classID 从 0 开始，即 0 对应的手势为“go”，以此类推。

步骤二：虚拟仿真平台智能手势识别交互

与使用语音在虚拟仿真平台进行智能交互方式相同，根据识别到的手势 ID 发送对应的控制指令。

1）在虚拟仿真平台“login.py”文件中，引入手势识别文件。

```
import gesture
```

2）定义 Gesture_Control 函数，当识别到手势之后，执行该函数。

```
def Gesture_Control (classID):
   if classID ==0:
   #Todo: 请在此处自行调用打开车门的接口
      qdClick()
   elifclassID ==1:
```

```
        zxClick()
    elif …
```

该函数以识别到的手势 ID 作为参数，参数与手势对应关系见表 9-3，根据参数调用不同的指令函数，指令函数在“login.py”文件中已经全部定义完成，可以参考 Python 界面中按键的响应函数进行调用。

9.4.2　e 智能车智能手势识别交互

1. 实验目的和类型

1）实验目的：使用 MediaPipe 库实现对手部关键点的检测，并根据检测到的手势实现 e 智能车的交互控制。

2）实验类型：应用型实验。

2. 实验内容

1）对 MediaPipe 库有具体的了解。

2）使用 MediaPipe 库对手部关键点进行检测。

3）根据检测结果进行 e 智能车交互控制。

3. 实验仪器、设备

1）e 智能车。

2）摄像头。

3）PyCharm。

4. 实验步骤

与虚拟仿真平台不同的是，e 智能车通过底层控制器实现对车辆行进和开关车门的控制，即当识别到手势之后，上层控制器需要向底层控制器发送其可以理解的交互控制指令。交互控制指令在进行智能语音交互实验中已经做过说明，在此处不做赘述。

1）新建“interaction.py”可执行文件，在 e 智能车上进行智能手势识别时，仍然需要“gesture.py”文件，在该文件中引入手势识别。

```
import gesture
```

上层控制器和底层控制器通过字节数据交互，而对于速度或者转角指令，我们很容易可以给出一个 int 或者 float 类型的数字，故首先定义 floatToBytes 函数实现数据类型转换。

```
def floatToBytes(f):
    bs = struct.pack("f",f)
    return (bs[3],bs[2],bs[1],bs[0])
```

2）定义 GestureControl 类，在该类中实现智能语音相关功能以及上下层数据交互功能。

```
class GestureControl:
    def __init__(self):
        self.device_port = "dev/ttyUSB0"
        self.baudrate = '115200'
        self.S_C = [0xEF, 0x01, 0x00, 0x00, 0x00, 0x00, 0x00, 0x00, 0x00, 0x00, 0xFE]
        self.D_W = [0xEF, 0x02, 0x00, 0x00, 0x00, 0xFE]
        self.speed = floatToBytes(0)
        self.corner = floatToBytes(0)

        try:
            self.serial = serial.Serial(
                self.device_port, self.baudrate, timeout=10)
            print("Opening Serial")
        except:
            print("Can not open Serial"+self.device_port)
            self.serial.close
            sys.exit(0)
        print("Serial Open Succeed")
```

上层控制器和底层控制器通过串口进行数据交互，故首先通过“self.device_port”和“self.baudrate”参数设置串口名称和波特率，“self.S_C”对速度转角数据进行初始化，“self.D_W”对车门车窗数据进行初始化，“self.speed”和“self.corner”调用事先定义的 floatToBytes 函数对速度和转角值进行数据转换。使用 try…except…打开串口。一切准备就绪，接下来可以进行语音识别和数据交互操作。

3）调用手势识别函数，该函数返回识别到的具体手势的 ID，根据该 ID 的不同进行赋值。

```
while True:
    classID = gesture()
```

4）上下层数据的交互。

```
if classID == 5:
    self.D_W[2] = 0x01
    output = self.D_W
    while self.serialIDLE_flag:
        time.sleep(0.01)
    try:
        while self.serial.out_waiting:
            pass
        self.serial.write(output)
        time.sleep(0.1)
    except:
        print("Vel Command Send Faild")
```

以上为打开左前门的具体操作。当识别到打开左前门手势后，为“self.D_W[2]”赋值 0x01，并通过串口将“self.D_W”发送到底层控制器实现对 e 智能车的智能交互控制。

```
elifclassID == 0:
    self.speed = floatToBytes(0.35)
    self.S_C[2] = chr(int(self.speed[3].encode('hex'), 16))
    self.S_C[3] = chr(int(self.speed[2].encode('hex'), 16))
    self.S_C[4] = chr(int(self.speed[1].encode('hex'), 16))
    self.S_C[5] = chr(int(self.speed[0].encode('hex'), 16))
    output = self.S_C
    while self.serialIDLE_flag:
        time.sleep(0.01)
    try:
        while self.serial.out_waiting:
            pass
        self.serial.write(output)
        time.sleep(0.1)
    except:
        print("Vel Command Send Faild")
```

以上为前进的具体操作。与打开左前门不同的是，我们发送的速度为 0.35，首先需要将 float 类型转换为 byte 类型，并进行相应编码，之后通过串口将“self.S_C”发送到底层控制器。对于其余的后退以及开关车门操作，跟前进和打开左前门操作相同，可以类比进行。

5. 实验注意事项

可修改“gesture.names”文件内参数，该文件定义表 9-3 中每一个手势的含义。

9.5　习题

1. 在实验 7 的基础上，完成对其他车门、车窗、转向的代码设计，并通过 e 智能车验证逻辑的正确性。

2. 参照实验 8 示例通过语音继续完成对 e 智能车其他车门车窗以及行进转角的控制。

3. 参照实验 8 中语音交互控制逻辑，完成手势对虚拟仿真平台或者 e 智能车的智能交互控制。

4. 尝试将语音和手势两种交互方式结合。

参考文献

[1] 孟祥旭，李学庆．人机交互技术：原理与应用 [M]．北京：清华大学出版社，2004.

[2] 汪正刚，任宏．人机交互和用户界面演变史及其未来展望 [J]．辽宁经济职业技术学院学报，2017, 89(1): 64-66.

[3] Gartner. Gartner 发布 2023 年中国数据分析和人工智能技术成熟度曲线 [EB/OL]. (2023-08-30) [2024-05-07]. https: //www. gartner. com/cn/newsroom/press-releases/gartner_2023_.

[4] 黄培恺，喻纯，史元春．基于空中手势的跨屏幕内容分享技术研究 [J]．软件学报，2019, 30(10): 2942-2953.

[5] 唐小成．增强现实系统中的三维用户界面设计与实现 [D]．成都：电子科技大学，2008.

[6] LI F F, KRISHNA R. Searching for computer vision north stars[J]. Daedalus, 2022, 151(2): 85-99.

[7] TURING A M. Computing machinery and intelligence[J]. Mind, 1950, 59(236): 433-460.

[8] 马楠，高跃，李佳洪，等．自驾驶中的交互认知 [J]．中国科学：信息科学，2018, 48(8): 1083-1096.

[9] 范向民，范俊君，田丰，等．人机交互与人工智能：从交替浮沉到协同共进 [J]．中国科学：信息科学，2019, 49(3): 361-368.

[10] 董威，文艳军，李暾，等．软件工程专业在线课程建设思考 [J]．计算机教育，2015(6): 51-55.

[11] 陈毅能．基于生理计算的多通道人机交互技术研究 [D]．北京：中国科学院大学，2016.

[12] 史忠植．认知科学 [M]．合肥：中国科学技术大学出版社，2008.

[13] 黄希庭，郑涌．心理学导论 [M]．3 版．北京：人民教育出版社，2015.

[14] BRUNER J S, MINTURN A L. Perceptual identification and perceptual organization[J]. The Journal of General Psychology, 1955, 53(1): 21-28.

[15] 郑南宁．认知过程的信息处理和新型人工智能系统 [J]．中国基础科学，2000(8): 11-20.

[16] 管连荣．美国著名心理学家 H.A. 西蒙教授来华访问 [J]．心理科学，1982(1): 62-63.

[17] 秦裕林．认知心理学与计算机科学的研究与教学：介绍西蒙教授的认知心理学讲学 [J]．心理学动态，1984(1): 63-64; 48.

[18] 余淼．谈图形用户界面设计中的交互性信息传递 [J]．中国包装工业，2015(6): 147.

[19] 席乐．浅谈多点触摸技术在产品操作界面设计中的应用 [J]．科教导刊（上旬刊），2013(3): 176-177.

[20] NORMAN D, MILLER J, HENDERSON A. What you see, some of what’s in the Future, and How We go about doing It: HI at Apple computer [C]//CHI’95: Conference Companion on Human Factors in Computing Systems. 1995: 155.

[21] SCAPIN D, SENACH B, TROUSSE B, et al. User experience: buzzword or new paradigm? [C]//ACHI 2012—5th International conference on Advances in Computer-Human Interactions, 2012.

[22] 丁一，郭伏，胡名彩，等．用户体验国内外研究综述 [J]．工业工程与管理，2014, 19(4): 92-97; 114.

[23] COOPER A, REIMANN R. 软件观念革命：交互设计精髓 [M]．詹剑锋，张知非，译．北京：电子工业出版社，2005.

[24] SHNEIDERMAN B. Human-centered artificial intelligence: reliable, safe & trustworthy[J]. International Journal of Human–Computer Interaction, 2020, 36(6): 495-504.

[25] MAYHEW D J. Principles and guidelines in software user interface design[M]. Upper Saddle River : Prentice Hall, 1991.

[26] 张克俊，孙凌云，柴春雷，等．设计思维与创新设计 [M]．北京：高等教育出版社，2024.

[27] 周剑辉，顾新建．移动设备在工作流管理系统中的应用 [J]．机电工程，2004(12): 42-45.

[28] ZHANG H, HUANG J, TU H, et al. A unified user behavior model for trajectory-based tasks with different

types of path constraints[J]. Science China Information Sciences, 2023, 66(10): 204101.
[29] 吴明晖 . App Inventor: 零基础 Android 移动应用开发 [M]. 北京 : 高等教育出版社 , 2018.
[30] 曾丽霞 , 康佳美 , 孙甜甜 , 等 . 语音办公助手 VUI 交互设计研究 [J]. 工业设计研究 , 2018(7): 431-437.
[31] BAEVSKI A, HSU W N, XU Q, et al. Data2vec: a general framework for self-supervised learning in speech, vision and language[C]//International Conference on Machine Learning. New York: PMLR, 2022: 1298-1312.
[32] DU N, HUANG Y, DAI A M, et al. GLaM: efficient scaling of language models with mixture-of-experts[C]//International Conference on Machine Learning. New York: PMLR, 2022: 5547-5569.
[33] OUYANG L, WU J, JIANG X, et al. Training language models to follow instructions with human feedback[J]. Advances in Neural Information Processing Systems, 2022, 35: 27730-27744.
[34] ACHIAM J, ADLER S, AGARWAL S, et al. GPT-4 technical report[J]. arXiv preprint arXiv: 2303. 08774, 2023.
[35] ZHAO W X, ZHOU K, LI J, et al. A Survey of large language models[J]. arXiv, preprint ar Xiv: 2303. 18223, 2023.
[36] BAI Y, KADAVATH S, KUNDU S, et al. Constitutional AI: harmlessness from AI feedback[J]. arXiv preprint arXiv: 2212. 08073, 2022.
[37] HOFFMANN J, BORGEAUD S, MENSCH A, et al. Training compute-optimal large language models[J]. arXiv preprint arXiv: 2203. 15556, 2022.
[38] JIANG Z, XU F F, ARAKI J, et al. How can we know what language models know?[J]. Transactions of the Association for Computational Linguistics, 2020, 8: 423-438.
[39] 程彬 , 陈婧 , 乌兰 . 智能人机交互产品的服务设计思路探讨 [J]. 设计 , 2016(9): 156-157.

[40] 董建明, 傅利民, 饶培伦, 等. 人机交互: 以用户为中心的设计和评估 [M]. 5 版. 北京: 清华大学出版社, 2016.
[41] PIERRE-YVES O. The production and recognition of emotions in speech: features and algorithms[J]. International Journal of Human-Computer Studies, 2003, 59(1): 157-183.
[42] WANG J J, SINGH S. Video analysis of human dynamics: a survey[J]. Real-Time Imaging, 2003, 9(5): 321-346.
[43] YANG M-H, KRIEGMAN D J, AHUJA N. Detecting faces in images: a survey[J]. IEEE Transactions on Pattern Analysis and Machine Intelligence, 2002, 24(1): 34-58.
[44] DUCHOWSKI A T. A breadth-first survey of eye-tracking applications[J]. Behavior Research Methods, Instruments, & Computers, 2002, 34(4): 455-470.
[45] JAIMES A, SEBE N. Multimodal human-computer interaction: a survey[J]. Computer Vision and Image Understanding, 2007, 108(1): 116-134.
[46] WANG C, ZHENG S, ZHONG L, et al. PepperPose: full-body pose estimation with a companion robot[C]// Proceedings of the CHI Conference on Human Factors in Computing Systems. 2024: 1-16.
[47] PORTA M. Vision-based user interfaces: methods and applications[J]. International Journal of Human-Computer Studies, 2002, 57(1): 27-73.
[48] DURIC Z, GRAY W D, HEISHMAN R, et al. Integrating perceptual and cognitive modeling for adaptive and intelligent human-computer interaction[J]. Proceedings of the IEEE, 2002, 90(7): 1272-1289.
[49] DONDI P, LOMBARDI L, PORTA M. Development of gesture-based human-computer interaction applications by fusion of depth and colour video streams[J]. IET Computer Vision, 2014, 8(6): 568-578.
[50] 刘凤羽 , 甘亦非 . 虚拟数字人的发展进路探析 [J]. 新闻研究导刊 , 2022, 13(17): 29-31.
[51] MA Y, ZHANG S, WANG J, et al. DreamTalk: when expressive talking head generation meets diffusion

probabilistic models[J]. arXiv preprint arXiv: 2312. 09767, 2023.
[52] 孙柏林 . 虚拟数字人为企业数字化转型提供服务：流程自动化机器人在电力企业中的应用 [J]. 电气时代 , 2023(3): 26-28.
[53] 王国庆 , 裴云强 , 杨阳 , 等 . 多模可信交互：从多模态信息融合到人 – 机器人 – 数字人三位一体式交互模型 [J]. 中国科学：信息科学 , 2024, 54(4): 872-892.
[54] 刘心雨 . 交互界面设计在虚拟现实中的研究与实现 [D]. 北京：北京邮电大学 , 2018.
[55] 何汉武 , 吴悦明 , 陈和恩 . 增强现实交互方法与实现 [M]. 武汉：华中科技大学出版社 , 2018.
[56] 杨志坚 . 基于混合现实的室内火灾场景可视化及交互关键技术研究 [D]. 赣州：江西理工大学 , 2019.
[57] 杨新涯 , 钱国富 , 唱婷婷 , 等 . 元宇宙是图书馆的未来吗？ [J]. 图书馆论坛 , 2021, 41(12): 35-44.
[58] 田远霞 . 增强现实下多通道交互模型研究与实现 [D]. 杭州：浙江大学 , 2015.
[59] MALKAWI A, SRINIVASAN R. Multimodal human-computer interaction for immersive visualization: integrating speech-gesture recognitions and augmented reality for indoor environments [C]//Proceedings of the Seventh IASTED Conference on Computer Graphics and Imaging. Calgary: ACTA Press, 2004: 171-175.
[60] 赵永惠 . 人机交互研究综述 [J]. 信息与电脑 (理论版), 2017(23): 24-25; 28.
[61] 赵沁平 . 虚拟现实中的 10 个科学技术问题 [J]. 中国科学：信息科学 , 2017, 47(6): 800-803.
[62] CHACóN-QUESADA R, DEMIRIS Y. Augmented reality controlled smart wheelchair using dynamic signifiers for affordance representation[C]//2019 IEEE/RSJ International Conference on Intelligent Robots and Systems (IROS). New York: IEEE, 2019: 4812-4818.
[63] 任福继 . 自然人、机器人与数字人的情感交互 [J]. 高科技与产业化 , 2023, 29(5): 20-23.
[64] 吴雪菲 . 元宇宙技术在智能矿山中的探索与应用 [J]. 陕西煤炭 , 2024, 43(5): 141-143; 148.
[65] HUISMAN D, FRELING R, WAGELMANS A P M. A robust solution approach to the dynamic vehicle scheduling problem[J]. Transportation Science, 2004, 38(4): 447-458.
[66] COLIJN P, HERBACH J S, MCNAUGHTON M P. Determining pickup and destination locations for autonomous vehicles: U. S. 9733096[P]. 2017-08-15.
[67] 李克强 , 李家文 , 常雪阳 , 等 . 智能网联汽车云控系统原理及其典型应用 [J]. 汽车安全与节能学报 , 2020, 11(3): 261-275.
[68] 苏景颖 . 关于智能汽车车联网系统分析 [J]. 时代汽车 , 2018(2): 125-126.
[69] 石青川 . 单车智能 VS 车路云一体化：从争议到走向融合 [J]. 中国经济周刊 , 2024(合刊 1): 103-105.
[70] FENG S, SUN H, YAN X, et al. Dense reinforcement learning for safety validation of autonomous vehicles[J]. Nature, 2023, 615(7953): 620-627.
[71] 王世宝 . 基于 5G 技术车联网的发展趋势及应用前景分析 [J]. 时代汽车 , 2018(6): 169-170.
[72] KEHOE B, MATSUKAWA A, CANDIDO S, et al. Cloud-based robot grasping with the google object recognition engine[C]//2013 IEEE International Conference on Robotics and Automation. New York: IEEE, 2013: 4263-4270.
[73] 赵连翔 , 王全玉 , 贾金苗 , 等 . 机器人云操作平台的实现研究 [J]. 华中科技大学学报 (自然科学版), 2012, 40(增刊 1): 161-164.
[74] WANG J, CHEN Y, JI X, et al. Metaverse Meets Intelligent Transportation System: An Efficient and Instructional Visual Perception Framework[J]. IEEE Transactions on Intelligent Transportation Systems, 2024, 25(10): 14986-15001.
[75] 张凤军 , 戴国忠 , 彭晓兰 . 虚拟现实的人机交互综述 [J]. 中国科学：信息科学 , 2016, 46(12): 1711-1736.
[76] XU Z, ZHANG Y, XIE E, et al. Drivegpt4: Interpretable end-to-end autonomous driving via large language model[J]. IEEE Robotics and Automation Letters, 2024, 9(10): 8186-8193.